XIDIJI PEIFANG DAQUAN

洗涤剂

配方大全

李东光　主编

U0243919

 化学工业出版社

·北京·

内 容 简 介

本书精选近年来各类洗涤剂制备配方 495 例,包括餐具洗涤剂、果蔬洗涤剂、衣用洗涤剂、织物洗涤剂、玻璃洗涤剂、车船清洗剂、电子工业清洗剂、印刷工业清洗剂、机械设备清洗剂,详细介绍了制备方法、原料、产品特性等。

本书可供从事洗涤剂科研、生产、销售的人员使用,也可供相关精细化工等专业师生参考。

图书在版编目(CIP)数据

洗涤剂配方大全/李东光主编. —北京:化学工业出版社,2022.2(2023.5重印)
ISBN 978-7-122-40370-4

Ⅰ.①洗… Ⅱ.①李… Ⅲ.①洗涤剂-配方 Ⅳ.①TQ649.5

中国版本图书馆 CIP 数据核字(2021)第 240440 号

责任编辑:张 艳   文字编辑:苗 敏 师明远
责任校对:王佳伟   装帧设计:王晓宇

出版发行:化学工业出版社(北京市东城区青年湖南街 13 号 邮政编码 100011)
印   装:北京天宇星印刷厂
710mm×1000mm 1/16 印张 20¼ 字数 423 千字 2023 年 5 月北京第 1 版第 3 次印刷

购书咨询:010-64518888   售后服务:010-64518899
网   址:http://www.cip.com.cn
凡购买本书,如有缺损质量问题,本社销售中心负责调换。

定 价:98.00 元

洗涤剂是当今社会必不可少的一类生活用品。相比肥皂等碱性洗涤用品，洗涤剂具有更温和的效果，伤害也相对较小。如今，洗涤剂已经成为大众日常生活的必备品，随着科技的进步及人们生活水平的提高，消费者对洗涤剂的需求也不断升级。总体来说，节能高效、绿色安全、使用方便是目前洗涤产品的主流发展方向。我国轻工业"十三五"规划已经明确指出，要推动洗涤用品工业向绿色安全、多功能方向发展，加强产品的专用化区分，加快液体化和浓缩化步伐，促进使用过程节水化。

① 浓缩化：随着资源消耗的日益加剧和原材料成本的不断上涨，浓缩化已经成了液体洗涤剂最主要的发展趋势之一。浓缩化的洗涤产品可以降低能源消耗，减小仓储空间及包装、运输成本，例如浓缩化的洗衣液可被制造成洗衣凝珠等方便携带的产品形式。

② 绿色化：鉴于人们对化学品安全性的担忧，近年来，越来越多的消费者倾向于选择、使用"绿色健康"制品。洗涤剂作为一种日用化学品，其生产原料多依赖于化学合成，因而，洗涤剂的绿色升级无疑是洗涤剂领域的一大发展方向。

③ 低温化：低温洗涤对降低能源消耗有着重要的意义。通常，低温（或冷水）是指约 18℃，温水是指约 31℃，低温的洗涤条件对洗涤剂提出了更高的要求：洗涤剂必须在低温时仍然保持良好的溶解度和分散性，并且具有较高的洗涤去污能力。因此，寻求具有低 Krafft 点的表面活性剂及如何降低表面活性剂的 Krafft 点，是低温洗涤剂研发的重点问题之一。

目前，我国一些企业和研发机构相继投入浓缩、绿色、低温洗涤剂的研发和推广中，推出了一系列浓缩衣物洗涤剂、低温速溶洗涤剂等。为了适应这一趋势，进一步开发和应用适用于浓缩化、绿色化、低温化洗涤剂配方的表面活性剂迫在眉睫。在原料的选择方面，来源天然的可再生原材料颇具环保和社会意义。另外，现代生物技术也为洗涤剂的技术创新提供了更多、更好的选择。

为满足有关单位技术人员的需要，我们编写了《洗涤剂配方大全》，书中收录了近年的新产品、新配方，详细介绍了制备方法、产品特性等，可供从事相关工作的科研、生产、销售人员参考。

本书的配方以质量份数表示，在配方中有注明以体积份数表示的情况下，需注意质量份数与体积份数的对应关系，例如质量份数以 g 为单位时，对应的体积份数是 mL，质量份数以 kg 为单位时，对应的体积份数是 L，以此类推。

需要请读者们注意的是，我们没有也不可能对每个配方进行逐一验证，所以读者在参考本书进行试验时，应根据自己的实际情况本着先小试后中试再放大的原则，小试产品合格后进行下一步，以免造成不必要的损失。

本书由李东光主编，参加编写的还有翟怀凤、李桂芝、吴宪民、吴慧芳、蒋永波、邢胜利、李嘉等，由于编者水平有限，疏漏之处在所难免，敬请广大读者批评指正。

编　者
2021. 10

1
餐具洗涤剂

2
果蔬洗涤剂

3
衣用洗涤剂

4
织物洗涤剂

5
玻璃洗涤剂

6
车船清洗剂

7
电子工业清洗剂

8
印刷工业清洗剂

9
机械设备清洗剂

1
餐具洗涤剂

配方1 环境友好型洗涤剂

原料配比

原料	配比(质量份)			原料	配比(质量份)		
	1#	2#	3#		1#	2#	3#
烷基糖苷(烷基多苷)	6	—	—	硅酸钠	8	5	5
十八烷基苯磺酸钠	—	8	2.5	含氧漂白剂	1	1	1
脂肪醇聚氧乙烯醚	2.5	10	6.5	阿拉伯胶	0.9	0.9	0.9
甲基硅油	0.5	1	1	脂肪酶	0.8	0.8	1
柠檬酸钠	13	15	13	淀粉酶	0.3	0.3	0.3
聚丙烯酸钠	2.6	3	3	柠檬香料	0.2	0.2	0.5
碳酸钠	5	5	5	去离子水	加至100	加至100	加至100

制备方法 将上述物质按比例混合,搅拌即可得到本品。

产品特性 本品制备操作较为简单、可行,具有去污力强、低泡、易冲洗、抗微生物等一系列优点。

配方2 黄芩护肤餐具液体洗涤剂

原料配比

原料	配比(质量份)	原料	配比(质量份)
月桂酰胺丙基氧化胺	5	癸基葡糖苷	6
肉豆蔻酰胺丙基胺氧化物	5	黄芩提取液	0.1
N,N-二甲基癸烷基-N-氧化胺	3	水	80

制备方法 将月桂酰胺丙基氧化胺、肉豆蔻酰胺丙基胺氧化物、N,N-二甲基癸烷基-N-氧化胺、癸基葡糖苷和黄芩提取液加入水中,加热至40~60℃,混合均匀,即可制得该黄芩护肤餐具液体洗涤剂。

本品的黄芩提取液可以通过市售而得,也可以采用下述方法制备而得:把黄芩粉碎后,加质量6~10倍的去离子水浸泡1~3h,超声波提取10~15min,过滤,离心,弃去沉淀,将上清液浓缩,制得黄芩提取液,控制黄芩提取液密度为1.02~1.08g/cm^3。

产品特性 本品采用非离子表面活性剂和两性表面活性剂复配，摒弃了传统的阴离子表面活性剂，在确保良好去污效果的同时，大大降低了对手部皮肤的刺激性，同时复配黄芩提取液能够有效滋养手部皮肤。

配方3　机洗餐具洗涤剂

原料配比

原料	配比（质量份）	原料	配比（质量份）
非离子表面活性剂	4	丙烯酸-马来酸酐共聚物	10
氨基三乙酸	12	二乙二醇一丁醚	5
纯化水	69		

制备方法

（1）将非离子表面活性剂、氨基三乙酸和纯化水加入不锈钢釜或搪瓷釜，搅拌混合使其全溶；

（2）加入丙烯酸-马来酸酐共聚物，混合均匀；

（3）加入二乙二醇一丁醚，充分搅拌均匀后即得成品，静置后包装。

原料介绍 非离子表面活性剂在本洗涤剂中作为活性物质及乳化剂。氨基三乙酸又名氨三乙酸、三乙酸氨、特里隆A，白色棱形结晶性粉末，能溶于氨水、氢氧化钠溶液，微溶于水，不溶于多数有机溶剂，在本洗涤剂中作为络合剂。丙烯酸-马来酸酐共聚物为黄棕色透明黏稠液体，可用水无限稀释，在本洗涤剂中作为分散剂。二乙二醇一丁醚为无色液体，与水、油类及其他有机溶剂混溶，在本洗涤剂中作为溶剂。

产品应用 本品主要应用于饭店、酒楼等饮食业场所机洗餐具，也可用作手洗餐具洗涤剂。

产品特性 本品具有去污性能强、分散性好、无异味等优点。

配方4　机洗用餐具洗涤剂

原料配比

原料	配比（质量份）			原料	配比（质量份）		
	1#	2#	3#		1#	2#	3#
蔗糖脂肪酸酯	7	12	9	乙二胺四乙酸	6	13	9
乙醇	5	9	8	碳酸钠	5	7	6
乳化剂	8	11	10	过硼酸钠	3	9	5
硅酸钠	6	14	12	水	加至100	加至100	加至100

制备方法 将各组分混合均匀即可。

产品特性 本品洗涤效率高，去油污能力强，起消毒、杀菌、防腐作用，对人体无毒无害，不损伤餐具，不污染环境。

配方5　机用餐具洗涤剂

原料配比

原料	配比（质量份）			原料	配比（质量份）		
	1#	2#	3#		1#	2#	3#
蔗糖油酸酯	8	10	9	三氧化硼	2	3	2.5
葡糖酸	3	5	4	氨基磺酸	1	2	1.5
氯化钠	10	15	12	香精	0.1	0.2	0.15
丙二醇	1	3	2	去离子水	45	50	47
薄荷醇	10	20	15				

制备方法　将各组分混合均匀即可。

产品特性　本品去污效果好，生产成本低廉，天然无污染且不伤皮肤。

配方6　加酶手洗餐具洗涤剂

原料配比

原料	配比（质量份）			原料	配比（质量份）		
	1#	2#	3#		1#	2#	3#
去离子水	80	90	100	乙二胺四乙烯	3	5	6
烷基苯磺酸钠	10	12	15	乙醇	1	2	4
聚氧乙烯甘油醚	30	40	50	淀粉酶	1	2	3

制备方法　将去离子水加入搅拌槽中，用水浴加热至65℃，在此温度下边搅拌边加入烷基苯磺酸钠、聚氧乙烯甘油醚、乙二胺四乙烯、乙醇，直至全部均匀，然后加入淀粉酶，继续搅拌至黏合状，即得成品。

产品特性　本品采用安全无毒的原料，加入了特定的酶，不伤手，洗涤效果更好。

配方7　家用餐具洗涤剂

原料配比

原料	配比（质量份）			原料	配比（质量份）		
	1#	2#	3#		1#	2#	3#
脂肪醇聚氧乙烯醚羧酸钠	21	20	25	甘油	17	14	22
乙酸钠	6	5	8	乙醇	16	15	18
聚氧乙烯醚嵌段共聚物混合物	6.5	5	10	去离子水	18	15	18
氨基三乙酸	7	5	8	香精	1.5	0.5	2
椰油酸钠	12.5	12	13				

制备方法 将各组分混合均匀即可。

产品特性 本品将普通的常规洗涤剂组成物与氨基三乙酸和椰油酸钠等物质按照比例混合均匀，无需特殊的制造工艺，在提高去污能力的同时并没有增加成本；对人体无害，对环境无污染，具有安全、环保等优点。

配方8 家用洗涤剂

原料配比

原料	配比（质量份）		原料	配比（质量份）	
	1#	2#		1#	2#
蔗糖油酸酯	25	30	聚丙烯酸	0.5	2
甘油	30	35	α-甲基苯乙烯	0.1	0.5
氯化钠	1	3	去离子水	20	25

制备方法

（1）将下列物质加入反应釜中：蔗糖油酸酯、甘油、氯化钠，在加入过程中进行搅拌、加热，搅拌速度为 15～25r/min，加热至 45～65℃。

（2）混合物静置，自然降至室温。静置时间为 35～45min。

（3）将静置后的混合物进行过滤，过滤后对混合物加热，加热至 45～65℃。

（4）重复步骤（2）、（3）2～4 次。

（5）在步骤（4）完成后，向混合物中加入聚丙烯酸、α-甲基苯乙烯和去离子水，加入过程中进行搅拌。

（6）步骤（5）得到的混合物静置。

产品特性 本品发泡性好，能够对餐具进行深层次清洁，而且表面活性剂活性高，去污能力强，残留物少，对人体无害，适合广泛使用。

配方9 金牛果汁驱铅生物酶洗涤剂

原料配比

原料	配比（质量份）	原料	配比（质量份）
金牛果	45	食品级碳酸氢钠	15
负离子水	40		

制备方法 首先取金牛果，洗净、晾干、榨汁放到器皿中备用，然后取负离子水、食品级碳酸氢钠放入器皿中混合，搅拌均匀即可。

产品应用 本品主要应用于餐具洗涤。

产品特性 本品在配制过程中添加了金牛果，具有驱铅的效果，无毒、无污染、环保。本品以金牛果为原料，比使用化学原料配制洗涤剂节约用水 50% 以上，且有高强去污、无残留等特点。

配方10　金属餐具洗涤剂

原料配比

原料	配比（质量份）			原料	配比（质量份）		
	1#	2#	3#		1#	2#	3#
氧化铁	4	5	6	硅藻土	2	3	4
椰油酰胺丙基甜菜碱	1	1.5	2	石英粉	1	2	3
木灰粉	6	8	10	去离子水	50	55	60

制备方法　将各组分混合均匀即可。

产品特性　本品可以去除金属餐具表面污垢，不会损伤金属，而且无毒，弥补了一般洗涤剂的不足。

配方11　快速茶垢洗涤剂

原料配比

原料	配比（质量份）		原料	配比（质量份）	
	1#	2#		1#	2#
硅酸钠	6	14	乙酸	6	10
三氧化硼	7	11	过硫酸氢钾复合粉	5	11
月桂酸二乙醇酰胺	6	10	十八烷基二甲基苄基氯化铵	5	8
柠檬酸钾	3	5	香精	2	4
氧化二甲基十四烷基胺	5	10	仲辛醇聚氧乙烯醚	9	14
防腐剂	2	5	水	50	50
碳酸水	8	12			

制备方法　将各组分混合均匀即可。

产品应用　本品主要用于洗涤茶具上的茶垢。

产品特性　本品溶解能力强，能够快速清洗茶垢，残留小，不会影响茶叶品质，健康环保。

配方12　绿色洗涤剂

原料配比

原料		配比（质量份）	原料		配比（质量份）
原料粉		30		蚕豆枝干卜	10
小苏打		2		山里红	35
苧烯		4	原料粉	草木樨	10
盐水		加至100		香蕉秆	15
原料粉	刺梨根	20		菠菜	10

制备方法　将原料粉所需植物洗净、晒干，按上述比例混合，打碎为70～130目粉；在反应釜中加入一定量的盐水，调整水温至40～60℃，边搅拌边加入原料

粉，溶解后再缓慢加小苏打，溶解后加入苎烯，同时保证盐水的配比量，搅拌 30min。

产品特性　苎烯是从柠檬类水果皮中蒸馏、提炼得到的一种天然除污去油物质，该物质与水可以任意比例混配，具有优异的去油脱污能力，且可生物降解，无污染；刺梨根属蔷薇科植物刺梨的根，有健脾消食、收敛止泻功能，富含鞣质，能溶垢洁物；山里红属蔷薇科植物山里红的果实，能消食化滞、散瘀止痛，富含解脂酶，具有解脂化垢功能；草木樨是豆科植物草木樨的全草，有芳香化湿、防暑防疫、防痢疾功能，富含芳草素，可释放悦人香气，令人心爽神清；蚕豆枝干富含鞣质，有去油污功效；香蕉杆具有强力去油作用；菠菜中还有大量的铁元素，对人体有很大益处。

配方13　玫瑰护肤洗涤剂

原料配比

原料	配比（质量份）		原料	配比（质量份）	
	1#	2#		1#	2#
玫瑰花	250	200	珍珠粉	3	3
磺酸	10	10	天然植物蛋白酶	20	50
椰油酸二乙醇酰胺	18	20	水	650	660
脂肪醇聚氧乙烯醚硫酸钠	32	40	香精	27	17

制备方法　将各组分混合均匀即可。

原料介绍

脂肪醇聚氧乙烯醚硫酸钠属于阴离子表面活性剂，易溶于水，具有优良的去污、乳化、发泡性能和抗硬水性能，广泛用于洗发水、沐浴液、复合皂等洗涤化妆用品以及纺织工业润湿剂和清洁剂等。

椰油酸二乙醇酰胺属于非离子表面活性剂，易溶于水，具有良好的发泡、稳泡、渗透、去污、抗硬水功能，能加强清洁效果，可用作添加剂、泡沫安定剂、助泡剂，主要用于洗发水及液体洗涤剂的制造。

珍珠粉是从珍珠中提取的精华成分，富含 20 多种人体必需的天然氨基酸和独特的抗衰老因子，具有修复肌肤、恢复弹性、增白等功效，可让皮肤清爽柔滑，去油、去汗，抑制皮脂分泌过旺。

天然植物蛋白酶是采用现代生物工程技术提取的纯天然生物酶，有较广泛的特异性，对动植物蛋白、多肽酯、酰胺等有较强的水解能力，同时具有独特的保护手部肌肤的功效。

玫瑰花具有消炎杀菌、消除疲劳、改善体质、润泽肌肤的功效，而且花香浓郁。

产品应用　本品主要用作餐具洗涤。

产品特性 与传统洗涤剂相比，本品添加了玫瑰花，具有天然的玫瑰香味，能起到润肤的功效；添加了珍珠粉和天然植物蛋白酶，能够很好地保护皮肤。本品既有良好的去污效果，又能够对皮肤形成保护作用，还具有天然的香味。

配方14 柠檬餐具洗涤剂

原料配比

原料	配比（质量份）			原料	配比（质量份）		
	1#	2#	3#		1#	2#	3#
脂肪醇聚氧乙烯醚硫酸钠	8	9	10	氯化钠	3	4	5
乙二胺四乙酸四钠	1	1.5	2	乙酸乙酯	2	3	4
柠檬酸	3	3.5	4	去离子水	20	25	30

制备方法 将各组分混合均匀即可。

产品特性 本品温和，不刺激皮肤，无毒，能够很好地洗净餐具，使用安全，可满足人们的需求。

配方15 柠檬洗涤剂

原料配比

原料	配比（质量份）				
	1#	2#	3#	4#	5#
脂肪醇聚氧乙烯醚硫酸钠	100	10	10	50	20
脂肪醇聚氧乙烯（9）醚（AEO-9）	10	2	16	60	4
脂肪醇聚氧乙烯（7）醚（AEO-7）	2	1	6	10	6
椰油酸二乙醇酰胺	15	3	12	30	7
直链烷基苯磺酸钠	1	0.5	2	150	8
十二烷基苯磺酸	25	5	8	20	—
珠光浆	—	—	—	—	6
柠檬原汁	125	—	—	300	40
柠檬浓缩汁	—	7	—	—	—
柠檬精粉	—	—	2.5	—	—
去离子水	222	71.5	145	380	113

制备方法

（1）在洁净的容器中加入去离子水，边搅拌边加入直链烷基苯磺酸钠、十二烷基苯磺酸，混合均匀后再依次加入脂肪醇聚氧乙烯醚硫酸钠、AEO-9、AEO-7、椰油酸二乙醇酰胺、珠光浆，混合均匀后趁热过滤；

（2）在滤液中加入柠檬提取液或柠檬精粉润泽增效，调节 pH 值，混合均匀后静置 24h 以上，装瓶封口即得柠檬洗涤剂。

原料介绍 所述柠檬提取液为柠檬原汁、柠檬浓缩汁中的一种。

产品应用　本品主要应用于餐具洗涤。

产品特性

(1) 一定量的柠檬元素，与其他表面活性剂配伍，解决了表面活性剂在酸性条件下稳定性较差从而影响使用和性能的问题：

① 柠檬元素具有生物降解性，柠檬酸在水中经氧、热、光以及微生物的作用，很容易发生生物降解，一般是经乌头酸、衣康酸、柠康酸酐，转变为二氧化碳和水。

② 柠檬元素具有金属离子络合能力，柠檬酸、柠檬酸钠对水中的 Ca^{2+}、Mg^{2+} 等金属离子具有良好的络合能力，对其他金属离子如 Fe^{2+} 等也有很好的络合能力。

③ 柠檬元素具有极好的溶解性能，有良好的 pH 调节及缓冲性能。加入后所产生的柠檬酸钠是一种弱酸强碱盐，与柠檬酸配伍可组成较强的 pH 缓冲剂，还具有良好的缓凝性能及稳定性能，解决了表面活性剂在酸性条件下不稳定的问题。

(2) 增强润泽、护肤、美白作用，柠檬汁中含有 45g/L 左右的天然柠檬果酸，还有苹果酸、类黄酮等多种物质，加入洗涤剂中可增强润肤、灭菌作用。其增强润泽、护肤机理如下：

① 其 pH 值在 3 以上，用以调和酸碱度，稳定、平衡洗涤剂的浓度，让其保持和皮肤一样的弱酸性，以避免在洗涤过程中损伤皮肤。

② 柠檬果酸是天然的有机酸，是一种对皮肤有益的营养物质，对皮肤有良好的滋养作用，功效着重去角质及保湿。柠檬果酸的细小分子有着超强的渗透力，能快速渗透皮肤，对表皮的作用：减少角质细胞间的桥粒连接，加快上皮细胞新陈代谢的速度，促使上皮细胞排列更为整齐，让皮肤变白、光滑而细致。

③ 柠檬果酸本身具有很强的杀菌作用和除腥弃腻能力，可以减少洗涤剂中必需的工业合成原料，减缓表面活性剂的负面影响，增强灭菌效果，提高洗涤效能。

(3) 本品选用去污力强的非离子表面活性剂 AEO-9、AEO-7，与对皮肤有滋润作用的珠光浆等成分配合，刺激性小、去污能力强。

配方16　浓缩的洗涤剂

原料配比

原料	配比(质量份)			原料	配比(质量份)		
	1#	2#	3#		1#	2#	3#
可溶性碘酸盐	45	10	60	丙烯酸乙酯	3	3	3
含有伯胺基团的聚合物	5	3	6	蛋白酶	3	2	5
柠檬酸钙	3	3	3	丙烯酰胺	35	20	40
月桂醇硫酸钠	5	4	6				

制备方法 将各组分混合均匀即可。

产品应用 本品主要应用于餐具洗涤。

产品特性 本品可与水以任意比例混配，具有优异的去油脱污能力，且可生物降解，无污染；蛋白酶和丙烯酰胺可用于去除植物油和动物油，使用中不会腐蚀和损伤皮肤，可达到节水和高效去污的目的。

配方17 浓缩型餐具洗涤剂

原料配比

原料	配比（质量份）				原料	配比（质量份）			
	1#	2#	3#	4#		1#	2#	3#	4#
脂肪醇聚氧乙烯醚硫酸钠	10	14	16	20	脂肪醇聚氧乙烯（5）醚	2	3	4	6
α-烯基磺酸钠	30	22	10	21	脂肪醇聚氧乙烯（15）醚	8	6	5	2
椰油酰胺丙基氧化胺	22.5	20	30	25	二乙二醇丁醚	10	17.5	25	20
脂肪酸烷醇酰胺	12	15	8	5	1,2-苯并异噻唑啉-3-酮	0.3	0.2	0.2	0.1
脂肪醇聚氧乙烯（3）醚	5	2	1.5	0.5	香精	0.2	0.3	0.3	0.4

制备方法 按质量份比，在搅拌下将脂肪醇聚氧乙烯醚硫酸钠、α-烯基磺酸钠、椰油酰胺丙基氧化胺、脂肪酸烷醇酰胺、脂肪醇聚氧乙烯（3）醚、脂肪醇聚氧乙烯（5）醚、脂肪醇聚氧乙烯（15）醚、二乙二醇丁醚依次加入化料釜中至完全溶解，再加入1,2-苯并异噻唑啉-3-酮、香精，搅拌均匀、静置，得浓缩型餐具洗涤剂。

产品特性

（1）本品为浓缩配方，可节约生产、运输成本，利于节能降耗。

（2）本品解决了高含量表面活性剂的溶解问题，通过分子复合技术将分散剂、助溶剂和表面活性剂合理复配，得到一个稳定的高浓缩体系，使其在极低的浓度下，达到洗涤标准要求，而且水溶性好、泡沫丰富、无毒、无刺激；一瓶可当四瓶使用，节约资源。本品是一个分子复合的冷配过程，因此不需要增加特殊的设备，现有的生产设备即可使用。

（3）本品中脂肪醇聚氧乙烯醚硫酸钠、α-烯基磺酸钠、椰油酰胺丙基氧化铵、脂肪酸烷醇酰胺、脂肪醇聚氧乙烯醚互相配伍，协同作用，增强了体系的乳化、渗透、分散能力，赋予体系丰富的泡沫和优异的去除油污能力。

（4）二乙二醇丁醛可使体系渗透、分散、水溶性增加，易于清洗，残留低，可有效清洁餐具。

（5）本品对环境友好，不会损伤皮肤。

配方18　葡糖单癸酸酯草药洗涤剂

原料配比

原料	配比(质量份)	原料	配比(质量份)
葡糖单癸酸酯	20～24	脂肪酸二乙醇胺	4～6
月桂酸二乙醇酰胺	11～16	乙醇	2～4
脂肪醇醚硫酸钠	8～10	乙二胺四乙酸四钠	1～2
草药抗菌剂	4～6	去离子水	500

制备方法　将去离子水投入配料罐内，加入葡糖单癸酸酯、月桂酸二乙醇酰胺、脂肪醇醚硫酸钠、脂肪酸二乙醇胺，加热至60℃，搅拌至溶液透明均匀，再加乙醇、乙二胺四乙酸四钠，然后用80%浓磷酸调pH至7.0～7.5，最后加入草药抗菌剂、适量香料、适量色料，搅拌均匀即为产品。

所述草药抗菌剂为采用大青叶100份、板蓝根100份、生姜50份、水1000份通过现有技术方法获得的提取液。

产品应用　本品主要应用于餐具洗涤。

产品特性　本品具有配方科学、合理，对皮肤温和，不发黏等特点。

配方19　蒲公英护肤餐具液体洗涤剂

原料配比

原料	配比(质量份)	原料	配比(质量份)
月桂酰胺丙基氧化胺	5	癸基葡糖苷	6
肉豆蔻酰胺丙基胺氧化物	5	蒲公英提取液	0.1
N,N-二甲基癸烷基-N-氧化胺	3	水	80

制备方法　将月桂酰胺丙基氧化胺、肉豆蔻酰胺丙基胺氧化物、N,N-二甲基癸烷基-N-氧化胺、癸基葡糖苷和蒲公英提取液加入水中，加热至40～60℃，混合均匀，即可制得该蒲公英护肤餐具液体洗涤剂。

本品的蒲公英提取液可以通过市售而得，也可以采用下述方法制备而得：把蒲公英粉碎后，加质量6～10倍的去离子水浸泡1～3h，超声波提取10～15min，过滤，离心，弃去沉淀，将上清液浓缩，制得蒲公英提取液，控制蒲公英提取液密度为$1.02～1.08g/cm^3$。

产品特性　本品采用非离子表面活性剂和两性表面活性剂复配，摒弃了传统的阴离子表面活性剂，在确保良好去污效果的同时，大大降低了对手部皮肤的刺激性，同时复配蒲公英提取液能够有效滋养手部皮肤。

配方20　清香型餐具洗涤剂

原料配比

原料	配比（质量份）		原料	配比（质量份）	
	1#	2#		1#	2#
甲基丙醇二乙酸钠	6	13	壬基酚醚	5	7
硼酸钠	4	11	高氯酸钠	6	10
烷基脲	3	9	单乙醇胺	5	9
月桂酰三乙醇胺	4	7	柠檬香精	4	6
硅藻土	3	8	去离子水	50	50

制备方法　将上述原料送入搅拌容器中，搅拌均匀即可。

产品特性　本品具有芳香气味，洗涤效果好，对皮肤无刺激，节水。

配方21　清香型高效洗涤剂

原料配比

原料	配比（质量份）			原料	配比（质量份）		
	1#	2#	3#		1#	2#	3#
氯化镁	2	4	3	香精	2	5	3.5
脂肪醇聚氧乙烯醚	6	10	8	甘油	3	8	6
异丙醇	3	7	5	葡萄糖酸钠和柠檬酸钠的混合物（1：1）	0.6	2	1.3
黄芩苷提取物	0.6	2.4	1.5	苹果酸	2.5	7	5
苯甲酸钠	1	3	2	乙醇	5	9	7
柠檬酸	3	5	4	水	15	15	15
十二烷基硫酸钠	4	6	5				
表面活性剂	7	12	10				

制备方法　将各组分混合均匀即可。

产品应用　本品主要应用于餐具或蔬菜、水果洗涤。

产品特性　本洗涤剂能够清洗顽固污渍，具有芳香气味，节水，使用方便。

配方22　日用安全洗涤剂

原料配比

原料	配比（质量份）			原料	配比（质量份）		
	1#	2#	3#		1#	2#	3#
天冬氨酸和胱氨酸的混合物（1：1.5）	2.5	0.5	3	去离子水	18	15	20
羧甲基纤维素	8	5	10	蔗糖油酸酯	13	12	14
甜菜碱型两性表面活性剂	6	5	8	甘油	27	25	30
				乙醇	22	20	25

制备方法　将各组分混合均匀即可。

产品应用　本品主要应用于餐具的洗涤。

产品特性 本品具有对皮肤无伤害、温和、刺激性小、毒性低、去油污力强、能生物降解、环保等优点，呈中性，真正不伤手，即使稍有残留也不会在体内聚集，可排出体外，不含磷酸盐，无毒副作用。

配方23　三七餐具液体洗涤剂

原料配比

原料	配比（质量份）	原料	配比（质量份）
月桂酰胺丙基氧化胺	5	癸基葡糖苷	6
肉豆蔻酰胺丙基胺氧化物	5	三七提取液	1
N,N-二甲基癸烷基-N-氧化胺	3	水	80

制备方法 将月桂酰胺丙基氧化胺、肉豆蔻酰胺丙基胺氧化物、N,N-二甲基癸烷基-N-氧化胺、癸基葡糖苷和三七提取液加入水中，加热至40～60℃，混合均匀，即可制得该三七餐具液体洗涤剂。

本品的三七提取液可以通过市售而得，也可以采用下述方法制备而得：把三七粉碎后，加质量6～10倍的去离子水浸泡1～3h，超声波提取10～15min，过滤，离心，弃去沉淀，将上清液浓缩，制得三七提取液，控制三七提取液密度为1.02～1.08g/cm³。

产品特性 本品采用非离子表面活性剂和两性表面活性剂复配，摒弃了传统的阴离子表面活性剂，在确保良好去污效果的同时，大大降低了对手部皮肤的刺激性，同时复配三七提取液能够滋润和保护皮肤。

配方24　杀菌餐具洗涤剂

原料配比

原料	配比（质量份）	原料	配比（质量份）
邻磺酰苯酰亚胺烷基二甲基苄基铵盐	3	二甲苯磺酸钠	8
		壬基酚乙氧基化物	2
丁基溶纤剂	4	去离子水	加至100

制备方法 称取邻磺酰苯酰亚胺烷基二甲基苄基铵盐、丁基溶纤剂、二甲苯磺酸钠、壬基酚乙氧基化物加入去离子水中，加热至60～70℃，搅拌使之溶解，即得到杀菌餐具洗涤剂。

产品应用 本品主要应用于餐具洗涤，也可以应用于玻璃器皿，水果、蔬菜的洗涤和消毒。

产品特性 本品对油垢有强乳化、分散作用，对水果、蔬菜表面附着的微生物、寄生虫卵洗涤力强，具有广谱的杀菌性，制备方法简单、成本低。

配方25　杀菌环保型餐具洗涤剂

原料配比

原料	配比(质量份)					原料	配比(质量份)				
	1#	2#	3#	4#	5#		1#	2#	3#	4#	5#
茉莉花渣提取液	30	24	25	21	20	醇醚羧酸盐	7.4	6	7.8	10	5
柚子皮提取液	15	25	20	23	24.2	黄原胶	0.1	—	0.2	—	—
啤酒花渣提取液	21	15	20	21	25	瓜尔胶	—	0.3	—	0.1	—
直链烷基磺酸钠	23	25	22	21	20	阿拉伯胶	—	—	—	—	0.3
茶皂素	3.5	4.7	5	3.9	5.5	水	适量	适量	适量	适量	适量

制备方法　取茉莉花渣、啤酒花渣，分别向茉莉花渣、啤酒花渣中加入质量4～6倍水，调节 pH 值至 3.5～4.5，再分别加入总质量 0.1%～0.3% 的果胶酶和纤维素酶复合酶酶解 12～30h（控制温度为 35～45℃），升温至 80～90℃ 灭酶，蒸干至含水量为 5%～10%，加入 75%～90% 乙醇加热至 85～95℃ 回流提取 3 次，每次提取 20～50min，过滤合并滤液，浓缩，制得茉莉花渣提取液、啤酒花渣提取液。

上述柚子皮提取液的制备方法为：按配方量取柚子皮，碎成 30～50 目，加入75%～90% 乙醇加热至 85～95℃ 回流提取 3 次，每次提取 1～2h，过滤合并滤液，浓缩，制得柚子皮提取液。

将各组分混合均匀制得洗涤剂。

原料介绍

在茉莉花渣提取液、啤酒花渣提取液的制备方法中，果胶酶和纤维素酶的质量比为 1∶3。茉莉花渣和啤酒花渣的一些有效成分被以纤维素为主的细胞壁所包围，而且这些细胞间还有果胶黏结，用果胶酶和纤维素酶复合酶充分破坏以纤维素为主的细胞壁结构及细胞间的果胶物质，将原料中的果胶完全分解成小分子物质，使提取、传质阻力减小，使原料中有效物质充分地释放出来，既提高了提取率，又减少了提取时间。

在茉莉花渣提取液、啤酒花渣提取液的制备方法中，每次回流提取时，乙醇的用量为原料质量的 4～8 倍。

在柚子皮提取液的制备方法中，每次回流提取时，乙醇的用量为原料质量的5～9 倍。

在 35℃，茉莉花渣提取液、啤酒花渣提取液、柚子皮提取液的相对密度为1.05～1.15。

本品配方原料中，增稠剂为黄原胶、瓜尔胶、阿拉伯胶中的一种。所选用的增稠剂具有增稠、去污、稳泡、乳化、分散等多种功能，可提高洗涤剂的稳定性。

本品配方原料中：

茉莉花渣提取液中含有丰富的黄酮和黄酮类成分，对普通变形杆菌、葡萄球菌、枯草芽孢杆菌、大肠杆菌等杂菌有一定的抑制和杀灭作用。茉莉花渣提取液中的成分还具有抗氧化、防腐的作用。

柚子皮提取液中的黄酮及黄酮类物质对葡萄球菌、链球菌、肺炎双球菌、炭疽杆菌、大肠杆菌、痢疾杆菌、伤寒杆菌、变形杆菌等都有抑制和杀灭作用。

啤酒花渣提取液含有丰富的黄酮类物质如蛇麻酮，蛇麻酮对炭疽杆菌、肺炎双球菌、结核杆菌、金黄色葡萄球菌、蜡样芽孢杆菌、白喉杆菌、枯草杆菌等具有抑制和杀灭作用。

直链烷基磺酸钠具有良好的去污和乳化作用，耐硬水，发泡力好，生物降解性极强，为绿色表面活性剂。

茶皂素属于三萜类皂苷，是一种性能优良的非离子型纯天然表面活性剂，具有较强的发泡、乳化、分散、润湿等作用，几乎不受水质硬度的影响，还具有抗渗、消炎、镇痛、抗癌等生理活性。

醇醚羧酸盐是一类新型的多功能阴离子表面活性剂，与肥皂十分相似，其主要环境表现为易生物降解，OECD 验证试验的降解率为 98%，无毒、无刺激，使用安全。

产品特性

（1）本品原料中茉莉花渣提取液、啤酒花渣提取液、柚子皮提取液由废料制备提取，变废为宝，降低成本。

（2）本品加入的茉莉花渣提取液、啤酒花渣提取液、柚子皮提取液具有杀菌功能，选用多种植物提取液，扩大了杀菌范围，其中茉莉花渣提取液还有抗氧化作用，具有天然防腐功能。

（3）本品所用的全部原料对环境无影响，绿色环保。

配方26　杀菌抗菌型餐具洗涤剂

原料配比

原料	配比（质量份）					原料	配比（质量份）				
	1#	2#	3#	4#	5#		1#	2#	3#	4#	5#
脂肪酸甲酯磺酸钠	11	12	13	14	15	茶皂素	1	1.5	2	3	1
醇醚羧酸盐	8	9	10	11	12	聚天冬氨酸钠	1	1.5	2	3	2
烷基糖苷	6	7	8	9	10	葡萄糖酸钠	0.8	1.2	1.9	2.3	2.6
竹醋液	4	6	6	7	8	食盐	0.5	1	1.5	1.9	2.2
椰油酸单乙醇酰胺	3	4	5	6	4	去离子水	61.7	53.8	46.6	37.8	40.2
茉莉花提取液	3	4	4	5	3						

制备方法

（1）将新鲜茉莉花或者茉莉花干花粉碎至 50～80 目，加入茉莉花质量 6～9 倍的乙醇，浸泡 1～2h，然后在 80～95℃回流提取 1～2h，浓缩，得到茉莉花提取液。

制备茉莉花提取液时，所述的乙醇体积分数为 65%～95%，体积分数适宜，可以最大限度提取茉莉花的有效成分。

制备茉莉花提取液时，浓缩后的茉莉花提取液的密度为 1.2～1.5g/cm³。浓度适宜，可以保证杀菌、抗菌效果。

（2）杀菌抗菌型餐具洗涤剂的制备：称取原料，将全部原料混合均匀，包装即可。

产品特性

（1）本品的原料中含竹醋液和茉莉花提取液，其中茉莉花中含有丰富的黄酮和黄酮类成分，对普通变形杆菌、葡萄球菌、枯草杆菌、大肠杆菌等杂菌有一定的抑制作用，而竹醋液对致病菌的抑杀活性显著，竹醋液与茉莉花提取液对不用种类细菌作用强弱不同，两者复配使用，扩大了抑菌谱，提高了洗涤剂杀菌、抗菌的功效。

（2）在洗涤剂中，茉莉花提取液和竹醋液也作为防腐剂，无毒副作用，不仅对致病菌抑杀活性显著，消毒、防腐、保鲜效果良好，而且对皮肤具有清洁、保养功效，不会伤及皮肤。

（3）洗涤剂配方中脂肪酸甲酯磺酸钠温和无毒，具有优良的表面活性和突出的抗硬水洗涤能力，安全性好；醇醚羧酸盐易生物降解，无毒、无刺激，使用安全；烷基糖苷具有高表面活性、良好的生态安全性和相溶性；椰油酸单乙醇酰胺生物降解性好，配伍性好，具有极好的协同增效作用；茶皂素具有较强的发泡、乳化、分散、润湿等作用，几乎不受水质硬度的影响，还具有抗渗、消炎、镇痛、抗癌等生理活性；聚天冬氨酸钠具有无磷、无毒、无公害和可完全生物降解的特性，还有极强的螯合、分散、吸附等作用；葡萄糖酸钠无毒，具有明显的协调作用。洗涤剂配方中，各原料相互协同增效，洗涤效果显著，安全环保。

配方27 杀菌洗涤剂

原料配比

原料	配比（质量份）			原料	配比（质量份）		
	1#	2#	3#		1#	2#	3#
刺梨根	18	15	20	异丙醇和乙二醇的混合物	22	20	25
乙二胺四乙酸二钠	6	5	10	纤维素酶	0.7	0.5	1
脂肪酰基谷氨酸盐	16	15	18	甘油	20	15	25
碳酸钠	18	15	20	去离子水	20	15	25

制备方法 将各组分混合均匀即可。

原料介绍 异丙醇和乙二醇的混合物由 1.2 份异丙醇和 1.5 份乙二醇组成。

产品应用　本品主要应用于洗涤餐具。

产品特性　该产品具有对皮肤无伤害、温和、刺激性小、毒性低、去油污力强、能生物降解、环保等优点，呈中性，真正不伤手，即使洗不干净也不会在体内聚集，可排出体外，不含磷酸盐，无毒副作用。

配方28　杀菌型餐具洗涤剂

原料配比

原料	配比（质量份）			原料	配比（质量份）		
	1#	2#	3#		1#	2#	3#
十二烷基苯磺酸钠	10	—	—	乙二胺四乙酸四钠	0.1	1	0.6
脂肪醇聚氧乙烯醚硫酸钠	—	20	—	氯化钠	1	3	2
蔗糖油酸酯	—	—	15	柠檬酸三钠	3	8	5
蔗糖硬脂酸酯	8	2	5	香精	1	5	3
乙醇	5	10	8	水	60	40	50
竹红菌提取物	5	10	8				

制备方法　将表面活性剂加入热水中搅拌溶解，再加入乙二胺四乙酸四钠、柠檬酸三钠、竹红菌提取物搅拌混合均匀，降温至40℃左右，加入其余物质，充分混匀，得到成品。

原料介绍　所述的表面活性剂为十二烷基苯磺酸钠、蔗糖油酸酯或者脂肪醇聚氧乙烯醚硫酸钠。

所述的竹红菌提取物含有竹红菌甲素和竹红菌乙素中的一种或者两种。

产品特性　本品将从草药竹红菌中提取的竹红菌素作为杀菌成分，对多重耐药性金黄色葡萄球菌具有很好的杀菌效果。此外，竹红菌素为天然存在的杀菌剂，使用安全，不会对环境造成污染，是新型、绿色环保的杀菌剂。

配方29　山药皮洗涤剂

原料配比

原料	配比（质量份）			原料	配比（质量份）		
	1#	2#	3#		1#	2#	3#
山药皮活性物混合液	92	96	98	柠檬酸钠	1	0.7	0.3
苯甲酸	1.5	1.3	0.5	无水乙醇	5.5	2	1.2

制备方法　将各组分混合均匀即可。

山药皮活性物混合液制备方法：将干燥后的山药皮粉碎成山药皮粉，过筛，将过筛后的山药皮粉置于碱性溶液（每1g山药皮粉需碱性溶液3～10mL）中于40～80℃浸泡4～10h，离心、过滤，制成山药皮活性物混合液。搅拌下缓慢在山药皮活性物混合液中加入柠檬酸钠、苯甲酸，充分混匀后，加入无水乙醇，搅拌混匀，包装。所述的碱性溶液是每100mL水中加入0.4～1mg氢氧化钠或者氢氧化钙或者碳酸钠或者碳酸氢钠形成的溶液。

产品应用 本品主要应用于餐具洗涤。

产品特性 本品具有良好的稳定性、温和性、易冲洗性，去污力强，泡沫丰富，是一种能够有效清洗油污以及蔬菜和水果，抗微生物，环保的绿色餐具洗涤剂，而且原料廉价、产品安全，制作简单。

配方30　生态洗涤剂

原料配比

原料	配比（质量份）					原料	配比（质量份）				
	1#	2#	3#	4#	5#		1#	2#	3#	4#	5#
柚子皮	7	1	1	10	—	酸杨桃果	10	1	5	4	3
柑橘皮	3	1	—	10	5	芭蕉树茎	7	1	10	10	1
橙子皮	7	1	8	—	10	马铃薯粉	3	1	2	3	5
柠檬果	10	1	10	5	—	酒曲	0.35	0.05	0.3	0.25	0.2
龙眼树叶	7	1	1	10	3	水	180	27	141	165	87
杨桃树叶	6	1	10	3	2						

制备方法

（1）将所述植物原料切碎后按质量份混合，放进锅中加水熬煮 30～60min，然后倒出来放进磨浆机中充分搅拌，直到所述植物原料全部变成浆状物为止。

（2）将所述浆状物倒入锅中加热，然后加入植物增稠剂进行增稠，加热的同时不断搅拌，直到所述浆状物变成糊状物为止。

（3）将所述糊状物倒出来自然降温到 25～35℃，加入磨成粉状的发酵剂拌匀，然后装罐并密封，放在温度为 20～30℃ 的环境中发酵。

（4）待所述植物原料中的各成分在酒曲的作用下充分发酵后，即可使用。

（5）制作成的生态洗涤剂在阴凉的环境中密封保存，保质期可以达 36 个月左右。

原料介绍 上述配方中的植物原料柚子皮、柑橘皮、橙子皮、柠檬果在植物学上属于芸香科柑橘属，为具有革质果皮的柑果，经过步骤（1）的熬煮可以得到天然柑橘提取物，其中包含辛酸、十六碳酸、柠檬烯、月桂烯、芳樟醇氧化物、大根香叶烯等多种成分，主要成分是柠檬烯、月桂烯等。本品步骤（1）所得柑橘提取物是一种天然的植物性溶剂，对油污有极强的溶解力；其中柠檬烯对油墨、油脂、油漆、焦油、泡泡糖和沥青的清洗都有效，加入含酶剂可除血渍，加入低浓度酸类可除铁锈、咖啡和茶渍，D-柠檬烯在工业清洗中可以替代目前使用的各种化学溶剂，改变化工制品有毒有害这一现状。

在本品中，使用增稠剂能够有效维持洗涤剂的有效浓度，提高产品的稳定性，防止有效成分流失，其中所用的增稠剂为植物增稠剂，优选木薯粉或马铃薯粉，使得洗涤剂具有优异的分散、悬浮性和增稠性能，在水中分散后粒度细小且分布均匀，有效增强了产品的去污能力。马铃薯或者木薯粉都是食品级原料，保证了洗涤剂生态环保。

杨桃树叶、龙眼树叶、芭蕉树的茎和叶中具有防腐、保鲜成分，不需要额外添加化学防腐剂；杨桃果和杨桃树叶的挥发分中还含有棕榈酸、硬脂酸等成分。

本品特别添加了酒曲作为发酵剂，植物原料中的成分经过酒曲发酵后，变成了微酸性物质，去污效果增强。

产品应用　本品主要应用于餐具、玻璃容器和不锈钢器具、塑料容器之外，还可以应用于洗手液、沐浴液等领域。

产品特性

（1）采用的原料均为食品级原料，无毒无害，含有天然的去污成分，具有较强的去污能力，不需要添加化工类表面活性剂；含有防腐、保鲜的成分，不需要额外添加化工类防腐剂；含有天然的色素和香味，不需要添加人工色素和香精，生态环保。

（2）采用的原料含有丰富的营养成分和人体需要的微量元素，具有较强去污效果，还具有保护和营养皮肤等多种功能。

（3）本产品没有泡沫，无毒性残留，方便清洗，节约水资源。

（4）本品配方独特，生产工艺简单，材料来源广泛，且均来自于常见植物及水果的废弃物，可以变废为宝，生产过程中无废水、废气和固体废物排放，安全环保。

配方31　矢车菊护肤餐具液体洗涤剂

原料配比

原料	配比（质量份）	原料	配比（质量份）
月桂酰胺丙基氧化胺	5	癸基葡糖苷	6
肉豆蔻酰胺丙基胺氧化物	5	矢车菊提取液	0.1
N,N-二甲基癸烷基-N-氧化胺	3	水	80

制备方法　将月桂酰胺丙基氧化胺、肉豆蔻酰胺丙基胺氧化物、N,N-二甲基癸烷基-N-氧化胺、癸基葡糖苷和矢车菊提取液加入水中，加热至40～60℃，混合均匀，即可制得该矢车菊护肤餐具液体洗涤剂。

本品的矢车菊提取液可以通过市售而得，也可以采用下述方法制备而得：把矢车菊粉碎后，加质量6～10倍的去离子水，浸泡1～3h，超声波提取10～15min，过滤，离心，弃去沉淀，将上清液浓缩，制得矢车菊提取液，控制矢车菊提取液密度为1.02～1.08g/cm³。

产品特性　本品采用非离子表面活性剂和两性表面活性剂复配，摒弃了传统的阴离子表面活性剂，在确保良好去污效果的同时，大大降低了对手部皮肤的刺激性，同时复配矢车菊提取液，使本品在清洁餐具的同时能够有效滋养、柔润手部肌肤。

配方32　适于手洗的洗涤剂

原料配比

原料	配比（质量份）			原料	配比（质量份）		
	1#	2#	3#		1#	2#	3#
葡糖单癸酸酯	5	15	10	月桂基二甲基氧化胺	2	5	3
乙醇	1	5	2	羟甲基纤维素钠	0.2	2	1
月桂酸二乙醇酰胺	5	15	10	水	加至100	加至100	加至100
椰油脂肪酸二乙醇酰胺	5	10	8				

制备方法　将各组分混合均匀即可。

原料介绍　本品组分中的羟甲基纤维素钠本身无去污作用，在洗涤剂中主要作用是防止污垢再沉积，提高洗涤剂的起泡力和泡沫稳定性，抑制洗涤剂对皮肤的刺激性；用于浆状洗涤剂中增加产品稠度、稳定胶体、防止分层。

产品应用　本品主要用作餐具洗涤剂和其他家用洗涤剂。

产品特性　本品对皮肤无刺激性，去污力强，泡沫多，温和，不发黏。

配方33　手洗餐具或蔬菜水果的洗涤剂

原料配比

原料	配比（质量份）				原料	配比（质量份）			
	1#	2#	3#	4#		1#	2#	3#	4#
茶皂素晶体	3	11	9	20	α-烯基磺酸钠（AOS）	3	2	1	2
脂肪醇聚氧乙烯醚硫酸钠（AES）	8	6	4	7	乙二胺四乙酸二钠（EDTA-2Na）	0.2	0.1	0.3	0.2
椰子油脂肪酸二乙醇酰胺（6501）	1	13	7	5	凯松	0.1	0.2	0.4	0.3
					香精	0.5	0.4	0.2	0.3
磺酸	2	3	1	2	乙醇	2	2	1	3
片碱	0.2	0.3	0.1	0.2	去离子水	80	72	76	60

制备方法　先用去离子水和片碱调制缓冲液，在80~90℃时加入茶皂素晶体，搅拌溶解；再依次加入AES、6501、磺酸、AOS、EDTA-2Na、凯松和香精，搅拌成胶乳液；冷却至室温，然后加入乙醇搅拌均匀，得洗涤剂；包装、检验后，成品入库。

原料介绍

所述的茶皂素晶体是从山茶科植物的种子中提取的一种糖苷化合物，是皂素的一种，是由配基（$C_{30}H_{50}O_6$）、糖体和有机酸的基本结构构成的一种五环三萜类皂素。茶皂素晶体调配的溶液是一种天然非离子型表面活性剂，具有良好的乳化、分散、发泡、润湿等作用，广泛应用在毛纺、针织、日用化工、医药等生产行业上，可用于乳化剂、发泡剂，也可用于洗涤剂，但本品主要以清洗去污为目的。

所述的 AES 化学名称是脂肪醇聚氧乙烯醚硫酸钠，易溶于水，具有优良的去污、乳化、发泡性能和抗硬水性能，温和的洗涤性质不会损伤皮肤，在日化领域中主要用于餐具洗涤，就是通常的洗洁精。AES 的 MSDS（材料安全评价报告）表明，AES 是无毒的产品。在本品中主要以乳化、发泡为目的。

所述的 6501 是椰子油脂肪酸二乙醇酰胺，没有浊点，为淡黄色至琥珀色黏稠液体，易溶于水，具有良好的发泡、稳泡、渗透去污、抗硬水等功能，属非离子表面活性剂，在阴离子表面活性剂呈酸性时与之配伍增稠效果特别明显，能与多种表面活性剂配伍。在本品中属于增稠剂。

所述的磺酸是一种有机酸，通式 R—SO_3H（R 代表烃基），具有强酸性，有比较大的水溶性，有酸的通性。在本品中磺酸起抗硬水的作用。

所述的 AOS 是 α-烯基磺酸钠，具有优良的表面活性，在一定浓度范围内，能将水的表面张力从 72mN/m 降至 30～40mN/m。AOS 的润湿力和发泡性好，抗硬水能力强；其生物降解速度和最终生物降解度高，在自然环境中 5～7 天内可完全降解而消失，不会污染环境。AOS 对皮脂污垢和油性及粉状污垢有很好的去污效果。在本洗涤剂中作为活性组分。

所述的 EDTA-2Na 化学名称为乙二胺四乙酸二钠，为无味无臭的白色或乳白色结晶或颗粒状粉末，溶于水，不溶于乙醇、乙醚，用作重金属解毒药、络合剂、抗氧增效剂、稳定剂及软化剂等。在本品中作为络合剂组分。

所述的凯松活性成分为异噻唑啉酮类化合物，能有效抑制和灭除菌类和各种微生物，广泛应用于洗发水、护发素、沐浴液和各种润肤、护肤霜、膏、乳等高级营养化妆品及洗手液、洗涤剂、餐具洗洁精、染发剂、皮衣上光剂、柔软剂、胶水、外用药膏、农药等产品中。在本品中起杀菌、抑菌作用。

所述的香精起增香作用。

所述的乙醇起溶解、消毒的作用。

产品应用　本品主要应用于餐具和果蔬洗涤。在水中加入上述洗涤剂数滴，将餐具或蔬菜、水果浸泡 2～5min，再用清水洗净即可；若将本品少许滴在抹布上，直接擦洗餐具或蔬菜、水果的表面，再用清水洗净，效果更佳。

产品特性　本品对人、畜无毒性，对环境无污染，对蔬菜、水果有机氯农药赛丹残留量的清除率可达 86.1%，对有机磷农药毒死蜱残留量的清除率可达 93.8%，且具有一定杀菌、络合重金属的作用。

配方34 手洗餐具洗涤剂

原料配比

原料	配比（质量份）			原料	配比（质量份）		
	1#	2#	3#		1#	2#	3#
十二烷基磺酸钠	8	9	10	磷酸三钠	6	7	8
氨水	1	1.5	2	氨基磺酸	2	3	4
氢氧化钠	3	3.5	4	去离子水	40	45	50

制备方法 将各组分混合均匀即可。

产品特性 本品手感温和，不刺激皮肤，无毒，使用安全，满足了人们的需求。

配方35 手洗餐具用洗涤剂

原料配比

原料	配比（质量份）			原料	配比（质量份）		
	1#	2#	3#		1#	2#	3#
烷基磺酸钠	13	18	15	防腐剂	0.6	0.4	0.5
磺化丁二酸钾	7	4	6	香精	0.1	0.4	0.3
壬基酚醚	5	3	4	水	100	100	100
高氯酸钠	2	5	3				

制备方法 将各组分混合均匀得餐具洗涤剂。

产品特性 本品使用效果好，少量就可以达到反复擦拭的效果，避免浪费。所述洗涤剂的成分毒性小，不容易引发水污染，能有效缓解洗涤剂对环境的污染。

配方36 厨房手洗餐具洗涤剂

原料配比

原料	配比（质量份）			原料	配比（质量份）		
	1#	2#	3#		1#	2#	3#
烷基硫酸盐	15	20	25	蛋白酶	0.1	0.5	0.8
烷基聚苷	2	5	8	防腐剂	0.2	0.4	0.6
磺化丁二酸钾	3	4	5	稳定剂	0.1	0.2	0.3
单乙醇胺	1	3	4	水	100	100	100
月桂基二甲基氧化胺	5	6	8				

制备方法 将上述各组分放入搅拌器中搅拌，搅拌温度为 45～55℃，搅拌速度为 550r/min。

产品特性 本品去污效果好，具有良好的清洁和发泡性能，而且对皮肤无刺激性，不会对环境产生污染。

配方37 睡莲餐具除菌清洗剂

原料配比

原料	配比(质量份)		
	1#	2#	3#
睡莲茎部精华液	15.0～20.0	15.0～17.5	17.5～20.0
睡莲胚胎浸泡液	12.0～17.0	12.0～14.5	14.5～17.0
植物发泡蛋白	6.0～8.0	6.0～7.0	7.0～8.0
羊毛脂醇聚氧乙烯醚	8.0～15.0	8.0～11.5	11.5～15.0
净化水	加至100	加至100	加至100

制备方法

(1) 采摘新鲜、成熟的睡莲整株,分离睡莲的茎部和胚胎;

(2) 分别经水清洗,然后将各自表面的水分烘干;

(3) 睡莲茎部经过压榨、弱酸提纯后得到精华成分;

(4) 睡莲胚胎与净化水以1∶1的比例混合,加热保持28℃,浸泡24h;

(5) 按照比例将睡莲胚胎浸泡液加入乳化罐中,然后将植物发泡蛋白和羊毛脂醇聚氧乙烯醚按照比例加入,60℃搅拌30min;

(6) 将提炼好的睡莲茎部精华液按照比例加入乳化罐中,搅拌均匀;

(7) 冷却后无菌分装。

原料介绍

(1) 睡莲茎部精华液是从植物睡莲茎部提炼出来的精华成分,其中含有丰富的生物碱、黄酮类物质和皂素类物质,对家里常用的餐具、饮具表面的油污具有高效的去除作用。所含的黄酮类物质对细菌、真菌、病毒都有一定的抑制作用。而睡莲胚胎的浸泡液是整个配方的主要成分,将其整个融入各种成分的分子中,利用生物表面活性剂的特性,包裹住细菌,从而达到除菌的作用。它所作用的目标包括我们常见的大肠杆菌、霉菌和金黄色葡萄球菌等常见致病菌。

(2) 植物发泡蛋白是从麸麦、小麦中提炼出来的可用于面包、饮料中的可食用发泡剂,加热之后可与各成分分子紧密结合,通过外力的摩擦产生丰富的泡沫,增加各种去污、除菌成分的附着面积,从而达到有效的去除作用。本品含天然植物提取成分,不含化学制剂,不但不会对人体造成伤害,而且对使用者手部的皮肤具有滋润作用。

(3) 羊毛脂醇聚氧乙烯醚是一种天然的动物提取表面活性剂,具有优良的去污、润湿、渗透、增溶和乳化能力。其所含有的亲水、亲油基团可以与从睡莲茎部提取的精华成分达成一致的作用目标,从而达到快速去污的效果;羊毛脂醇聚氧乙烯醚可以增加本产品的黏稠感,从而达到减少用量的作用;羊毛脂醇聚氧乙烯醚是从动物中提取得到的,与人体的皮肤有很好的相容性,对皮肤没有刺激,在环境中可以降解。

产品应用　本品主要用于餐具、饮具及厨房污渍的去除和除菌。

产品特性

（1）本品将天然睡莲茎部的精华成分与睡莲胚胎浸泡液相结合，利用其去污和除菌特点，在餐具的清洗过程中，一步达到除菌和去除污渍的目的。

（2）采用可食用睡莲的精华作为主要的去污及除菌成分，由天然的动植物提取成分复配而成生物型餐具除菌清洗剂，此清洗剂对人体没有刺激，对环境没有污染。

（3）活性高，用量少，节约资源。

（4）餐具的除菌和清洗一步完成，无需再对餐具进行洗后消毒，使用方便。

（5）所含有的动植物成分对使用者的手部皮肤有滋润和保护作用。

（6）对多种肠道致病菌都有抑制作用，除菌快速并且长久抗菌。

配方38　睡莲植物抗菌餐具清洗剂

原料配比

原料	配比（质量份）	原料	配比（质量份）
睡莲植物提取活性物皂素	10.0～15.0	烷基糖苷（APG）	3.0～6.0
植物活性酶	1.0～3.0	生物碱	2.0～3.0
氯化钠	1.5～3.0	净化水	加至100
EDTA-2Na	2.0～3.0		

制备方法

（1）将睡莲植物提取活性物皂素、生物碱按比例稀释混拌均匀；

（2）按比例分别加入氯化钠和APG，搅拌均匀；

（3）一边搅拌一边将EDTA-2Na加入净化水中，放入乳化罐中乳化；

（4）按比例加入植物活性酶，搅拌均匀。

产品应用　本品主要用于家庭餐具污垢的清洗和抗菌。

产品特性

（1）睡莲植物提取活性物皂素作为主要组分，是纯天然无毒害物质，由植物活性物皂苷素、复合酶、植物聚多糖、氨基酸、蛋白质、黏液蛋白、丝蛋白等组分组成，该组分中的酶、聚多糖、皂苷素都具有很高的活性，可以抑制和干预细菌、病毒的酶系统和分裂功能，使细菌、病毒的繁殖功能丧失，达到杀菌目的。植物活性酶是由活细胞产生的具有催化作用的有机物，大部分为蛋白质，也有极少部分为RNA，无毒无害，可降解废水，无污染而有利于生态环境的保护。皂苷素、氨基酸、蛋白质、黏液蛋白、丝蛋白使餐洗剂具有高效黏度和澄清度，起表面活性剂的作用。植物活性酶和生物碱是很好的抗菌物质，具有很高的活性，对微植物有很强的亲和性，很容易被通常呈负电性的各类细菌、真菌、病毒所吸附，快速全面地渗入细菌细胞内，使细胞内的蛋白质凝固变性从而抑制细菌的分裂、繁殖功能。氯化钠和 APG 具有高强度的去除污垢的能力。

（2）抗菌效果显著，经试验，本产品对细菌、真菌抗菌率可达 99.99%。

（3）对餐具的去油污力强、不损伤皮肤。动物毒理试验表明本品不产生毒性。

（4）睡莲植物成分化学性质稳定，无污染，环保绿色。

（5）工艺简单，成本低。

配方39　天然环保餐具洗涤剂

原料配比

原料	配比（质量份）			原料	配比（质量份）		
	1#	2#	3#		1#	2#	3#
无患子	5	6	7	阿拉伯胶和羟丙基纤维素按2:3组合的增稠剂	0.4	0.5	0.6
淘米水（米和水按1:2）	8	10	12	苯甲酸钠和山梨酸按1:2组成的防腐剂	0.2	0.3	0.4
绿茶皂素	2	3	4	羧甲基纤维素钠	0.2	0.7	0.8
姜汁	1	1.5	2	金银花提取物	3	4	5
碳酸钠	1.2	1.3	1.5				

制备方法　将各组分混合均匀即可。

原料介绍　所述的金银花提取物为金银花粉末添加 10 倍 60%乙醇，调节 pH＝5～6，控制温度 80℃，水浴回流 30～40min，过滤得到的滤液。

产品特性　本品配方中的无患子和淘米水等成分均是纯天然、清洁原料，制作简单，成本低廉，对人体健康不造成任何影响；绿茶皂素提取自茶籽粉，对油污有良好的分解、吸附功能。原料协同作用可产生良好的去污油功能，能够有效洗净餐具表面的油污，杀灭餐具表面的细菌，而且可生物降解，绿色环保，具有去油污、杀菌、环保"三效合一"的复合效果，易于工业化生产。

配方40　碗碟洗涤剂

原料配比

原料	配比（质量份）			原料	配比（质量份）		
	1#	2#	3#		1#	2#	3#
十二烷基苯磺酸钠	15	19	21	葡糖单癸酸酯	5	4	3
十四烷基二甲基氧化胺	2	3	4	防腐剂	0.4	0.5	0.7
聚氧乙烯月桂醇醚	5	2	4	香料	0.4	0.3	0.2
硫酸钠	12	9	7	水	100	100	100
月桂酸二乙醇酰胺	5	3	5				

制备方法 将各组分混合均匀得碗碟洗涤剂。

产品特性 本品清洗效果好，少量使用即可达到很好的效果，节约用水，在餐具上成分残留少。所述洗涤剂毒性小，对手部皮肤刺激性小，能有效减少对人身体的伤害。

配方41　无刺激环保型餐具洗涤剂

原料配比

原料	配比（质量份）		
	1#	2#	3#
淘米水（大米和水按1∶1）	6	7	8
椰油酸二乙醇酰胺	6	7	8
十二烷基苯磺酸、烷基苯磺酸钠和二甲苯磺酸按1∶2∶2组成的非离子表面活性剂	5	6	7
月桂醇硫酸钠和脂肪酸甲酯乙氧基化物磺酸钠按1∶1组成的阴离子表面活性剂	5	6	7
壬基酚聚氧乙烯醚	2	3	4
硼酸、乙二胺四乙酸和聚乙烯吡咯烷酮按2∶3∶1组成的防腐剂	0.3	0.4	0.5
乙二醇单硬脂酸酯	2	2.5	3
苛性碱	0.6	0.7	0.8
丙二醇	10	11	12
菠萝香精	0.2	—	—
苹果香精	—	0.3	—
桃香精	—	—	0.4

制备方法 将各组分混合均匀即可。

产品特性 本品采用的淘米水是纯天然的去油剂，对皮肤无刺激、无毒，安全性好且不会污染环境。其含有的去油物质和表面活性剂协同作用。洗涤剂的活性成分释放匀速，去污力好、杀菌性较强。防腐剂可使产品的保质期变长，具有较好的经济效益和社会效益。

配方42　无泡餐具洗涤剂

原料配比

原料	配比（质量份）			原料	配比（质量份）		
	1#	2#	3#		1#	2#	3#
无泡型烷基糖苷（表面活性剂）	30	50	40	食盐	1.5	1.5	1
				香精	适量	适量	适量
脂肪酶	1	0.5	0.5	柠檬酸	适量	适量	适量
淀粉酶	1	—	0.5	去离子水	加至100	加至100	加至100
适用纯碱	1.5	1.5	1.5				

制备方法

(1) 向 40～50℃的去离子水中加入配比量的纯碱、表面活性剂，在搅拌条件下进行乳化得混合液 A；

(2) 向混合液 A 中加入配比量的酶制剂，于 20～30℃下搅拌混合均匀得混合液 B；

(3) 向混合液 B 中加入配比量的食盐和香精，用柠檬酸调整 pH 并混合均匀得所述无泡餐具洗涤剂。

产品特性 本品采用无泡表面活性剂，去油污效果显著，冲洗方便，表面活性剂残留极低，节约水资源。添加的酶制剂可增强油污的分解能力，环保无毒。

配方43 食品器具洗涤剂

原料配比

原料	配比(质量份)	原料	配比(质量份)
碳酸氢钠	9.5	亚麻籽油	14.5
草酸	12.8	蔗糖脂肪酸酯	7.5
葡萄糖酸锌	14.8	水	加至100
乙醇	11.5		

制备方法 将各组分溶于水混合均匀即可。

产品特性 本品不含对人体有害的化学成分，可以放心使用，洗涤效果好。

配方44 强力去污洗涤剂

原料配比

原料		配比(质量份)		
		1#	2#	3#
乙醇		5	10	7
甘油		7	12	10
硅酸钠		3	8	4.5
表面活性剂		25	40	36
润肤剂		2	5	4.5
乳化剂		4	7	5
分散剂		2	5	3
表面活性剂	氧化胺	0.5	2	1.3
	氯化钠	1	4	3
	三乙醇胺	0.2	3	2
	开松	0.1	0.5	0.3
	香精	0.5	1.5	1.2
	水	12	18	16
	乙二胺四乙酸	1	2.2	1.5
	烷基糖苷	7	14	12
	乙氧基化烷基硫酸钠	7	15	13
	烷基酚聚氧乙烯醚	1	3	2
	脂肪酸甲酯磺酸钠	5	10	9

制备方法 将各组分混合均匀即可。

原料介绍 所述乳化剂为非离子表面活性剂，为脂肪醇聚氧乙烯醚、脂肪酸甲酯磺酸钠中的一种或两种。所述分散剂为十二烷基硫酸钠、甲基戊醇、聚丙烯酰胺中的至少一种。

产品特性

（1）本品的主要成分——表面活性剂中添加了烷基糖苷、乙氧基化烷基硫酸钠和脂肪酸甲酯磺酸钠，烷基糖苷在乙氧基化烷基硫酸钠的作用下，能够体现出强效的去污能力，而乙氧基化烷基硫酸钠表现出起泡力后，烷基糖苷又能赋予泡沫高的稳定性，与乙氧基化烷基硫酸钠形成良好的协同作用。而且，烷基糖苷对皮肤温和，与洗涤剂组分中的润肤剂配合，能够起到良好的护肤效果，还能够降低乙氧基化烷基硫酸钠所带来的刺激性，使得洗涤剂温和不伤手。脂肪酸甲酯磺酸钠不仅能够促进烷基糖苷、乙氧基化烷基硫酸钠之间的交互作用，促进烷基糖苷的温和性，而且具有较强的抗硬水能力，在洗涤剂中的各组分作用之前，先进行处理，保证各组分作用的环境条件。

（2）本品各组分之间相辅相成，具有良好的协同作用，具有强力去污作用和较好的护肤能力，适合大范围推广。

配方45 强力去污护肤洗涤剂

原料配比

原料		配比（质量份）		
		1#	2#	3#
乙醇		15	20	18
甘油		13	18	15
碳酸氢钠		8	13	10
表面活性剂		55	70	65
润肤剂		7	11	9
乳化剂		8	13	11
分散剂		6	10	8
表面活性剂	烷基糖苷	15	20	18
	乙氧基化烷基硫酸钠	16	25	20
	氧化胺	3	5	4
	氯化钠	5	8	6
	皂角粉	7	13	10
	乙二胺四乙酸	2.5	4	3.5
	环氧乙烷	7	9	8
	烷基酚聚氧乙烯醚	4	8	6
	水	20	30	25
	薰衣草香精	1	—	—
	玫瑰香精	—	1	—
	茉莉香精	—	—	1

制备方法 将各组分混合均匀即可。

原料介绍 所述乳化剂为非离子表面活性剂，如脂肪醇聚氧乙烯醚、脂肪酸甲酯磺酸钠等。分散剂为十二烷基硫酸钠、烷基二苯醚磺酸钠、聚丙烯酰胺中的至少一种。

产品特性

(1) 本品的主要成分——表面活性剂中添加了烷基糖苷、乙氧基化烷基硫酸钠，烷基糖苷在乙氧基化烷基硫酸钠的作用下，能够体现出强效的去污能力，而乙氧基化烷基硫酸钠表现出起泡力后，烷基糖苷又能赋予泡沫高的稳定性，与乙氧基化烷基硫酸钠形成良好的协同作用。而且，烷基糖苷对皮肤温和，与洗涤剂组分中的润肤剂配合，能够起到良好的护肤效果，还能够降低乙氧基化烷基硫酸钠所带来的刺激性，使得洗涤剂温和不伤手。

(2) 本品的各组分之间相辅相成，具有良好的协同作用，具有强力去污作用和较好的护肤能力，适合大范围推广。

配方46 洗碗机专用餐具洗涤剂

原料配比

原料	配比（质量份）			原料	配比（质量份）		
	1#	2#	3#		1#	2#	3#
氢氧化钠	30	25	45	乙二胺四乙酸二钠	4.8	3	3.2
硅酸钠	20	25	10	非离子表面活性剂	5	6	5
柠檬酸钠	8	10	15	抗絮凝剂	0.2	1	0.8
过氧化物	32	30	21				

制备方法 将氢氧化钠、硅酸钠、柠檬酸钠、过氧化物、乙二胺四乙酸二钠、非离子表面活性剂和抗絮凝剂混合，在搅拌的条件下老化、粉碎，过20目筛即得洗碗机专用餐具洗涤剂。

原料介绍

所述的非离子表面活性剂为大豆油乙氧基化物、棕榈油乙氧基化物、椰油乙氧基化物、菜籽油乙氧基化物、蓖麻油乙氧基化物、月桂酸甲酯乙氧基化物、棕榈酸甲酯乙氧基化物、油酸甲酯乙氧基化物中的一种或任意两种组成的混合物；

所述的过氧化物为过碳酸钠、过硼酸钠或过碳酸钠与过硼酸钠组成的混合物；

所述的抗絮凝剂为丙烯酸-甲基丙烯酸甲酯共聚物接枝聚醚形成的两亲共聚物，分子量为4000～6000。

产品特性

(1) 本品所用的非离子表面活性剂来源于植物，绿色环保。由于所使用的表面活性剂本身的泡沫高度较常用的阴离子表面活性剂低，因此洗碗机专用餐具洗涤剂的泡沫低，节水性能好。

（2）本品所采用的杀菌剂为过氧化物，杀菌性能好且不会对设备产生腐蚀作用。表面活性剂与杀菌剂即过氧化物协同作用，具有低泡沫性能和较强杀菌能力。

配方47　新型强力清洗剂

原料配比

原料		配比（质量份）		
		1#	2#	3#
豆枝干卜		7	5	10
二丙二醇丁醚		18	15	20
N-月桂酰基谷氨酸盐		6	5	8
癸酸三氯异氰尿酸酯		7	5	8
氯化烷基二甲基苄基铵		12	10	15
过氧化物酶和淀粉酶混合物		1.5	1	3
三氯异氰尿酸		14	10	15
乙醇		23	15	25
异丙醇和乙二醇的混合物	异丙醇	1.2	1.2	1.2
	乙二醇	1.5	1.5	1.5

制备方法　将各组分原料混合均匀即可。

产品特性　本品是一种新型强力清洗剂，可与水以任意比例混配，有优异的去油除垢能力，无毒无害，可自行生物降解，无污染；本品采用天然物质配料，使用中不会腐蚀和损伤皮肤，而且对手部皮肤具有美白效果。

配方48　新型温和的清洗剂

原料配比

原料		配比（质量份）		
		1#	2#	3#
丙氨酸、精氨酸和天冬酰胺的混合物		0.8	0.5	2
磷酸二氢钾		11	10	15
天然植物油醇聚氧丙烯		11	10	12
氨基三乙酸		7	5	8
葡糖酸		14	10	15
丁二烯		21	20	25
脂肪醇硫酸钠		18	15	25
丙氨酸、精氨酸和天冬酰胺的混合物	丙氨酸	1.5	1.5	1.5
	精氨酸	2	2	2
	天冬酰胺	2.5	2.5	2.5

制备方法　将各组分原料混合均匀即可。

产品应用　本品主要用于餐具、果蔬清洗。

产品特性　本品对人体无毒害作用，无残留，易于降解，对皮肤无刺激。其清洁油渍效果好，具有较高的洗脱效果，使用简便、性能稳定、成本低，为天然透明棕黄原色，久置不变色，接近中性，达到人体皮肤生理最佳要求。

配方49 椰油糖酯餐具洗涤剂

原料配比

原料	配比（质量份）					原料	配比（质量份）				
	1#	2#	3#	4#	5#		1#	2#	3#	4#	5#
椰油木糖酯	5.6	—	—	—	—	氯化钠	1.5	2.5	1.5	1	5
椰油麦芽糖酯	—	6.8	—	—	10	苯甲酸钠	1.3	1.6	2.6	1	6
椰油甘露糖酯	—	—	8.9	1	—	柠檬酸钠	3	2.4	1.6	1	15
脂肪醇聚氧乙烯醚硫酸钠	14.8	10.3	7.8	2	13	去离子水	64.8	68.8	67.7	31	88.5
烷基苯磺酸钠	8.3	6.7	3.6	5	15	香精	—	—	—	0.1	0.5
乙二胺四乙酸	0.7	0.9	1.3	0.5	5	色素	—	—	—	—	0.5
						增白剂	—	—	—	—	0.5

制备方法 将椰油糖酯与其他组分混合，在40～70℃的条件下进行溶解，其间不停搅拌，即得所述椰油糖酯餐具洗涤剂。

产品特性 本品具有抑菌、抗病毒、去污力强、表面活性（湿润性、起泡性、乳化性、起泡和乳化稳定性）优越、易降解等优点。

配方50 以皂角提取物为主要活性成分的餐具洗涤剂

原料配比

原料	配比（质量份）				原料	配比（质量份）			
	1#	2#	3#	4#		1#	2#	3#	4#
皂角提取液	25	30	45	20	柠檬	0.5	0.3	1	2
烷基糖苷	12	10	15	20	山梨酸钾	0.2	0.3	0.5	0.1
月桂酰肌氨酸钠	8	10	5	15	柠檬酸	0.5	0.2	0.1	0.3
脂肪酸聚甘油酯	5	3	10	15	去离子水	加至100	加至100	加至100	加至100
月桂酰谷氨酸钠	2	5	1	3					

制备方法

(1) 将配方量的去离子水一次性加入配料罐，搅拌，加入月桂酰肌氨酸钠和月桂酰谷氨酸钠，升温溶解；

(2) 加入脂肪酸聚甘油酯、烷基糖苷、皂角提取液，维持料温40～50℃直至体系呈现均一透明状；

(3) 待料温降到30℃以下，加入柠檬酸、山梨酸钾和柠檬；

(4) 继续搅拌，各物料完全溶解、混合均匀后，陈化8～10h，放料包装。

原料介绍

皂角提取液的生产方法为：

(1) 将晾干的皂角粉碎，粒径小于5mm；

（2）将皂角粉碎物用去离子水在 40~60℃下浸泡 18~24h，并搅拌；

（3）过滤，滤液煮沸 5~10min，然后加入硅藻土，于 40~50℃下搅拌 30~50min；

（4）过滤，得到皂角提取液。

产品特性 本品以天然皂角提取液为主要活性成分，不仅去污效果理想，而且对人体无害；其他助剂采用食品级材料，在达到辅助去污效果的同时保证健康。

配方51 薏苡仁护肤餐具液体洗涤剂

原料配比

原料	配比（质量份）	原料	配比（质量份）
月桂酰胺丙基氧化胺	5	癸基葡糖苷	6
肉豆蔻酰胺丙基胺氧化物	5	薏苡仁提取液	0.1
N,N-二甲基癸烷基-N-氧化胺	3	水	80

制备方法 将月桂酰胺丙基氧化胺、肉豆蔻酰胺丙基胺氧化物、N,N-二甲基癸烷基-N-氧化胺、癸基葡糖苷和薏苡仁提取液加入水中，加热至 40~60℃，混合均匀，即可制得该薏苡仁护肤餐具液体洗涤剂。

本品的薏苡仁提取液可以通过市售而得，也可以采用下述方法制备而得：把薏苡仁粉碎后，加质量 6~10 倍的去离子水，浸泡 1~3h，超声波提取 10~15min，过滤，离心，弃去沉淀，将上清液浓缩，制得薏苡仁提取液，控制薏苡仁提取液密度为 $1.02~1.08g/cm^3$。

产品特性 本品采用非离子表面活性剂和两性表面活性剂复配，摒弃了传统的阴离子表面活性剂，在确保良好去污效果的同时，大大降低了对手部皮肤的刺激性，同时复配薏苡仁提取液，能够有效滋养、柔润手部肌肤。

配方52 用于餐具的安全清洗剂

原料配比

原料	配比（质量份）			原料	配比（质量份）		
	1#	2#	3#		1#	2#	3#
乙二醇硬脂酸双酯	35~45	35	45	椰子油脂肪酸二乙醇酰胺	15~40	15	40
纤维素酶	1~3	1	3	去离子水	15~40	15	40
蔗糖油酸酯	20~25	20	25	异丙醇	15~40	15	40
连翘花	30~35	30	35				

制备方法 将各组分原料混合均匀即可。

产品特性 本品有优异的去油除垢能力，无毒无害，可自行生物降解，与水可以任意比例混配，无污染；本品采用天然物质配料，使用中不会腐蚀和损伤皮肤，而且对手部皮肤具有美白效果。

配方53 用于清洗餐具的洗涤剂

原料配比

原料	配比（质量份）			原料	配比（质量份）		
	1#	2#	3#		1#	2#	3#
豆枝干卜	7	5	10	过氧化物酶和淀粉酶混合物	1.5	1	3
羧甲基纤维素	18	15	20	甘油	14	10	15
N-月桂酰基谷氨酸盐	6	5	8	乙醇	23	15	25
硫酸钠	7	5	8	异丙醇	1.2	1.2	1.2
二乙二醇单丁醚	12	10	15	乙二醇	1.5	1.5	1.5

制备方法 将各组分混合均匀即可。

产品特性 本品可与水以任意比例混配，具有优异的去油脱污能力，且可生物降解，无污染；本品采用天然物质配料，使用中不会腐蚀和损伤皮肤。

配方54 植物型无防腐剂餐具洗涤剂

原料配比

原料	配比（质量份）			原料	配比（质量份）		
	1#	2#	3#		1#	2#	3#
无患子提取液	10	15	12.5	食用碱	0.5	1	0.75
皂角苷	12	18	15	藻酸丙二醇酯	0.3	0.5	0.3~0.5
飞扬草提取液	2	5	3.5	食用香精	0.5	2	0.5~2
苦参提取物	1.5	3.5	2.5	去离子水	加至100	加至100	加至100
烷基糖苷	3	5	4				

制备方法

（1）向35～40℃的水中加入配比量的烷基糖苷，在搅拌条件下进行乳化得混合液A；

（2）向混合液A中加入配比量的无患子提取液、皂角苷、飞扬草提取液、苦参提取物，于25～35℃下搅拌混合均匀得混合液B；

（3）向混合液B中加入配比量食用碱，混合均匀得混合液C；

（4）向混合液C中加入配比量的藻酸丙二醇酯、食用香精得到所述的植物型无防腐剂餐具洗涤剂。

产品特性

（1）本品含有飞扬草提取液以及苦参提取物等成分，能够有效除菌、抑菌。由于该植物型无防腐剂餐具洗涤剂的各组分均为对皮肤无毒、无刺激的物质，因此该餐具洗涤剂还具有对手部皮肤无刺激、无腐蚀的优点。

（2）本品所选用的去油污成分皆为纯植物提取物，安全无毒性，对皮肤无刺激，去油污功能优异。

配方55　植物型洗涤剂

原料配比

原料	配比(质量份)			原料	配比(质量份)		
	1#	2#	3#		1#	2#	3#
橙皮	20	30	25	金银花	8	15	12
丝瓜	20	10	12	红糖	20	30	25
皂荚	25	15	18	水	80	160	120

制备方法

(1) 将橙皮、丝瓜切碎成长度小于 2mm 的碎块，将皂荚粉碎，按质量份称取橙皮、丝瓜、皂荚、金银花置于容器中，加入红糖及水，水要没过其他原料，充分搅拌均匀，盖上盖子发酵。所述容器须在装完所有原料和水后还留有 30%～40% 的空间。

(2) 在发酵的第一个月每天都要揭开盖子放气，排完气体则拧上盖子；在第二个月，第 20～25 天放气一次；每次放气时间为 30～60min。

(3) 静置三个月后，发酵液经过滤、杀菌、检测、出料、装瓶，即得到洗涤剂。

原料介绍

上述配方中的植物原料橙皮在植物学上属于芸香科柑橘属，为具有革质果皮的柑果，经过发酵可以得到天然橙皮提取物，其中包含辛酸、十六碳酸、柠檬烯、月桂烯、芳樟醇氧化物、大根香叶烯等多种成分，主要成分是柠檬烯、月桂烯等。所得橙皮提取物是一种天然的植物性溶剂，对油污有极强的溶解力；其中柠檬烯对油墨、油脂、油漆、焦油、泡泡糖和沥青的清洗都有效，加入含酶剂可除血渍，加入低浓度酸类可除铁锈、咖啡和茶渍，D-柠檬烯在工业清洗中可以替代目前使用的各种化学溶剂，改变化工制品有毒有害这一现状。

丝瓜中含有多糖、果胶、皂苷、纤维素、半纤维素等物质，其中可溶性大分子多糖可以形成黏稠溶液，可以控制液体流动性与质地，改变乳液的稳定性；皂苷与水溶液振摇时能产生大量持久的泡沫，具有产生气泡的作用和乳化作用。

皂荚的主要成分有三萜皂苷、鞣质、蜡醇、廿九烷、豆固醇、谷固醇等，除具有洗涤功能外，还有保健和杀菌功能，因此作为植物表面活性剂，优于任何化学清洗剂。皂荚对清洗物表面无任何腐蚀，在贴身衣物和皮肤、头发的清洁上，它是最理想的天然清洗剂。

金银花富含绿原酸，对金黄色葡萄球菌、痢疾杆菌、鼠伤寒沙门氏菌等均具有杀菌效果，是一种广谱抗菌物质。

另外，在洗涤剂中加入了红糖成分，一方面可以起到发酵的作用，另一方面可

1

以减少对皮肤的刺激作用。本洗涤液保质期可以延长到 2.5～3 年。

产品应用　本品主要应用于餐具或蔬菜、水果洗涤。

在水中加入上述洗涤剂数滴，将餐具或蔬菜、水果浸泡 2～5min，再用清水洗净即可；若将本品少许滴在抹布上，直接擦洗餐具或蔬菜、水果的表面，再用清水洗净，效果更佳。

产品特性

（1）采用的原料均为天然植物原料，无毒无害；含有天然的去污成分，具有较强的去污能力，不需要添加化工类表面活性剂；采用红糖发酵工艺生产，不需要额外添加化工类防腐剂；含有天然的香味，不需要添加香精，保证了洗涤剂生态环保。

（2）能够有效洗净餐具表面的油污，去除蔬菜、水果残留农药，低泡、易冲洗，易生物降解，绿色环保，具有去污、除残、环保"三效合一"的复合效果。经过增稠与防腐处理，符合洗涤剂使用与保存的需要，易于工业化生产。

（3）本品配方独特，生产工艺简单，原料均来自于常见植物，生产过程中无废水、废气和固体废弃物排放，安全环保。

配方56　中药餐具洗涤剂

原料配比

原料	配比（质量份）	原料	配比（质量份）
薄荷	10	水	500
冰片	15	淀粉	5
灵香草	10	蛋白酶	10
荆芥	30		

制备方法

（1）按上述质量份将薄荷、冰片、灵香草以及荆芥研磨粉碎，得到混合粉末；

（2）将混合粉末加水浸泡 30min 后，加热煮沸，冷却后过滤，得到中药药液；

（3）将中药药液按（50～100）：1 的比例与淀粉混合加热搅拌；

（4）加入蛋白酶，混合均匀，冷却得到成品。

原料介绍

所述薄荷和冰片含有挥发性物质等成分，可以破坏脂肪分子链，促使脂肪溶解，同时还具有杀菌和消毒的作用，特别是对残留农药具有较好的去除能力。

所述灵香草是报春花科草本植物，具有抗病杀毒、防霉防蛀的作用。所述荆芥是唇形科植物，具有抗菌和抗炎的作用。

产品特性　本品制作工艺简单、成本低廉，去污效果明显，无残留、无毒副作用，采用纯中药成分，对人体无害。

配方57　中药环保餐具洗涤剂

原料配比

原料	配比（质量份）	原料	配比（质量份）
无患子提取物	3	羧甲基纤维素钠	2
皂荚提取物	1	苯甲酸钠	0.3
金银花提取物	0.4	去离子水	适量

制备方法　羧甲基纤维素钠用去离子水完全溶解；然后加入无患子提取物、皂荚提取物，直至全部溶解；再加入金银花提取物、苯甲酸钠，搅拌均匀。

原料介绍

配方中提取物制备均采用乙醇提取法，具体提取方法如下：

（1）无患子提取物的提取方法：取无患子粉末加 4～5 倍 50% 乙醇，回流提取后过滤得滤液，然后滤液浓缩得到粗提物水溶液；用乙醚少量多次萃取脱脂，保留下层液；下层液用正丁醇多次萃取，保留上层液；回收正丁醇，加入适量水，并干燥至正丁醇挥发干净，得到无患子皂苷干流浸膏，粉碎，得到无患子皂苷粉末。

（2）皂荚提取物的提取方法同（1）中所述无患子提取物的提取方法。

（3）金银花提取物的提取方法：金银花粉末加 8～12 倍 60% 乙醇，调节 pH 至 4，于 80℃ 水浴回流，过滤得滤液，然后回收乙醇，得粗提液；再调节 pH 至 4，用乙酸乙酯多次萃取，保留上层液；回收乙酸乙酯，加去离子水，干燥至无乙酸乙酯残留，得到绿原酸干流浸膏，粉碎，得到绿原酸粉末。

产品特性　该中药环保餐具洗涤剂利用无患子的皂苷、皂荚的皂素成分达到去油污作用，利用金银花的绿原酸成分实现抗菌、杀菌目的。本品能够有效洗净餐具表面的油污，杀灭餐具表面的细菌，低泡、易冲洗，易生物降解，绿色环保，具有去油污、杀菌、环保"三效合一"的复合效果。经过增稠与防腐处理，符合洗涤剂使用与保存的需要，易于工业化生产。

配方58　中药提取物餐具洗涤剂

原料配比

原料	配比（质量份）				原料	配比（质量份）			
	1#	2#	3#	4#		1#	2#	3#	4#
皂荚提取物	10	20	18	30	荆芥提取物	1.2	2.4	2.5	3.6
野生艾叶提取物	8	12	10	15	香草提取物	1.2	3	3.6	4.8
白及提取物	6	9	8	12	生物复合酶	0.2	0.5	0.6	0.8
纳米除油乳化剂	0.8	1.6	1.8	2.4	复合稳定剂	0.2	0.4	0.5	0.6

制备方法　将各组分混合均匀即可。

原料介绍

所述皂荚提取物采用以下方法制得：皂荚干燥、粉碎、过 100 目筛，采用 95％的乙醇提取 3～4 次，乙醇用量为 8～12mL/g，提取时间为 1～3h，过滤，合并醇提液，减压浓缩至相对密度为 1.25～1.32，然后上吸附树脂柱，依次用 20％、40％、60％ 的乙醇洗脱，回收乙醇洗脱液，减压浓缩、真空干燥，得到所需皂荚提取物。

所述吸附树脂柱上面有硅藻土层，所述硅藻土层的厚度为 4～8cm。

所述乙醇用量为 10mL/g，提取时间为 2h。

所述野生艾叶提取物采用以下方法制得：取野生干艾叶 0.5kg，粉碎艾叶过 100 目筛，用 2.5～4.5L 己酸乙酯浸泡，回流收集 30～40min，静置冷却至室温过滤，所得液体浓缩后经真空干燥即得。

所述生物复合酶选用碱性果胶酶、淀粉酶和蛋白酶中的一种或几种。

所述复合稳定剂的质量份组成如下：环糊精 1～5 份、氯化钙 0.8～3.6 份、非离子表面活性剂 5～15 份、丙二醇 1～10 份。

产品特性　本品中加入了从天然植物中所提出的具有活性成分的物质，不仅能够抑制细菌和霉菌，而且能降低洗涤剂的刺激性，使用安全可靠，制作简便。

配方59　含有无患子液体组合物的餐具洗涤剂

原料配比

原料	配比（质量份）				
	1#	2#	3#	4#	5#
无患子皂素、鼠李糖脂发酵精制物	8	5	7	3	5
无患子皂素、乳酸发酵精制物	6	4	5	5	2
皂荚皂素、乙醇发酵精制物	5	3	4	4	4
Lipolase 脂肪酶	0.5	0.02	0.3	0.3	0.3
果胶酶	0.3	0.01	0.1	0.1	0.1
氯化钠	0.5	0.2	0.3	0.3	0.3
柠檬酸钠	3	0.5	1	1	1
水	76.7	87.27	82.3	82.3	82.3

制备方法　将各组分混合均匀即可。

原料介绍

（1）无患子皂素、乳酸发酵精制物的制备方法为：无患子果皮与水的质量比为 1:（7～9），提取温度为 45～55℃，提取时间为 3～5h，将提取液过滤；向滤液中加入 500～600IU/L 纤维二糖酶，于 40～50℃糖化水解 35～40h；向水解得到的水解液中接入 6％～8％（占全部溶液的质量比）的乳酸菌发酵，发酵液灭菌、离心、过滤，滤液即为无患子皂素、乳酸发酵精制物。

（2）所述皂荚皂素、乙醇发酵精制物的制备方法为：皂荚果皮与水的质量比为

1∶（6～10），提取温度为 40～60℃，提取时间为 2～4h，将提取液过滤；向滤液中加入 10%～13%（质量比）的安琪活化酵母，38℃发酵 72h，发酵液灭菌、离心、过滤，滤液即为皂荚皂素、乙醇发酵精制物。

产品特性

（1）采用发酵精制物替代无患子或皂荚提取液，可将提取液中的糖类、蛋白质等杂质转化为洗涤剂的有用组分，同时可以大幅度提高液体产品的稳定性。

（2）无患子皂素、鼠李糖脂发酵精制物为皂素与生物表面活性剂鼠李糖脂的复合物，有效克服了无患子皂素表面活性（临界胶束浓度、表面张力、泡沫性能）比合成表面活性剂差的缺陷。

（3）在无患子皂素、鼠李糖脂发酵精制物制备中，加入 20g/L 大豆油可促进表面活性剂亲油基团的生成，显著降低溶液表面张力，鼠李糖脂对油脂类物质的去污效率也大幅度提高。

（4）发酵精制物制备采用较高的菌种接种量（铜绿假单胞菌 15%、乳酸菌 7%、安琪活化酵母 13%），可以不使用微量金属元素和培养基，有效避免了重金属污染，同时可以缩短发酵精制时间。

（5）皂荚皂素的抑菌性、无患子皂素的抗菌性和皂荚皂素乙醇发酵精制物中的乙醇决定了无患子液体组合物具有抗菌活性。

（6）无患子皂素、乳酸发酵精制物中的乳酸可以用作无患子液体组合物的 pH 调节剂。

（7）无患子皂素、皂荚皂素、鼠李糖脂、脂肪酶及果胶酶组合，可以很容易洗去餐具上的油脂、糖类物质和果胶物质等，因此该餐具洗涤用无患子液体组合物具有低温、高效、无毒、环境友好等特点。

2

果蔬洗涤剂

配方1　瓜果、蔬菜洗涤剂

原料配比

原料	配比（质量份）			原料	配比（质量份）		
	1#	2#	3#		1#	2#	3#
五水偏硅酸钠	6	12	15	去离子水	65	68	70
聚丙烯酸钠	8	10	13	柠檬香精	0.1	0.15	0.2
丙二醇	5	6	10	山梨酸钙	0.1	0.1	0.2
酒精	8	9	11	色素	0.1	0.13	0.15

制备方法　将五水偏硅酸钠、聚丙烯酸钠、丙二醇、酒精、去离子水、柠檬香精、山梨酸钙、色素混合后搅拌均匀，过滤后即制得产品。

产品特性　本品能有效洗净瓜果、蔬菜上残留的农药和细菌，且温和不伤手，易生物降解而不污染环境。

配方2　食品洗涤剂

原料配比

原料	配比（质量份）			原料	配比（质量份）		
	1#	2#	3#		1#	2#	3#
橄榄油	1	9	6	乙醇	1	6	3
乳酸菌	1	3	2	薄荷脑	1	7	5
水	3	16	4	原儿茶醛	1	6	3
薄荷醇	5	7	6				

制备方法

（1）橄榄油、乳酸菌和水混合，超声至完全溶解。

（2）对薄荷醇和薄荷脑使用乙醇减压提取浸膏。

（3）步骤（2）中得到的浸膏中加入原儿茶醛混合均匀。

产品特性　本品清洁能力强，对人体没有伤害，能有效去除农药残留。

配方3　食品清洗剂

原料配比

原料	配比(质量份)	原料	配比(质量份)
蔗糖脂肪酸酯	8~16	山梨酸钙	0.05~0.35
柠檬酸钠	12~20	对羟基苯甲酸甲酯	0.2~0.5
丙二醇	5~12	香精	适量
乙醇	6~8	水	加至100

制备方法

（1）在搅拌器中加入蔗糖脂肪酸酯、柠檬酸钠、丙二醇、乙醇、山梨酸钙、对羟基苯甲酸甲酯、水，升温至60℃充分搅拌；

（2）将步骤（1）所得溶液降温至40℃时加入香精，过滤得滤液即为成品。

产品应用　本品主要应用于食品洗涤。

产品特性　本品采用安全性极高的蔗糖脂肪酸酯作为表面活性剂，不但对蔬菜、水果上的农药与细菌有良好的清除能力，而且手洗时不会引起皮肤皲裂，易生物降解不污染环境。

配方4　蔬菜、瓜果除菌清洗剂

原料配比

原料	配比(质量份)			原料	配比(质量份)		
	1#	2#	3#		1#	2#	3#
牡蛎壳	2	3	4	活性炭	7	8	9
杂色蛤壳	3	4	5	甲壳素	4	5	6
扇贝壳	2	3	4	水	18	20	22

制备方法

（1）选用2~4份牡蛎壳、3~5份杂色蛤壳、2~4份扇贝壳混合；

（2）将上述混合好的物料经800~1600℃焚烧7~9h，加入占物料总质量18%~22%的水，反应后经280~320℃烘干；

（3）将上述烘干的物料在950~1050℃下焚烧5~7h；

（4）将上述焚烧完毕的物料经高微机生产出粉末后与占物料总质量7%~9%的活性炭和占物料总质量4%~6%的甲壳素混合均匀，即得所述蔬菜、瓜果除菌清洗剂。

产品特性

（1）本品解决了传统技术中清洗剂只能去油渍、污渍，却不具备消毒、杀菌功能，并且污染环境的问题。

（2）本品对大肠杆菌的除菌效果尤为明显，可达到95%以上，对农药可达到

98%以上。

(3) 本产品选用来自大海的牡蛎壳、杂色蛤壳、扇贝壳为原料，环保，物理处理即可达到废物利用的目的，是一种不污染环境的抗菌、保鲜、清洗剂，可以对餐具表面遗留的霉菌、大肝肠菌、残物进行清洗，可以在短时间内对瓜果、蔬菜上残留的农药进行清洗、除菌，达到保鲜、防腐的效果。

配方5　蔬菜清洗剂

原料配比

原料	配比（质量份）		原料	配比（质量份）	
	1#	2#		1#	2#
草酸	2	1	氨基磺酸	3	3
丙二醇	11	11	香精	2	2
碳酸氢钠	6	6	柠檬酸	3	4
食用淀粉	3	10	水	加至100	加至100

　　制备方法　将各组分原料混合均匀即可。

　　产品特性　本品可以有效地去除水果、蔬菜表面的污物、农药残留、细菌，并且使用方便，对人体安全。

配方6　蔬菜、水果用洗涤剂

原料配比

原料	配比（质量份）			原料	配比（质量份）		
	1#	2#	3#		1#	2#	3#
烷基苯磺酸钠	25	35	30	乙醇	15	25	20
椰油酸二乙醇酰胺	5	15	10	水	50	70	60
椰子油烷醇酰胺	2	10	6	香料	0.1	1	0.5

　　制备方法　将各原料加入水中充分搅拌即可。

　　产品特性　本品设计合理，使用方便，用水稀释后可以很容易洗去附着在蔬菜、水果上面的农药和细菌，同时对人体无害。

配方7　蔬菜、水果专用洗涤剂

原料配比

原料	配比（质量份）				
	1#	2#	3#	4#	5#
水	50	80	52.9	65	70
十二烷基二甲基苄基氯化铵	1	5.5	8	6.9	7.8
十二醇聚氧乙烯醚硫酸钠	15	9	20	10	5
脂肪醇聚氧乙烯醚	15	3	5	8	9
椰油酸单乙醇酰胺	8	1	6	5	4
香精	1	0.5	0.1	0.1	0.2
氯化钠	10	1	8	5	4

制备方法 在反应罐中加入水，打开反应罐蒸汽阀门，反应罐夹层进蒸汽，使反应罐内升温至55℃，打开反应罐进料孔，投入十二烷基二甲基苄基氯化铵，搅拌20min，投入十二醇聚氧乙烯醚硫酸钠、脂肪醇聚氧乙烯醚和椰油酸单乙醇酰胺，关闭反应罐进料孔，搅拌30min，关闭反应罐蒸汽阀门，打开反应罐循环冷却水进出阀，反应罐夹层进冷却水，使反应罐内降温至30℃，关闭反应罐循环冷却水进出阀，维持反应罐内温度，打开反应罐进料孔，投入氯化钠，搅拌溶解30min，投入香精，关闭反应罐进料阀，搅拌20min，即制得本品。

产品特性

（1）本品有良好的洗涤效果，能彻底去除附着于蔬菜、水果表面的污物及农药残留；具有广谱消毒性，对附着于蔬菜、水果表面的各种有害真菌、细菌都有良好的消毒杀菌效果；安全性高，无毒无残留，不破坏蔬菜、水果的营养价值，不伤害洗涤人员的皮肤，没有副作用。

（2）本品制备方法简单，容易实施，工艺稳定，且组合物成分均匀。

配方8 蔬菜洗涤剂

原料配比

原料	配比（质量份）			原料	配比（质量份）		
	1#	2#	3#		1#	2#	3#
蔗糖脂肪酸酯	4	7	10	香精	2	3	4
草酸	1	1.5	2	水	50	55	60
碳酸氢钠	6	8	10	柠檬酸	2	3	4
葡萄糖酸钠	1	1.5	2				

制备方法 将各原料加入水中充分搅拌即可。

产品特性 本品可以有效地洗涤掉蔬菜表面的残留农药，弥补了一般洗涤剂的不足。

配方9 蔬菜用洗涤剂

原料配比

原料	配比（质量份）			原料	配比（质量份）		
	1#	2#	3#		1#	2#	3#
烷基醇酰胺型非离子表面活性剂	32	25	35	丙烯酸烷基（$C_1 \sim C_4$）酯	12	10	15
椰油酰胺丙基甜菜碱	3.5	3	5	乙二醇	9	8	10
碱性蛋白酶	4	2	6	甘油	15	15	15
二甲苯磺酸钠溶液	13	10	15	去离子水	25	25	25

制备方法 将各组分混合均匀即可。

产品特性 本品对蔬果蜡质层吸附或溶解的各类农药甚至是渗透到表皮组织细胞中的残留农药都具有快速、高效的去除效果，可使蔬果中的农药残留降低60%～

90％，其中对辛硫磷的去除率达80％以上；本品也可用于茶叶除毒和餐具的洗涤。本品选择符合卫生标准、对人体无害的成分配制，安全无毒，不破坏蔬果原有的自然风味和营养品质，而且制备方法简单，原料廉价易得，除毒效果显著。

配方10　蔬果用安全清洗剂

原料配比

原料	配比（质量份）			原料		配比（质量份）		
	1#	2#	3#			1#	2#	3#
马来酸酯	10	8	12	硝基乙烷		14	12	15
碳酸盐	12	10	14	氯化钙		2.5		4
季戊四醇	4.5	3	6	去离子水		18	12	20
柠檬酸盐	6	4	8	碳酸盐	碳酸钠	1	1	1
N-硅酸盐	6	4	8		碳酸钙	2	2	2
乳化剂	3	2	4		碳酸钡	3	3	3

制备方法　将各组分原料混合均匀即可。

原料介绍　所述的碳酸盐为1份碳酸钠、2份碳酸钙和3份碳酸钡混合而成。

产品特性　本品天然、无副作用，清洗后人体皮肤以及水果均无残留，绿色环保，既能够清洗干净水果，又保证了水果卫生以及人们的饮食健康。

配方11　蔬果用速效洗涤剂

原料配比

原料	配比（质量份）			原料	配比（质量份）		
	1#	2#	3#		1#	2#	3#
脂肪醇聚氧乙烯醚	11	10	12	硫酸镁	9	8	10
硫酸钠	9	8	10	甘油	20	15	25
玉米淀粉	4	3	5	丙三醇	7	5	8
木粉	7	6	8	去离子水	18	15	22

制备方法　将各组分混合均匀即可。

产品特性　本品天然、无副作用，清洗后人体皮肤以及水果均不会产生残留，绿色环保，既能够清洗干净水果，又保证了水果卫生以及人们的饮食健康。

配方12　水果清洗用生物酶清洗剂

原料配比

原料		配比（质量份）	原料		配比（质量份）
生物酶	纤维素酶	33	生物酶	植酸酶	6
	木聚糖酶	5		去离子水	加至100
	β-葡聚糖酶	25	烷基酚聚氧乙烯醚		10
	蛋白酶	7	烷基聚氧乙烯醚硫酸钠		25
	淀粉酶	15	脂肪醇聚氧乙烯醚		33
	果胶酶	9	水		适量

制备方法

（1）按照质量分数分别称取纤维素酶33％、木聚糖酶5％、β-葡聚糖酶25％、蛋白酶7％、淀粉酶15％、果胶酶9％、植酸酶6％加去离子水溶解6h后进行蒸煮，得到生物酶。

（2）按照质量分数称取10％的烷基酚聚氧乙烯醚、25％的烷基聚氧乙烯醚硫酸钠、33％的脂肪醇聚氧乙烯醚以及步骤（1）制得的生物酶；先将脂肪醇聚氧乙烯醚在65℃搅拌25min，然后加入称得的烷基酚聚氧乙烯醚、烷基聚氧乙烯醚硫酸钠，加水充分混合，得到50g/mL的溶液，然后将生物酶加入该溶液中混合均匀，真空离心处理即可。

产品应用　清洗剂与清水按照1∶500的质量比稀释，将待清洗的水果浸泡在清洗剂溶液中3min，然后用清水冲洗即可。在常温下使用效果最好。

产品特性

（1）本生物酶清洗剂分解效果好，清洁效果稳定。

（2）本品可以快速、高效清除水果表面多种有机污染物及无机污染物；pH呈中性，使用安全，提高了清洗效率，是典型的绿色化学处理工艺。

（3）快速、安全清洗水果上的各类农药。

（4）可生物降解，属环保生态型清洗液，可直接排入污水中。

（5）对水果没有任何腐蚀性。

（6）对人体皮肤无任何刺激作用。

配方13　水果洗涤剂

原料配比

原料	配比(质量份)	原料	配比(质量份)
甘草精油	6	天竺葵纯精油	0.5
大豆卵磷脂	2	精制水	86.5
可溶性淀粉	5		

制备方法　取天然甘草及天竺葵在高压、蒸汽条件下置于真空容器中蒸发，当含有植物精油的蒸气经过冷却系统时采集提炼制成精油；大豆油在脱胶过程中沉淀出的磷脂质经过加工、干燥得大豆卵磷脂；采取高温消毒、灭菌、澄清、冷却工序将水制成精制水；按比例取甘草精油、大豆卵磷脂、可溶性淀粉、天竺葵纯精油、精制水混合制成该天然水果洗涤剂。

产品特性　本品采集天然甘草、天竺葵纯植物精油，甘草精油具有抗氧化作用，天竺葵纯精油具有消毒、抑菌、去污功效，大豆卵磷脂能被果皮吸收，增强果实的抗病能力，可保持果皮湿润，防止病菌侵害，抑制病菌生长、繁殖，起到灭菌作用，延长水果保鲜期，另外，还可防治蔬菜、水稻等农作物遭受病虫害。本品采取天然草药及天然植物提炼制备洗涤剂,不仅能够降低成本,而且绿色环保、安全无毒,弥补了传统洗涤剂清洗水果后的化学残留现象。

配方14　水果专用洗涤剂

原料配比

原料	配比(质量份)			原料	配比(质量份)		
	1#	2#	3#		1#	2#	3#
茶树果精油	0.2	0.3	0.4	刺槐树胶	4	5	6
山楂粉	1	2	4	水	80	82	85
薄荷精油	3	5	6				

制备方法　将各组分混合均匀即可。

原料介绍　所述山楂粉是山楂去籽后烘干,再置于粉碎机中粉碎成的粉末。

所述刺槐树胶采用刺槐树上的天然胶制备而成。

产品特性　本品天然、无副作用,清洗后人体皮肤以及水果均不会产生残留,绿色环保,既能够清洗干净水果,又保证了水果卫生以及人们的饮食健康。

配方15　水果除菌杀虫洗涤剂

原料配比

原料	配比(质量份)			原料	配比(质量份)		
	1#	2#	3#		1#	2#	3#
甘油单癸酸酯	6	8	12	香精	2	3	4
椰油	2	3	4	水	50	55	60
六聚甘油单油酸酯	5	6	7	椰子油脂肪酸二乙醇酰胺	6	9	12
油酸钠	1	1.5	2				

制备方法　将各组分混合均匀即可。

产品特性　本品可以有效地洗涤掉水果表面附着的虫卵,弥补了传统洗涤剂的不足。

配方16　水果用洗涤剂

原料配比

原料	配比(质量份)		
	1#	2#	3#
烷基磺酸钠和α-烯基磺酸钠的混合物	8	5	10
山梨酸钙	1.5	1	2
聚氧乙烯型非离子表面活性剂	4	3	5
丙烯酸-马来酸酐共聚物	4	2	5
丙二醇	6	5	8
甘油	17	15	18
去离子水	22	20	25

制备方法 将各组分混合均匀即可。

产品特性 本品天然、无副作用，清洗后人体皮肤以及水果均不会产生残留，绿色环保，既能够清洗干净水果，又保证了水果卫生以及人们的饮食健康。

配方17　水果除菌洗涤剂

原料配比

原料	配比（质量份）					原料	配比（质量份）				
	1#	2#	3#	4#	5#		1#	2#	3#	4#	5#
植物油	20	22	25	22	20	精氨酸	3	4	5	5	4
异噻唑啉酮	0.5	0.7	0.8	0.6	0.7	维生素E	1	2	3	3	2
氯化钠	3	4	5	4	3	香精	1	2	3	3	3
乳化剂	4	6	8	7	5	去离子水	80	100	120	90	110
月桂酰谷氨酸钠	3	4	5	4	5						

制备方法 按上述配方称取植物油、乳化剂、去离子水，加入容器中，搅拌，直至形成均一稳定的液体，然后加入按上述配方称取的异噻唑啉酮、氯化钠、月桂酰谷氨酸钠、精氨酸、维生素E、香精，搅拌直至形成均一稳定液体，即得本品。

原料介绍

所述植物油为椰油、小麦胚芽油、葡萄籽油、蓖麻油、玫瑰果油、甜杏仁油中的一种或几种。

所述乳化剂优选聚甘油脂肪酸酯、皂树皂苷、甘油酸酯、山梨醇酐脂肪酸酯、丙二醇脂肪酸酯中的一种或几种。

产品特性 本品采用植物油与乳化剂、表面活性剂复配，能有效洗去水果表面的蜡及其他污物，配方温和、不刺激手部皮肤；泡沫适当、洗涤力强，对硬水具有出色的适应性，能快速被生物所分解，不污染环境；本品含有异噻唑啉酮，能有效杀死水果表面的病菌，还能起到防腐作用，保证洗涤剂的有效性及保质期。

配方18　水果用清洗剂

原料配比

原料	配比（质量份）					原料	配比（质量份）				
	1#	2#	3#	4#	5#		1#	2#	3#	4#	5#
去离子水	80	100	120	90	90	氯化钠	3	4	5	4	4
植物油	20	23	25	22	22	月桂酰谷氨酸钠	3	4	5	5	5
乳化剂	4	6	8	6	6	精氨酸	3	4	5	5	5
异噻唑啉酮	0.2	0.3	0.4	0.3	0.3	维生素E	1	2	3	3	3
尼泊金酯	0.2	0.3	0.4	0.3	0.3	香精	1	2	3	3	3

制备方法

（1）在容器中加入去离子水，然后加入植物油、乳化剂，加热至60～80℃，搅拌直至形成均一的液体，备用；

（2）取异噻唑啉酮、尼泊金酯、氯化钠、月桂酰谷氨酸钠、精氨酸、维生素E、香精加入步骤（1）的液体中继续搅拌直至形成均一的液体。

原料介绍 所述植物油为椰油、小麦胚芽油、葡萄籽油、蓖麻油、玫瑰果油、甜杏仁油中的一种或几种。

所述乳化剂优选聚甘油脂肪酸酯、皂树皂苷、甘油酸酯、山梨醇酐脂肪酸酯、丙二醇脂肪酸酯中的一种或几种。

产品特性 本品采用植物油与乳化剂、表面活性剂复配，能有效洗去水果表面的蜡及其他污物，配方温和、不刺激手部皮肤泡沫适当、洗涤力强，对硬水具有出色的适应性，能快速被生物所分解，不污染环境；选用异噻唑啉酮与尼泊金酯复配，具有增效作用，能有效杀死水果表面的病菌，减少异噻唑啉酮的使用量，增强防腐作用，保证洗涤剂的有效性及保质期。本品中的维生素E具有抗氧化作用、保湿作用。

配方19 天然清香洗涤剂

原料配比

原料	配比（质量份）			原料	配比（质量份）		
	1#	2#	3#		1#	2#	3#
桂花精油	5	6	7	贝壳粉	6	7	8
柠檬精油	0.5	0.7	0.8	增稠剂	0.4	0.5	0.6
水	80	82	85				

制备方法 将各组分混合均匀即可。

原料介绍

所述桂花精油通过油脂吸取桂花花瓣的方法提取。

所述柠檬精油经过压榨、收集、过滤的过程提取。

所述贝壳粉是将贝壳烘干后粉碎成的粉末。

产品应用 本品主要应用于果蔬洗涤。

产品特性 本品通过桂花精油、柠檬精油和贝壳粉来达到去污的目的，天然纯净无污染，又不含化学添加剂，无副作用，对人体没有伤害。

配方20 天然水果洗涤剂

原料配比

原料	配比（质量份）	原料	配比（质量份）
棕榈精油	6	茶树精油	0.5
大豆卵磷脂	2	精制水	86.5
可溶性淀粉	5		

制备方法 按比例取棕榈精油、大豆卵磷脂、可溶性淀粉、茶树精油、精制水混合制成该天然水果洗涤剂。

原料介绍

所述天然棕榈精油和茶树精油均通过将植物在高压、蒸汽条件下置于真空容器中蒸发，当含有植物精油的蒸气经过冷却系统时采集提炼而成。

所述大豆卵磷脂是大豆油在脱胶过程中沉淀出的磷脂质再经过加工、干燥后的产物。

所述精制水是水经过高温消毒、灭菌、澄清、冷却后加工制成的。

产品特性 本品采集天然棕榈、茶树植物精油，棕榈精油具有抗氧化作用，茶树精油具有消毒、抑菌、去污功效，大豆卵磷脂能被果皮吸收，增强果实的抗病能力，可保持果皮湿润，防止病菌侵害，抑制病菌生长、繁殖，起到灭菌作用，延长水果保鲜期，另外，还可防治蔬菜、水稻等农作物遭受病虫害。本品采取天然植物提炼制备洗涤剂，不仅能够降低成本，而且绿色环保、安全无毒，弥补了传统洗涤剂清洗水果后的化学残留现象。

配方21 纯天然水果洗涤剂

原料配比

原料	配比（质量份）	原料	配比（质量份）
茶树精油	6	天竺葵纯精油	0.5
大豆卵磷脂	2	精制水	86.5
可溶性淀粉	5		

制备方法 按比例取茶树精油、大豆卵磷脂、可溶性淀粉、天竺葵纯精油、精制水混合制成该天然水果洗涤剂。

原料介绍

所述天然茶树精油和天竺葵纯精油均通过将植物在高压、蒸汽条件下置于真空容器中蒸发，当含有植物精油的蒸气经过冷却系统时采集提炼而成。

所述大豆卵磷脂是大豆油在脱胶过程中沉淀出的磷脂质再经过加工、干燥后的产物。

所述精制水是水经过高温消毒、灭菌、澄清、冷却后加工制成的。

产品特性 本品采集天然茶树、天竺葵纯植物精油，茶树精油具有抗氧化作用，天竺葵纯精油具有消毒、抑菌、去污功效，大豆卵磷脂能被果皮吸收，增强果实的抗病能力，可保持果皮湿润，防止病菌侵害，抑制病菌生长、繁殖，起到灭菌作用，延长水果保鲜期，另外还可防治蔬菜、水稻等农作物遭受病虫害。本品采取天然植物提炼制备洗涤剂，不仅能够降低成本，而且绿色环保、安全无毒，弥补了传统洗涤剂清洗水果后的化学残留现象。

配方22　天然植物洗涤剂

原料配比

原料	配比(质量份)		原料	配比(质量份)	
	1#	2#		1#	2#
椰油醇硫酸酯钠	1	2	甜菜碱	8	9
山茶籽饼浸出液	5	6	去离子水	30	35
绿茶叶浸出液	5	6	米醋	1	2
仙人掌浸出液	5	6	皂角浸出液	3	4
海藻酸钠(增稠剂)	3	4			

制备方法

（1）选用一反应釜，将原料中去离子水加入反应釜中，加热至45～55℃，然后将原料中椰油醇硫酸酯钠加入其中，高速搅拌直至全部溶解；

（2）待上述步骤（1）反应结束后，将内部溶液温度降至室温，然后添加原料中的山茶籽饼浸出液、皂角浸出液、绿茶叶浸出液和仙人掌浸出液，搅拌均匀后将增稠剂加入，搅拌后静置。

（3）待步骤（2）反应结束后，将原料中的甜菜碱和米醋加入，搅拌，灌装。

产品应用　本品主要应用于清洗果蔬。

产品特性　本品制备方便简单，环保无污染，原料易得，设备投资少，便于操作，使用效果好，去污能力强，安全可靠。

配方23　杀菌、除味洗涤剂

原料配比

原料	配比(质量份)	原料	配比(质量份)
茶树果精油	8	洋甘菊精油	0.8
蛋黄卵磷脂	2	灭菌水	180
可溶性淀粉	6		

制备方法　将各组分原料混合调匀，加热至60～80℃后再冷却即得。

产品应用　本品主要应用于果蔬清洗。

产品特性　本品采集天然茶树果、洋甘菊纯植物精油，茶树果精油有杀菌、除味作用，洋甘菊精油具有润滑皮肤、抑菌消炎功效，蛋黄卵磷脂能被果皮吸收，增强果实的抗病能力，可保持果皮湿润，防止病菌侵害，抑制病菌生长、繁殖，起到灭菌作用，延长水果保鲜期，另外，还可防治蔬菜、水稻等农作物遭受病虫害。本品不仅能够降低成本，而且绿色环保、安全无毒，弥补了传统洗涤剂清洗水果后的化学残留现象。

配方24　消毒洗涤剂

原料配比

原料	配比(质量份)			原料	配比(质量份)		
	1#	2#	3#		1#	2#	3#
蔗糖脂肪酸酯	10	15	12	焦磷酸钾	1	3	2
乙醇	3	5	4	乳酸	1	2	1.5
葡萄糖酸钠	5	8	6	水	45	50	47
甘油	8	10	9				

制备方法　将各组分混合均匀即可。

产品应用　本品主要应用于瓜果蔬菜洗涤。

产品特性　本品无毒、快干、去污效果好且具有良好的防锈作用，可用来洗涤果蔬、水产品、餐具、空瓶、食品加工机械和设备等。

配方25　消毒快干洗涤剂

原料配比

原料	配比(质量份)	原料	配比(质量份)
葡萄糖酸钠	20	三聚磷酸钠	2
薄荷醇	10	柠檬酸	1
戊二醛	5	香精	1
氯胺	3	去离子水	45

制备方法　将各组分混合均匀即可。

产品应用　本品主要应用于洗涤果蔬、水产品、餐具、空瓶、食品加工机械和设备等。

产品特性　本品无毒、快干、去污效果好且具有良好的防锈作用。

配方26　戊二醛消毒洗涤剂

原料配比

原料	配比(质量份)	原料	配比(质量份)
脂肪醇聚氧乙烯醚硫酸铵	20～25	氯胺	2～3
薄荷醇	10～15	色素	1～2
戊二醛	5～8	亚麻油	3～5
辛基酚聚氧乙烯醚	3～5	去离子水	45～50
焦磷酸钾	1～3		

制备方法　将各组分混合均匀即可。

产品应用　本品主要应用于果蔬、水产品、餐具、空瓶、食品加工机械和设备等的洗涤。

产品特性　本品无毒、快干、去污效果好且具有良好的防锈作用。

配方27　二氯甲酚消毒洗涤剂

原料配比

原料	配比(质量份)	原料	配比(质量份)
二氯甲酚	22	氢氧化钾	3
薄荷醇	12	焦磷酸钾	2
异丙醇	6	乳酸	1.5
辛基酚聚氧乙烯醚	4	去离子水	47
蓖麻油酸	2		

制备方法　将各组分混合均匀即可。

产品应用　本品主要应用于瓜果、蔬菜洗涤。

产品特性　本品无毒、快干、去污效果好且具有良好的防锈作用。

配方28　新型安全洗涤剂

原料配比

原料	配比(质量份)			原料	配比(质量份)		
	1#	2#	3#		1#	2#	3#
丙氨酸、精氨酸和天冬酰胺的混合物	0.8	0.5	2	氨基三乙酸	7	5	8
				葡糖酸	14	10	15
大豆纤维素	11	10	15	甘油	21	20	25
天然植物油醇聚氧丙烯	11	10	12	去离子水	18	15	25

制备方法　将各组分混合均匀即可。

原料介绍　丙氨酸、精氨酸和天冬酰胺的混合物由1.5份丙氨酸、2份精氨酸和2.5份天冬酰胺混合而成。

产品应用　本品主要应用于餐具、果蔬清洗。

产品特性　本品清洁油渍效果好，安全，无残留，易于降解，对皮肤无刺激，无毒副作用，避免了对环境的二次污染；具有较高的洗脱效果，使用简便、性能稳定、成本低，为天然透明棕黄原色，久置不变色，接近中性，达到人体皮肤生理最佳要求，具有香味。

配方29　蔬菜、水果农药残留物洗涤剂

原料配比

原料	配比(质量份)	原料	配比(质量份)
食用盐	1	煅烧钙	0.2

制备方法 先将食用盐送入烘干机进行烘干，然后通过粉碎机粉碎成200目以上细粉，按照1∶0.2的质量比与煅烧钙（活性钙）粉配好，放入混合机充分混匀后，即可包装制成蔬菜、水果农药残留物洗涤产品。

产品特性

（1）煅烧钙是利用海中无污染的牡蛎壳通过1000～2000℃的高温煅烧后，再用水解、提纯工艺制成的，这种钙粉具有强碱的特性，能有效降解农药残留物。

（2）这两种配料混合制成的产品实用性很强，具有天然，无毒，环保，能有效分解蔬菜、水果上农药残留物的特点。

配方30 新型果蔬残留农药洗涤剂

原料配比

原料	配比（质量份）	原料	配比（质量份）
谷氨酸钠	500	食盐	200
乙酸钠	300		

制备方法 取谷氨酸钠加入乙酸钠、食盐，搅拌均匀，即制得洗涤剂。

使用时，洗涤剂与水按1∶40的比例稀释，稀释后的洗涤剂浸泡蔬菜、水果等15～20min，即可基本清除蔬菜、水果等中的农药残留。然后将所洗涤的食品取出，清水洗净，即可食用。

产品特性 本洗涤剂既能清除蔬菜、水果等食品表面的农药残留，又能清除已进入食品内的农药残留，同时无任何毒性和副作用。

配方31 新型洗涤剂

原料配比

原料	配比（质量份）			原料	配比（质量份）		
	1#	2#	3#		1#	2#	3#
柠檬精油	1.5	0.5	2	丙二醇正丙醚	0.8	0.5	1
无水硫酸盐	22	20	25	椰油酸	9	8	10
柠檬酸	14	10	15	甘油	18	15	22
十二烷基苯磺酸钠	11	10	15	去离子水	23	20	26

制备方法 将各组分混合均匀即可。

产品应用 本品主要用作果蔬洗涤剂。

产品特性 本洗涤剂具有良好的稳定性、温和性、易冲洗性，去污力强，泡沫丰富，是一种能够有效地清洗油污以及蔬菜和水果，抗微生物，环保的绿色餐具洗涤剂，并且原料廉价、产品安全，制作简单。

配方32 用于黄瓜的清洗剂

原料配比

原料	配比（质量份）	原料	配比（质量份）
碳酸氢钠	8.5	淀粉	6.7
草酸	13.1	水溶性维生素	14.5
葡萄糖酸钠	14.8	蔗糖脂肪酸酯	6.8

制备方法 将各组分原料混合均匀即可。

产品特性 本品中不含对人体有害的化学成分，可以放心使用并且去除农药残留效果好。

配方33 用于蔬果的清洗剂

原料配比

原料		配比（质量份）		
		1#	2#	3#
十八烷基三甲基氯化铵		25	15	30
脂肪酸甲酯磺酸盐和石油烃的混合物		28	15	20
磷脂酶和氧化酶的混合物		2	1	3
椰油酸钠		22	20	25
吡咯啉酸钾		0.4	0.4	0.4
乙醇		28	25	30
脂肪酸甲酯磺酸盐和石油烃的混合物	脂肪酸甲酯磺酸盐	2	2	2
	石油烃	3	3	3
磷脂酶和氧化酶的混合物	磷脂酶	1.5	1.5	1.5
	氧化酶	3.5	3.5	3.5

制备方法 将各组分原料混合均匀即可。

产品特性 本品无副作用，清洗后人体皮肤以及水果均不会产生残留，绿色环保，保证了水果卫生以及人们的饮食健康。

配方34 长效日用洗涤剂

原料配比

原料	配比（质量份）		原料	配比（质量份）	
	1#	2#		1#	2#
无水硫酸铜	8	13	α-烯基磺酸钠	5	10
椰油基葡糖苷	7	10	聚丙烯酸钠	5	13
柠檬酸钙	2	7	甘油	5	7
黄豆	2	6	氨基磺酸	1	3
仙人掌	7	9	聚山梨酯类	4	10
香蕉杆粉末	5	10	蛋白酶	2	5
羧甲基纤维素	2	4			

制备方法 将各组分混合均匀即可。

产品应用 本品主要应用于果蔬洗涤。

产品特性 本品作用时间长，洗涤效果好，同时具有很好的杀菌消毒作用。

配方35 植物型除农药残留洗涤剂

原料配比

原料	配比（质量份）					原料	配比（质量份）				
	1#	2#	3#	4#	5#		1#	2#	3#	4#	5#
植物油	5	8	10	7	5	氯化钠	3	4	5	4	3
银杏叶	10	13	15	14	10	魔芋精粉	5	6	8	7	5
辣蓼	10	13	15	14	10	表面活性剂	1	2	3	2	1
茶叶	10	13	15	12	10	壳聚糖	1	2	3	2	1
甘草	5	8	10	9	5	去离子水	30	35	40	38	30
肉桂	5	13	10	9	5						

制备方法 按上述配方称取银杏叶、辣蓼、茶叶、甘草、肉桂加入 6～8 倍量的去离子水中提取两次，每次提取 25～35min，提取液浓缩至一半，脱色加入按上述配方称取的植物油、表面活性剂、壳聚糖及氯化钠搅拌均匀，然后加入按上述配方称取的魔芋精粉搅拌直至形成均一的液体。

原料介绍

所述植物油为椰油、小麦胚芽油、蓖麻油、甜杏仁油中的一种或几种。

所述表面活性剂为聚甘油脂肪酸酯、皂树皂苷、蔗糖脂肪酸酯、山梨醇酐脂肪酸酯、丙二醇脂肪酸酯中的一种或几种。

产品应用 本品主要应用于果蔬洗涤。

产品特性 本品具有优良的洗涤效果，能彻底去除蔬果表面的污物及农药残留，具有广谱杀菌消毒性；采用植物油、表面活性剂及魔芋精粉复配，去污效果好，易漂洗；魔芋精粉能减少表面活性剂的用量，洗涤剂成分不残留；植物提取物与氯化钠、壳聚糖复配使用在去除蔬果表面农药残留的同时，可杀灭蔬果表面的各种致病菌。本品所采用的各种成分无毒，环保，不伤害人体，没有副作用。

配方36 植物型果蔬农药残留洗涤剂

原料配比

原料	配比（质量份）					原料	配比（质量份）				
	1#	2#	3#	4#	5#		1#	2#	3#	4#	5#
银杏叶	10	13	15	10	13	蛋白质生物表面活性剂	1	2	3	1	2
辣蓼	10	13	15	10	13						
茶叶	10	13	15	10	13	壳聚糖	1	2	3	1	2
甘草	5	8	10	5	8	植物油	5	8	10	5	8
肉桂	5	8	10	5	8	魔芋精粉	5	7	8	5	7
氯化钠	3	4	5	3	4	润肤剂	0.5～1	—	—	0.5～1	0.5～1
小麦蛋白	3	6	8	3	6	去离子水	适量	适量	适量	适量	适量

制备方法

（1）取银杏叶、辣蓼、茶叶、甘草、肉桂加入 6～8 倍量的去离子水中提取 30～35min，过滤，滤渣再加入 4～5 倍量的去离子水中提取 20～25min，合并提取液，过滤脱色后浓缩至原体积的一半，备用；

（2）取氯化钠、小麦蛋白、蛋白质生物表面活性剂、壳聚糖、润肤剂、植物油加入步骤（1）的浓缩液中，搅拌溶解，形成均一的液体，然后边搅拌边加入魔芋精粉直至形成均一的液体。

原料介绍

所述润肤剂为蜂胶精油、水溶性骨胶原中的一种或几种。

所述植物油为椰油、小麦胚芽油、蓖麻油、甜杏仁油中的一种或几种。

所述蛋白质生物表面活性剂为 Na-椰油酰精氨酸己酯、Na-酰基-L-赖氨酸、Na 二甲基-Na-酰基赖氨酸中的一种或几种。

产品特性　本洗涤剂具有优良的洗涤效果，能彻底去除蔬果表面的污物及农药残留，具有广谱杀菌消毒性；采用植物油、蛋白质生物表面活性剂及魔芋精粉复配，去污效果好，易漂洗；魔芋精粉能减少表面活性剂的用量。本方法选用绿色的蛋白质生物表面活性剂，安全有效，不污染环境，洗涤剂成分不残留。

配方37　植物型水果洗涤剂

原料配比

原料	配比（质量份）					原料	配比（质量份）				
	1#	2#	3#	4#	5#		1#	2#	3#	4#	5#
植物油	10	15	13	12	10	卵磷脂	1	3	2	2	1
辣蓼	10	15	13	14	10	魔芋精粉	3	5	4	4	3
胡椒	10	15	13	14	10	烷基苷	1	3	2	2	1
凹叶厚朴	10	15	13	14	10	防腐剂	0.5	1	0.8	0.7	0.5
柚子皮	10	15	13	14	10	去离子水	适量	适量	适量	适量	适量
丝瓜瓤	5	10	8	8	5						

制备方法

（1）按上述配方称取辣蓼、胡椒、凹叶厚朴、柚子皮、丝瓜瓤，加入 6～8 倍量的去离子水中提取 1～1.5h，过滤，滤渣再加入 4～5 倍量的水中提取 45～60min，过滤，合并滤液，浓缩至原体积的 0.5 倍，在浓缩液中加入 3～5 份活性炭搅拌脱色，脱色后加入防腐剂搅拌溶解；

（2）按上述配方称取植物油、卵磷脂、烷基苷，加入 1～2 倍量的去离子水中搅拌直至形成均一的液体，然后加入按配方称取的魔芋精粉，搅拌均匀后加入步骤（1）的溶液中，继续搅拌均匀即可。

原料介绍

所述植物油为椰油、小麦胚芽油、葡萄籽油、蓖麻油、玫瑰果油、甜杏仁油中的一种或几种。

所述防腐剂为尼泊金酯。

产品特性

（1）本品中的辣蓼、胡椒、凹叶厚朴、柚子皮、丝瓜瓤复配提取液能杀灭水果表面的各种病菌；烷基苷是一种天然表面活性剂，对皮肤刺激性弱，具有广谱抗菌性能，与其他种类的表面活性剂有着很好的配伍性能，且润湿、起泡性能优良，有明显的增稠作用，能提高洗涤剂溶解性和温和性，减小对皮肤的脱脂力；卵磷脂具有乳化及抗氧化功能，烷基苷、卵磷脂与植物油配伍能有效清洗掉水果表面的蜡及污物；魔芋精粉具有优良保湿、成型、成膜、发泡、乳化及稳定等多种界面活性性能，属于食品级表面活性剂，安全、高效。本品绿色环保，不污染环境。

（2）本品采用尼泊金酯作为防腐剂，防腐效果较好，安全无毒，用量少，节约成本。

配方38　植物源蔬果农药洗涤剂

原料配比

原料	配比（质量份）			原料	配比（质量份）		
	1#	2#	3#		1#	2#	3#
1%茶皂粉	10	12	12	油菜素内酯	1	3	2
1%皂角粉	5	6	6	茶籽油	5	10	7
1%大豆卵磷脂	4	6	6	去离子水	适量	适量	适量
0.1%魔芋精粉	5	7	7				

制备方法　按上述配方称取1%茶皂粉、1%皂角粉、1%大豆卵磷脂加入5～8倍去离子水中，搅拌均匀，50℃恒温水浴加热，溶液浓缩至一半，加入按上述配方称取的油菜素内酯、茶籽油混合均匀，然后加入按上述配方称取的0.1%魔芋精粉搅拌直至形成均一的液体。

产品特性　本品能彻底去除蔬果表面的污物及农药残留，对常规农药的清洗率比清水冲洗提高50%～80%，且杀菌、抗炎作用更为明显。

3

衣用洗涤剂

配方1　贴身衣物杀菌洗涤剂

原料配比

原料	配比(质量份)	原料	配比(质量份)
氨基三乙酸	10～12	乙醇	7～14
烷基醇酰胺	5～8	乙酸乙酯	2～6
皂角粉	12～20	去离子水	加至100

制备方法　将各组分放入混合容器内，搅拌均匀即可。

产品特性　本品在保证有效去污效果的前提下，不伤皮肤，不刺激皮肤，且生产工艺简单，不但适合洗涤贴身衣物，而且适用于其他外套等衣物。

配方2　温和型衣物清洗剂

原料配比

原料	配比(质量份)			原料	配比(质量份)		
	1#	2#	3#		1#	2#	3#
三甘醇二烷基醚	18	15	25	蓖麻油	2	1	3
脂肪酸烷醇酰胺	11	10	12	洋甘菊	11	10	12
三羟乙基甲基季铵甲基硫酸盐	20	10	25	三聚硅酸钠	25	15	30
				去离子水	25	1	30

制备方法　将各组分原料混合均匀即可。

产品特性　本品节水、高效、易漂洗和无残留，而且成本低廉、使用安全。本品可避免衣服清洗后领口及袖口处出现发黄、褪色、板结现象，可有效去除各种真菌，以及血渍、汗渍、奶渍、内分泌物等，并可清除异味；性质温和，保护衣物，不损伤手部肌肤；保护衣物纤维，洗后内衣柔软；泡沫适中，易于冲洗，省时省力；绿色环保配方，不含铝、荧光增白剂等对环境和生态有害的成分。

配方3 无助剂液体洗涤剂

原料配比

原料	配比(质量份)			
	1#	2#	3#	4#
脂肪醇聚氧乙烯醚(AEO-7)	25	25	25	25
脂肪醇醚硫酸钠(AES)	3	3	3	3
三乙醇胺	3	3	3	3
乙醇	3	3	3	3
氯化钾	2	2	2	2
N,N-二乙基-2-苯基乙酰胺	0.3	—	0.3	0.3
嘧螨胺	0.1	0.25	—	0.2
乙螨唑	0.1	0.25	0.2	—
水	加至100	加至100	加至100	加至100

制备方法 在混合釜中,先加入水,再加入氯化钾、乙醇和三乙醇胺,加热至 50~60℃,在搅拌条件下,加入 AEO-7 和 AES 搅拌均匀,降温至 30~40℃,按配方要求再加入除螨剂 N,N-二乙基-2-苯基乙酰胺、嘧螨胺、乙螨唑,搅拌均匀,即可得到无助剂液体洗涤剂。

产品应用 本品主要应用于衣物洗涤。

产品特性 本品具有较高的去污能力,并能有效抑螨灭螨。

配方4 衣物污渍洗涤剂

原料配比

原料	配比(质量份)				原料	配比(质量份)			
	1#	2#	3#	4#		1#	2#	3#	4#
双十八烷基二甲基氯化铵	2	4	6	10	羧甲基纤维素	2	4	3	1
					乙二胺四乙酸二钠	2	4	3	2
AEO-7	40	—	25	—	椰油酸二乙醇酰胺	3	2	3	3
AEO-9	—	36	—	24	水	51	50	60	60

制备方法

(1)混合羧甲基纤维素和脂肪醇聚氧乙烯醚(AEO-7)得混合液1;

(2)将混合液1和双十八烷基二甲基氯化铵混合得到混合液2;

(3)向混合液2中加入其他原料和水,混合均匀即可。

产品应用 本品主要应用于衣物洗涤。可以根据需要将本品进一步与水混合,稀释至所需浓度,洗涤衣物。污染严重的衣物,特别是无尘服,可以通过增加洗涤剂的浓度来达到所需的洗涤效果。

产品特性 利用本品能够快速且彻底地去除附着于衣物上的油污、汗渍及其他污染物等,从而提高对普通衣物的洗涤效率。另外,本品对用于洁净室操作的无尘服的洗涤效果也优良，能够提高对无尘服的洗涤效率，从而提高无尘服的利用次数。

配方5　衣物油渍洗涤剂

原料配比

原料	配比（质量份）			原料	配比（质量份）		
	1#	2#	3#		1#	2#	3#
十二烷基苯磺酸钠	4	4	5	柠檬酸钾	15	18	20
烷基多苷	30	35	40	油酸三乙醇胺盐	2	5	8
氯化铵	2	4	6	氯化钠	0.3	0.5	1
硬脂酸	1	2	3				

制备方法　将各组分混合均匀即可。

产品应用　本品主要应用于清洗衣物上的油渍。

产品特性　本品对皮肤无刺激性，对人体无毒副作用，可彻底清除衣物上的油渍。

配方6　快速分解油污的洗涤剂

原料配比

原料	配比（质量份）		原料	配比（质量份）	
	1#	2#		1#	2#
乙醇	10	15	硅酸盐	10	10
亚麻籽油	5	8	烷基苯磺酸钠	12	12
月桂醇聚氧乙烯醚	5	8	去离子水	15	18
硫酸钠	5	8	甘油	10	12

制备方法

（1）将下列物质按质量份加入搅拌机内：乙醇、亚麻籽油、月桂醇聚氧乙烯醚，加入过程中进行搅拌，搅拌后进行加热，搅拌速度低于15r/min，加热温度低于50℃；

（2）将加热后的混合物静置，静置时间大于35min；

（3）将静置后的混合物冷却，冷却温度低于10℃；

（4）将冷却后的混合物进行过滤，过滤温度高于25℃；

（5）在过滤后的混合物内加入下列物质（按质量份计算）：硫酸钠、硅酸盐、烷基苯磺酸钠，加入过程中进行搅拌；

（6）对搅拌后的混合物进行加热，加热温度高于60℃，加热温升速度低于4℃/min；

（7）向加热后的混合物内加入下列物质（按质量份计算）：去离子水、甘油，加入过程中进行搅拌，搅拌后静置1h。

产品应用 本品主要应用于衣物洗涤。

产品特性 本品去污能力强，可使油污快速分解，无需借助工具擦拭也可达到很好的洗涤效果，而且成本低廉，易于生产操作。

配方7 内衣用浸泡式洗涤剂

原料配比

原料	配比（质量份）				原料	配比（质量份）			
	1#	2#	3#	4#		1#	2#	3#	4#
烷基醇酰胺	22	32	25	27	蛋白分解酶	5	13	7	10
椰油酸聚氧乙烯酯	3	8	4	5.5	磷酸钙	0.1	0.3	0.15	0.2
月桂酰胺丙基甜菜碱	10	17	12	13	凯松	0.05	0.1	0.06	0.07
油酸	1	6	2	3.5	香料	0.08	0.15	0.11	0.12
聚乙二醇	3	7	4	4	二牛油烷基二甲基氯化铵	2	10	4	5.5
丙三醇	4	9	5	6.5	高氯酸钠	0.6	1.5	0.8	1
硼酸	2	6	3	4	去离子水	28	50	35	40

制备方法 先将去离子水加热至 70～90℃，加入烷基醇酰胺、椰油酸聚氧乙烯酯和月桂酰胺丙基甜菜碱，混合至溶解，然后加入油酸、聚乙二醇、磷酸钙、凯松、香料和二牛油烷基二甲基氯化铵，混合均匀后将温度降至室温，最后加入丙三醇、硼酸、蛋白分解酶、高氯酸钠，混合均匀即得洗涤剂。

产品特性 该洗涤剂去污力强、去污速度快，只要将内衣浸泡在溶有该洗涤剂的水中，无需搓洗，静置 10～20min，即可将污渍去除干净，清洗后的内衣不变形，也无化学物质残留。

配方8 轻垢液体洗涤剂

原料配比

原料	配比（质量份）		原料	配比（质量份）	
	1#	2#		1#	2#
十二烷基苯磺酸钠	5	7	乙醇磷酸	5	8
月桂醇硫酸钠	10	12	去离子水	30	40
脂肪醇聚氧乙烯醚	1	2	草木提取液	10	15

制备方法 将各组分混合均匀即可。

所述草木提取液为桂花、栀子花的混合提取液，首先将桂花用质量 10～20 倍的去离子水在沸腾条件下提取 10～30min，过滤取滤液。然后将栀子花用质量 15～30 倍的去离子水在沸腾条件下提取 10～20min，过滤取滤液。最后将前述桂花滤液、栀子花滤液以 1∶（1～2）的质量比混合，制得草木提取液。

产品应用 本品主要应用于衣物洗涤。

产品特性 本品去污能力强，不会损害衣服；添加桂花、栀子花的混合提取液

3

替代香精，使洗涤后的衣服携带花香，促使消费者心情愉悦。

配方9　新型衣用洗涤剂

原料配比

原料	配比（质量份）		原料	配比（质量份）	
	1#	2#		1#	2#
十八烷基二羟乙基氧化胺	30	45	白酶	1	1.5
甘油	15	25	丙烯酸乙酯	10	12
乙二胺四乙酸二钠	4	16	去离子水	20	25
α-烯基磺酸钠	10	15			

制备方法

（1）将下列质量份的物质加入反应釜中：十八烷基二羟乙基氧化胺、甘油，加入后进行搅拌，搅拌速度为 45～50r/min，搅拌时间为 25～35min，搅拌过程中进行加热，加热至 60～65℃；

（2）将加热后的物质静置，静置时间大于 50min，静置过程中进行冷却处理，冷却时间与静置时间相同，冷却温度低于 10℃；

（3）在上述物质中继续加入下列质量份的试剂：乙二胺四乙酸二钠、α-烯基磺酸钠，加注速度为 5～10mL/min，加入过程中进行搅拌，搅拌时间大于 35min，搅拌速度 25r/min；

（4）将上述物质静置 25min 后，继续加入下列质量份物质：白酶、丙烯酸乙酯，然后进行搅拌，搅拌时间大于 30min，搅拌后静置；

（5）静置后的组合物进行粗网过滤，过滤除杂质后继续搅拌 25min，静置时间大于 60min；

（6）向静置后的组合物中加入去离子水，继续搅拌，搅拌时进行加热，加热至高于 45℃；

（7）将上述制剂静置，过滤。

产品特性　本品制备过程中不会出现凝胶现象；低温储存效果好；与水以任意比例混合，不会出现凝胶现象。

配方10　羊毛衣物用杀菌防虫洗涤剂

原料配比

原料	配比（质量份）				原料	配比（质量份）			
	1#	2#	3#	4#		1#	2#	3#	4#
十二烷基磷酸酯	10	20	45	52	碳酸钾	2	6	3	3.5
羟乙基二胺四乙酸三钠盐	10	20	0.15	0.16	膨润土	7	15	0.5	0.6
柠檬酸	3	9	10	12	十水硫酸钠	4	10	5	7
硼砂	3	10	2	3	脂肪酶	0.3	0.8	10	11

原料	配比（质量份）				原料	配比（质量份）			
	1#	2#	3#	4#		1#	2#	3#	4#
硅酸钠	2	5	3	4	香料	0.1	0.2	14	15
葡萄糖酸钠	1	5	5	7.5	水	40	60	13	15
聚丙烯酸钠	7	15	4	5.5					

制备方法 先将水、柠檬酸、硼砂、碳酸钾、膨润土、十水硫酸钠、硅酸钠和聚丙烯酸钠混合搅拌均匀，再升温至 $70\sim90℃$，加入十二烷基磷酸酯和羟乙基二胺四乙酸三钠盐，混合均匀后再与脂肪酶、葡萄糖酸钠、香料混合均匀，即得洗涤剂。

产品应用 本品主要应用于羊毛衣物洗涤。

产品特性 本品具有很好的去污效果，能够有效地杀灭羊毛衣物上的细菌，并且清洗后的衣物防虫时间达到 24 个月以上，羊毛衣物可以很好地保存。

配方11　新型液体洗涤剂

原料配比

原料	配比（质量份）			原料	配比（质量份）		
	1#	2#	3#		1#	2#	3#
硫酸酯盐型阴离子表面活性剂	30	20	35	丙烯酸	4	3	6
异构十醇聚氧乙烯醚	5	3	8	氯化钙	1	1	1
聚乙烯吡咯烷酮	1.5	1	2	淀粉酶	0.8	0.5	1.5
三乙醇胺	2	2	2	乙醇	28	25	30

制备方法 将各组分混合均匀即可。

产品应用 本品主要应用于衣物洗涤。

产品特性 本品具有较强的去污、乳化、脱脂、低泡性能，同时具有良好的节水功能，适用于一般家庭及消防服的洗涤；清洁、节水一次完成，且无毒、无刺激，节约成本；增强了污垢的分散和悬浮能力，能将物品表面上脱落下来的液体油污乳化成小油滴而分散悬浮于水中；非离子表面活性剂与两性表面活性剂协同作用，增加其在水中的稳定性，阻止污垢再沉积于衣物表面。

配方12　羽绒洗涤剂

原料配比

原料	配比（质量份）			原料	配比（质量份）		
	1#	2#	3#		1#	2#	3#
聚甘油单硬脂酸酯	4	3	3.4	己基癸醇	2	1	1.2
二聚酸	3	2	2.3	水	130	130	130
苯甲酸钠	2	1	1.2	十二烷基三甲基硫酸铵	2	1	1.2

3

原料	配比(质量份)			原料	配比(质量份)		
	1#	2#	3#		1#	2#	3#
月桂酸钠	3	2~3	2.3	码啉	2	1	1.2
十八烷醇基聚氧乙烯醚	5	4~5	4.5	茶多酚	2	1	1.2
过硫酸钠	3	2	2.3	马来酸酐改性聚乙烯	2	1	1.2
松香酸聚氧乙烯酯	3	2	2.3	聚异丁烯	3	2	2.3
N-辛基异噻唑啉酮	3	2	2.3	六偏磷酸钠	2	1	1.2
碳酸氢钠	4	3	3.4	氨甲基丙醇	4	3	3.4
苯基硅油	2	1	1.2	甲基三甲氧基硅烷	2	1	1.2

制备方法 将各组分混合均匀即可。

产品应用 本品主要应用于羽绒洗涤。

产品特性 本品能有效去除羽绒上的污垢,对羽绒有较好的调理、护理作用,可使羽绒恢复原有的弹性和蓬松状,保持原有的保暖性能,稳定性好,冷热水皆可,中性不伤手。

配方13 亚麻衣物洗涤剂

原料配比

原料	配比(质量份)			原料	配比(质量份)		
	1#	2#	3#		1#	2#	3#
直链烷基苯磺酸	15	25	20	三乙醇胺	1	5	3
脂肪醇聚氧乙烯醚硫酸钠	25	15	20	水	35	20	28
柠檬酸三钠	8	3	5				

制备方法 将水加热至40~60℃,按比例加入直链烷基苯磺酸、脂肪醇聚氧乙烯醚硫酸钠,溶解后加入柠檬酸三钠、三乙醇胺,搅拌均匀,降温至35~45℃,分装即可。

产品特性 本品考虑到亚麻布料本身具备抗菌、防霉特性,在洗涤剂中不加抗菌、防霉成分,成分简单,大大降低生产成本;为了达到较高的去污能力,选择直链烷基苯磺酸与脂肪醇聚氧乙烯醚硫酸钠为主要去污成分,两者配合,去污能力进一步增强,与目前常用的衣物洗涤剂相比,更经济实用。

配方14 羊毛衫抗静电洗涤剂

原料配比

原料	配比(质量份)			原料	配比(质量份)		
	1#	2#	3#		1#	2#	3#
烷基多糖苷	30	28	25	水性聚氨酯	4	3	2
单油酸脱水山梨醇酯	30	28	25	甜菜碱	15	12	10
双十八烷基二甲基氯化铵	12	10	8	羟乙基纤维素	15	13	12
硫代硫酸钠	20	18	15	茉莉精油	5	3.5	2.5
壬基酚聚氧乙烯醚	6	4	2.5	去离子水	170	160	152

制备方法

（1）在搅拌器中加入烷基多糖苷、单油酸脱水山梨醇酯和去离子水，升温至70～90℃后搅拌均匀，再加入硫代硫酸钠和壬基酚聚氧乙烯醚，搅拌均匀后，将温度降至室温；

（2）在（1）的搅拌器中加入双十八烷基二甲基氯化铵、水性聚氨酯、甜菜碱和羟乙基纤维素，搅拌均匀后加入茉莉精油，搅拌均匀后静置0.5～1h，即得到羊毛衫抗静电洗涤剂。

产品特性　本品能够有效溶解羊毛衫上的各种污垢，抗静电效果明显，还具有防缩、柔顺的功能，不损害羊毛纤维，洗涤后的羊毛衫保持原有的特性。

配方15　羊毛衫洗涤剂

原料配比

原料	配比（质量份）			原料	配比（质量份）		
	1#	2#	3#		1#	2#	3#
山藿香	2	4	3	氯化钠	2	2	3
胖儿草	2	4	3	偏硅酸钠	10	10	9
脂肪醇聚氧乙烯醚硫酸盐（AES）	9	12	10	次氯酸钠	1	1	1.5
十二烷基苯磺酸钠（LAS）	3	2	2	椰油酸二乙醇酰胺	2	2	1
脂肪醇聚氧乙烯醚（AEO）	2	3	3	香精	0.1	0.1	0.1
羧甲基纤维素钠	1	0.5	1	水	适量	适量	适量
乙醇	7	8	8				

制备方法　取山藿香、胖儿草，加水煎煮两次，第一次加水量为药材质量的8～12倍，煎煮1～2h；第二次加水量为药材质量的6～10倍，煎煮1～2h。合并煎液，浓缩至山藿香、胖儿草总质量的10倍，加入脂肪醇聚氧乙烯醚硫酸盐（AES）、十二烷基苯磺酸钠（LAS）、脂肪醇聚氧乙烯醚（AEO）、羧甲基纤维素钠、乙醇、氯化钠、偏硅酸钠、次氯酸钠、椰油酸二乙醇酰胺、香精，于70～80℃融溶，即得。

产品特性　本品中山藿香和胖儿草清热解毒，两者配伍，起泡和抗菌效果良好。

配方16　羊毛衫用洗涤剂

原料配比

原料	配比（质量份）			原料	配比（质量份）		
	1#	2#	3#		1#	2#	3#
聚氧乙烯月桂醇醚硫酸钠	10	15	12	pH调节剂	适量	适量	适量
烷基酚聚氧乙烯醚	15	20	18	水溶性香精	1	2	1.5
脂肪醇聚氧乙烯醚	3	6	5	H_2O	69	53	60.5
烷基醇酰胺	2	4	3				

制备方法 往反应釜中依次加入聚氧乙烯月桂醇醚硫酸钠、烷基酚聚氧乙烯醚和脂肪醇聚氧乙烯醚，随后加入热水，搅拌、溶解，将温度降至室温，待泡沫消失后，加入烷基醇酰胺，搅拌均匀，再加入 pH 调节剂，调节溶液 pH 为 5.5～7.5，最后加入水溶性香精，搅拌均匀，静置一段时间，取样检测，检测合格，即可成品灌装。

产品特性 用本品洗涤的羊毛衫具有洁净、蓬松、光泽良好、不收缩、手感柔软等效果，且羊毛纤维不受损伤。

配方17 羊毛衫专用洗涤剂

原料配比

原料	配比（质量份）			原料	配比（质量份）		
	1#	2#	3#		1#	2#	3#
十二烷基二甲基苄基氯化铵	3	4	4	硫酸铜	0.6	0.5	0.6
氧化叔胺	3.5	3	3.5	柠檬酸	8	12	10
二十烷基甜菜碱	6	5.5	6	香精	0.5	0.3	0.4
壬基酚聚氧乙烯醚	7	9	8.5	去离子水	加至100	加至100	加至100
平平加	1.4	1.2	1.3				

制备方法 将原料依次加入反应容器中搅拌均匀即可。

产品特性 用本品清洗羊毛衫，可防止羊毛衫褪色，且使得清洗后的羊毛衫蓬松柔软，色泽鲜艳，对人体无害。

配方18 羊毛衣物清洗剂

原料配比

原料	配比（质量份）			原料	配比（质量份）		
	1#	2#	3#		1#	2#	3#
二氯乙酸	22	20	25	污渍悬浮剂	0.3	0.2	0.5
椰油基三甲基氯化铵	1.5	1	2	无患子皂苷	4	2	5
硼砂	6	5	8	甘油	22	20	25
N-甲基-2-吡咯烷酮	4	3	5	过硫酸氢钾复合粉	7	5	8
表面活性剂聚氧乙烯蓖麻油	1.8	1.3	2.5	丙三醇	7	5	8

制备方法 将各组分原料混合均匀即可。

产品特性 本品洗涤效果好、易降解，而且成本低廉、使用安全。用本羊毛洗涤剂洗出的羊毛衣物洁白、松散、不粘毛、手感好、损伤小。

配方19 羊毛衣物用柔顺洗涤剂

原料配比

原料	配比（质量份）			原料	配比（质量份）		
	1#	2#	3#		1#	2#	3#
双烷基二甲基氯化铵	8	12	14	2-羟乙基甲基硫酸铵	1	2.5	3.2
肉豆蔻	15	19	22	硬脂醇聚氧乙烯醚	0.8	1	1.3
丙烯酸甲酯	3	5	6.5	水溶性羊毛脂	2.3	4	4.5

原料	配比(质量份)			原料	配比(质量份)		
	1#	2#	3#		1#	2#	3#
樟脑	0.1	0.2	0.3	香料	0.3	0.6	0.8
海藻酸钠	0.4	0.5	0.65	水	55	80	90
吡唑啉型荧光增白剂	0.05	0.09	0.12				

制备方法

（1）将双烷基二甲基氯化铵溶于50～70℃水中，然后加入肉豆蔻混合均匀，得到混合液；

（2）将丙烯酸甲酯、2-羟乙基甲基硫酸铵、硬脂醇聚氧乙烯醚和水溶性羊毛脂加入（1）的混合液中，混合均匀；

（3）继续加入樟脑、海藻酸钠、吡唑啉型荧光增白剂和香料，混合30～40min，即得到羊毛衣物用柔顺洗涤剂。

产品特性　本品同时具备了柔顺和洗涤的作用，在洗涤的过程中就能使羊毛衣物具有柔软的效果，并且去污效果好，省时省力。

配方20　液体杀菌洗涤剂

原料配比

原料	配比(质量份)			原料	配比(质量份)		
	1#	2#	3#		1#	2#	3#
水	50	52	55	硬脂酸二甲基辛基溴化铵	4	6	8
活性甘宝素	3	4	5	三聚磷酸钠	8	10	12
脂肪醇硫酸钠	3	6	8	香精	0.1	0.15	0.2
茶籽粉	10	13	15	色素	0.05	0.08	0.1
烷基酚聚氧乙烯醚	5	8	10				

制备方法　在带有搅拌器的容器中加入水、活性甘宝素，使活性甘宝素全部溶解后再加入脂肪醇硫酸钠、茶籽粉、烷基酚聚氧乙烯醚、硬脂酸二甲基辛基溴化铵、三聚磷酸钠，充分搅拌使其混合均匀，将混合液静置10min后进行过滤，在滤液中加入香精、色素，混匀后即制得所述液体杀菌洗涤剂。

产品特性　本品配方科学合理、去污力强，通过在洗涤剂中加入消毒杀菌剂，使洗涤剂具有消毒杀菌功效，同时对皮肤和衣物等不会造成损害。

配方21　液体洗涤剂

原料配比

原料	配比(质量份)	原料	配比(质量份)
次氯酸钠	3	茶籽粉	0.2
醇醚硫酸钠	3	十二烷基苯磺酸钠	3
磷酸钠	1	香精	0.1
甘宝素	1	去离子水	45
脂肪酸二乙醇酰胺	1		

制备方法 将各组分混合均匀即可。

产品应用 本品是一种衣用洗涤剂。

产品特性 本品具有制作工艺简单、成本低廉、易溶解、去污能力强等特点，并且可在低温或常温条件下使用，极其方便。

配方22 易溶解液体洗涤剂

原料配比

原料	配比(质量份)	原料	配比(质量份)
次氯酸钠	3~5	氯化钙	0.2~0.5
醇醚硫酸钠	3~5	纤维素酶	3~5
磷酸钠	1~2	香精	0.1~0.2
脂肪酸二乙醇酰胺	1~8	去离子水	45~50
三聚磷酸钠	2~3		

制备方法 将各组分混合均匀即可。

产品应用 本品是一种衣用洗涤剂。

产品特性 本品具有制作工艺简单、成本低廉、易溶解、去污能力强等特点，并且可在低温或常温条件下使用，极其方便。

配方23 去污力强的液体洗涤剂

原料配比

原料	配比(质量份)			原料	配比(质量份)		
	1#	2#	3#		1#	2#	3#
脂肪醇聚氧乙烯醚硫酸盐	3	5	4	氯化钙	0.2	0.5	0.25
醇醚硫酸钠	3	5	4	纤维素酶	3	5	4
柠檬酸钠	1	3	2	香精	0.1	0.2	0.15
碳酸钠	1	2	1.5	去离子水	45	50	47
脂肪酸二乙醇酰胺	1	8	5				

制备方法 将各组分混合均匀即可。

产品应用 本品是一种衣用洗涤剂。

产品特性 本品具有制作工艺简单、成本低廉、易溶解、去污能力强等特点，并且可在低温或常温条件下使用，极其方便。

配方24 防褪色液体洗涤剂

原料配比

原料	配比(质量份)		原料	配比(质量份)	
	1#	2#		1#	2#
甘油①	15	25	聚苯乙烯	1	3
磺酸盐型阴离子表面活性剂	20	35	去离子水	25	25
异构十醇聚氧乙烯醚	3	8	十二烷基苯磺酸钠	9	12

続表

原料	配比（质量份）		原料	配比（质量份）	
	1#	2#		1#	2#
丙烯酸乙酯	35	40	甘油②	15	25
环氧乙烷	3	8	乙醇	25	40

制备方法

（1）将下列质量份的物质在常温下加入反应釜中：甘油①和磺酸盐型阴离子表面活性剂，加入后进行搅拌，搅拌温度为25~35℃，搅拌速度35r/min，搅拌后静置，静置时间大于50min；

（2）将下列质量份的物质加入静置后的组合物中：异构十醇聚氧乙烯醚、聚苯乙烯和去离子水，加入过程中进行搅拌，搅拌温度高于35℃，加注速度为15~20mL/min；

（3）将上述混合物静置，静置时间大于3h；

（4）静置后的组合物通过粗网筛进行过滤；

（5）在过滤后的组合物中加入下列质量份的物质：十二烷基苯磺酸钠、丙烯酸乙酯，加注过程中进行搅拌；

（6）在上述组合物中加入环氧乙烷、甘油②和乙醇，加入过程中进行搅拌；

（7）将上述组合物静置、过滤后，加热至35℃，继续静置大于5h。

产品应用 本品主要应用于衣物洗涤。

产品特性 本品能减少衣物反复洗涤后出现发黄、褪色、板结现象，可有效去除各种真菌，以及血渍、汗渍、奶渍、内分泌物等，并可清除异味；性质温和，保护衣物，不损伤手部肌肤；保护衣物纤维，洗后内衣柔软、色泽艳丽；泡沫适中，易于冲洗，省时省力。

配方25 低泡液体洗涤剂

原料配比

原料	配比（质量份）			原料	配比（质量份）		
	1#	2#	3#		1#	2#	3#
磺酸盐型阴离子表面活性剂	29	20	35	丙烯酸乙酯	37	35	40
异构十醇聚氧乙烯醚	5	3	8	环氧乙烷	5	3	8
聚苯乙烯	2.5	1	3	甘油	22	15	25
十二烷基苯磺酸钠	11	9	12	乙醇	38	25	40

制备方法 将各组分混合均匀即可。

产品应用 本品主要用于一般家庭及消防服的洗涤。

产品特性 本品具有较强的去污、乳化、脱脂、低泡性能，同时具有良好的节水功能，适用于一般家庭及消防服的洗涤；清洁、节水一次完成，且无毒、无刺激，节约成本；增强了污垢的分散和悬浮能力，能将物品表面上脱落下来的液体油污乳化成小油滴而分散悬浮于水中；非离子表面活性剂与两性表面活性剂协同作用，增加其在水中的稳定性，阻止污垢再沉积于衣物表面。

配方26　液体衣用洗涤剂

原料配比

原料	配比(质量份)	原料	配比(质量份)
脂肪酸甲酯磺酸盐(MES)	2	6501	1.9
LAS	9	电解质 NaCl	1.6
AES	2	防腐剂、香精	适量
黏度调理剂 SGJ-808	0.06~0.14	水	加至100

制备方法

（1）先把 LAS 在水中用碱中和至 pH 值7~9；

（2）加入 MES，并加热至 30~60℃，搅拌溶解；

（3）加入 AES，继续搅拌溶解；

（4）加入 6501 混合均匀；

（5）用酸或碱调节 pH 值至7~8；

（6）加入余量的水，温度为 15~30℃，加入 NaCl 并用黏度调理剂调节适宜黏度；

（7）加入防腐剂、香精，搅拌均匀。

产品特性　本品黏度几乎不受温度的影响，具有冲洗时间短，洗后肤感清爽、柔软、干后紧绷度低等明显的优点。

配方27　衣服洗涤剂

原料配比

原料	配比(质量份)			原料	配比(质量份)		
	1#	2#	3#		1#	2#	3#
乙二醇	5	10	7	草酸	0.5	1	0.7
碳酸氢钠	5	7	6	香精	0.1	0.3	0.2
肉桂油	3	5	4	去离子水	80	90	85
对甲苯酚	1	2	1.5				

制备方法　将各组分混合均匀即可。

产品特性　本品配方合理，生产成本低，无刺激性，无毒性，且去污效果好。

配方28　去除污垢衣服洗涤剂

原料配比

原料	配比(质量份)		原料	配比(质量份)	
	1#	2#		1#	2#
二烷基芳基磺酸	65	75	烷基磷酸酯	5	8
三氯三氟乙烷	25	35	三聚磷酸钠	4	8
四氯乙烯	35	60	去离子水	80	100
丙烯酸	15	20			

制备方法　将各组分混合均匀即可。

产品特性　本品可以有效洗除油溶性污垢和水溶性污垢。

配方29　日用服装洗涤剂

原料配比

原料	配比(质量份)				
	1#	2#	3#	4#	5#
脂肪醇聚氧乙烯醚	8	9	10	11	12
脂肪醇硫酸酯单乙醇胺盐	6	7	8	9	10
单硬脂酸甘油酯	4	5	6	7	8
三羟乙基甲基季铵甲基硫酸盐	4	5	6	7	8
烷基芳基磺酸钠	2	3	4	5	6
羧甲基纤维素钠	2	3	4	5	6
乙二醇	1	2	3	4	5
肉桂油	1	1.5	2	2.5	3
茶籽粉	—	—	5	8	10
海藻多糖	—	—	—	5	—
壳聚糖-石墨烯复合材料	—	—	—	—	0.5
去离子水	80	90	100	110	120

制备方法　将原料混合后，搅拌均匀，即可得到本品。

产品应用　本品适用于棉绒、纤维、丝绸等衣服的清洗。

产品特性

（1）本品配方合理，去污效果好，去污力强，泡沫少，不伤衣物，生产成本低，无刺激性、无毒性、不伤皮肤，对人体、环境无害，符合环保要求。

（2）用本品清洗衣服后，可避免衣服出现发黄、褪色和板结现象，能有效去除各种真菌，以及血渍、汗渍、奶渍和油渍等污渍，并可清除异味；性质温和，保护衣物，不伤手；泡沫适中，易于冲洗，省时省力。

配方30　衣领洗涤剂

原料配比

原料	配比(质量份)			原料	配比(质量份)		
	1#	2#	3#		1#	2#	3#
千屈菜	2	4	3	氯化钠	2	2	3
费菜	2	4	3	偏硅酸钠	10	10	9
脂肪醇聚氧乙烯醚硫酸盐(AES)	9	12	10	次氯酸钠	1	1	1.5
十二烷基苯磺酸钠(LAS)	3	2	2	椰油酸二乙醇酰胺	2	2	1
脂肪醇聚氧乙烯醚(AEO)	2	3	3	香精	0.1	0.1	0.1
羧甲基纤维素钠	1	0.5	1	水	适量	适量	适量
乙醇	7	8	8				

制备方法　取千屈菜、费菜，加水煎煮两次，第一次加水量为药材质量的8～12倍，煎煮1～2h；第二次加水量为药材质量的6～10倍，煎煮1～2h。合并煎液，浓缩至千屈菜、费菜总质量的10倍，加入脂肪醇聚氧乙烯醚硫酸盐（AES）、十二烷基苯磺酸钠（LAS）、脂肪醇聚氧乙烯醚（AEO）、羧甲基纤维素钠、乙醇、氯化钠、偏硅酸钠、次氯酸钠、椰油酸二乙醇酰胺、香精，于70～80℃融溶，即得。

产品特性　本品中千屈菜和费菜清热解毒，两者配伍，起泡和抗菌效果良好。

配方31　衣物漂白洗涤剂

原料配比

原料	配比(质量份)			原料	配比(质量份)		
	1#	2#	3#		1#	2#	3#
烷基苯磺酸钠	9	11	10	DSBP增白剂	2.2	2.2	2.1
过氧化氢	11	13	12	三乙醇胺	2.6	2.6	2.5
三聚磷酸钠	6	4.5	5.3	柠檬酸钠	1.8	2	1.9
香精	0.1	0.08	0.09	BBS光漂白剂	1.8	1.8	1.9
脂肪醇聚氧乙烯醚硫酸钠	1.4	1.4	1.5	去离子水	加至100	加至100	加至100

制备方法　将各组分混合均匀即可。

产品特性　使用本洗涤剂清洗衣物时，同时具有去污和漂白功能，能使白色织物保持原有的白度，使彩色的织物增白增艳，还有较强抑菌、去污能力，而且制备工艺简单，成本低廉，清洗衣物后还留有芳香。

配方32　衣物清洗剂

原料配比

原料	配比(质量份)			原料	配比(质量份)		
	1#	2#	3#		1#	2#	3#
邻苯二甲醛	22	20	25	二羧乙基椰油基磷酸乙基咪唑啉钠	6	5	8
甲基氯异噻唑啉酮	0.7	0.5	0.8	聚丙烯酸钠	6	5	8

原料	配比(质量份)			原料	配比(质量份)		
	1#	2#	3#		1#	2#	3#
水软化剂	0.2	0.1	0.3	乙醇	22	15	25
直链烷基苯磺酸盐	5	2	8	稳定剂2,6-二叔丁基对甲酚	2	1.6	3
异构十三醇聚氧乙烯醚	22	15	25	水	4	3	5

制备方法 将各组分原料混合均匀即可。

产品特性 本品具有较强的去污性能，易降解，对皮肤无刺激性。本品富含天然原料活性成分，洁净效果好，可减少有害化学品在环境中的积累和危害，利于保护环境。

配方33 洁净效果好的衣物洗涤剂

原料配比

原料	配比(质量份)				
	1#	2#	3#	4#	5#
无水氯化钙	0.01	0.02	0.01	0.01	0.01
月桂醇聚醚硫酸酯钠	8	4	6	5	6
月桂醇聚醚-9	3	4	5	5	4
月桂醇聚醚-7	3	5	4	4	4
月桂醇聚醚-3	1	2	1	3	2
Prifer 6813	1.2	0.5	0.8	0.7	1
辛基葡糖苷	2	3	1	3	2
硼砂	2	1	1	2	2
$C_{14\sim17}$仲烷基磺酸钠	2	4	3	2	3
二羧乙基椰油基磷酸乙基咪唑啉钠	1	2	1	2	1
甲醇	0.7	0.5	0.5	1	0.5
碱性蛋白酶	0.4	0.5	0.3	0.3	0.5
甲基氯异噻唑啉酮	0.02	0.01	0.01	0.02	0.03
甲基异噻唑啉酮	0.01	0.02	0.03	0.02	0.02
淀粉酶	0.4	0.3	0.2	0.5	0.3
香精	0.1	0.2	0.2	0.1	0.1
柠檬酸	适量	适量	适量	适量	适量
去离子水	75.16	72.95	75.95	71.65	73.55

制备方法

（1）常温条件下，将所述月桂醇聚醚-7、月桂醇聚醚-9、Prifer 6813、月桂醇聚醚-3和月桂醇聚醚硫酸酯钠加入第一个冷热缸中，加入少量去离子水，混合，获得基础料；

（2）常温条件下，将剩余去离子水倒入第二个冷热缸中，投入所述无水氯化钙，搅拌溶解；

3

(3) 常温条件下将所述基础料投放到第二个冷热缸中，充分搅拌待物料全部溶解后升温至 85～90℃灭菌 10～15min；

(4) 降温至 58～62℃，加入所述 $C_{14～17}$ 仲烷基磺酸钠，搅拌溶解；

(5) 降温至 48～52℃，加入所述辛基葡糖苷，保温搅拌溶解，加入柠檬酸调节 pH＝6～8；

(6) 降温至 43～47℃，加入所述二羧乙基椰油基磷酸乙基咪唑啉钠、甲醇和硼砂，搅拌均匀；

(7) 降温至 36～40℃，加入所述碱性蛋白酶、淀粉酶、甲基氯异噻唑啉酮、甲基异噻唑啉酮和香精，搅拌均匀，即得衣物洗涤剂。

原料介绍　所述香精为玫瑰香型香精或薰衣草香型香精。

产品特性　本品富含天然原料活性成分，洁净效果好，对皮肤刺激小，可减少有害化学品在环境中的积累和危害，利于保护环境。

配方34　环保衣物洗涤剂

原料配比

原料	配比(质量份)		原料	配比(质量份)	
	1#	2#		1#	2#
羧酸盐衍生物	15	45	丙烯酸 $C_{1～4}$ 烷基酯	30	35
脂肪酸二乙醇酰胺	2	8	甘油	15	25
柠檬酸钠	1	1.5	乙醇	30	35
脂肪醇聚氧乙烯醚	13	16			

制备方法

(1) 将下列原料进行混合：羧酸盐衍生物、脂肪酸二乙醇酰胺，混合温度为 35～40℃，混合方式为搅拌混合，搅拌速度为 60～70r/min，搅拌后进行冷却，冷却至 10～15℃；

(2) 将下列质量份的物质加入上述冷却的混合液中：柠檬酸钠、脂肪醇聚氧乙烯醚，继续搅拌，搅拌时间为 20～25min；

(3) 将上述溶液升温至 35～45℃，继续加入丙烯酸 $C_{1～4}$ 烷基酯搅拌，搅拌温度为 20～25℃，搅拌时间 15～20min；

(4) 将上述试剂冷却至 0～5℃，静置 30min，静置过程中保持温度波动在 1℃，静置后搅拌，搅拌时间 15min；

(5) 将甘油和乙醇加入上述溶液中，在 35～40℃下进行搅拌；

(6) 静置 35min，过滤；

(7) 滤液加热至 35～45℃，搅拌后静置。

产品特性　本品洁净效果好，对皮肤刺激小，可减少有害化学品在环境中的积累和危害，利于保护环境。

配方35　避免发黄、褪色的衣物洗涤剂

原料配比

原料	配比（质量份）			原料	配比（质量份）		
	1#	2#	3#		1#	2#	3#
十二烷基苯磺酸钠	18	15	25	单硬脂酸甘油酯	11	10	12
脂肪酸烷醇酰胺	11	10	12	甘油	25	15	30
三羟乙基甲基季铵四基硫酸盐	20	10	25	去离子水	25	1	30
蓖麻油	2	1	3				

制备方法　将各组分混合均匀即可。

产品特性　用本品清洗衣服可避免衣服领口及袖口处出现发黄、褪色、板结现象，可有效去除各种真菌，以及血渍、汗渍、奶渍、内分泌物等，并可清除异味；性质温和，保护衣物，不损伤手部肌肤；保护衣物纤维，洗后内衣柔软；泡沫适中，易于冲洗，省时省力；绿色环保配方，不含铝、荧光增白剂等对环境和生态有害的成分。

配方36　不伤衣物的洗涤剂

原料配比

原料	配比（质量份）			原料	配比（质量份）		
	1#	2#	3#		1#	2#	3#
乙二胺四乙酸二钠	0.6	0.7	0.6	氯化钠	7	6	7
碱性蛋白酶	0.7	0.6	0.6	烷基醇酰胺	6	6	7
脂肪醇硫酸钠	18	16	20	去离子水	加至100	加至100	加至100
香精	0.4	0.3	0.4				

制备方法　将原料依次加入反应容器中搅拌均匀即可。

产品应用　本品适合清洗棉绒、毛纤、丝绸等衣物。

产品特性　本品去污力强，泡沫少，不伤衣物，对人体、环境无害，符合环保要求。

配方37　低成本衣物洗涤剂

原料配比

原料	配比（质量份）	原料	配比（质量份）
甲酸钠	15	乙醇	3
山梨酸	5	香精	5
竹醋液	15	去离子水	加至100
皂液	15		

制备方法　将各成分按照质量份放入混合容器内，搅拌均匀即可。

产品特性　本品配方合理、成本低廉，去污强、不伤皮肤，且生产工艺简单，

不但适合洗涤贴身衣物，而且适用于其他外套等衣物。

配方38 无残留衣物洗涤剂

原料配比

原料	配比（质量份）			原料	配比（质量份）		
	1#	2#	3#		1#	2#	3#
乙二酸四乙酸二钠	15	20	25	木醋液	10	15	20
脂肪醇硫酸钠	10	11.5	15	乙醇	2	2	3
单硬脂醇甘油酯	12	12	14	甘油	8	8	12
柠檬酸	15	12.5	20	去离子水	34	35	40

制备方法 将上述原料送入搅拌容器中，搅拌均匀即可。

产品特性 本品同时具备清洁、杀菌作用，无残留，可用于贴身衣物的清洗。

配方39 衣物消毒杀菌洗涤剂

原料配比

原料	配比（质量份）				原料	配比（质量份）			
	1#	2#	3#	4#		1#	2#	3#	4#
硅酸钠	7	20	10	13	过碳酸钠	5	15	8	10.5
脂肪酸甲酯磺酸	3	10	5	6.5	松油醇	15	25	18	20
烷基醇酰胺	2	8	3	4.5	异丙醇	0.7	1.4	0.9	1
羟丙基甲基纤维素	1	2.5	1.5	1.7	硫酸钠	1	3	1.5	1.9
聚六亚甲基胍	0.5	1.8	1	1.3	去离子水	50	70	55	60
柠檬酸	1.5	3	2	2.3					

制备方法

（1）先将硅酸钠、羟丙基甲基纤维素、过碳酸钠和硫酸钠搅拌混合均匀；

（2）将聚六亚甲基胍溶于70～80℃的去离子水中，再与脂肪酸甲酯磺酸、烷基醇酰胺混合均匀；

（3）将前两步中得到的物质混合均匀，再加入柠檬酸、松油醇和异丙醇，搅拌均匀，即得成品。

产品特性 本品在清洁衣物的同时能够杀灭衣物上的细菌，去污力强，杀菌效果好、时间长，不伤害皮肤，手感温和。

配方40 衣物用粉状洗涤剂

原料配比

原料	配比（质量份）			原料	配比（质量份）		
	1#	2#	3#		1#	2#	3#
基础粉	8	15	10	皂粉	9	18	17
硫酸钠	5	14	11	荧光增白剂	7	15	14
十二烷基苯磺酸钠	6	8	7	沸石	11	13	12
OP乳化剂	9	15	14	椰油酰单乙醇胺	12	18	17

制备方法 将各组分混合均匀即可。

产品应用 本品主要应用于去除丝绸、麻等柔软、轻薄以及其他高档面料服装上的污渍。

产品特性 本品使用方便，清洗衣物效果优异，且有芳香气息。

配方41　易于冲洗的清洗剂

原料配比

原料	配比（质量份）			原料	配比（质量份）		
	1#	2#	3#		1#	2#	3#
三氯羟苯醚	12	10	15	双氰胺甲醛	22	20	25
直链烷基苯磺酸钠	18	16	20	冰醋酸	4	2	5
十二烷基二甲基乙苯氧乙基溴化铵	18	15	20	橄榄油脂肪酸	25	15	30
椰油酸烷醇酰胺	10	8	16				

制备方法 将各组分原料混合均匀即可。

产品特性 本品节水、高效、易漂洗和无残留，而且成本低廉、使用安全。用本品清洗衣服可避免衣服领口及袖口处出现发黄、褪色、板结现象，可有效去除各种真菌，以及血渍、汗渍、奶渍、内分泌物等，并可清除异味；性质温和，保护衣物，不损伤手部肌肤；保护衣物纤维，洗后内衣柔软；泡沫适中，易于冲洗，省时省力；绿色环保配方，不含铝、荧光增白剂等对环境和生态有害的成分。

配方42　用于清洗内衣的洗涤剂

原料配比

原料	配比（质量份）				
	1#	2#	3#	4#	5#
无水氯化钙	0.01	0.02	0.01	0.01	0.01
月桂醇聚醚硫酸酯钠	15	16	14	15	14
月桂醇聚醚-9	5	4	5	6	4
月桂醇聚醚-7	2	3	3	1	3
$C_{14\sim17}$仲烷基磺酸钠	2	2	1	3	2
氯化钠	2.3	3.3	2.3	1.9	2.5
$C_{9\sim11}$链烷醇聚醚-3	0.5	0.25	0.5	0.75	0.5
椰油基三甲基氯化钠	0.5	0.75	0.5	0.25	0.5
硼砂	2	1	1	2	2
香精	0.1	0.2	0.2	0.1	0.1
三氯生	0.1	0.2	0.1	0.2	0.1
碱性蛋白酶	0.3	0.2	0.3	0.3	0.4
甲基氯异噻唑啉酮	0.02	0.01	0.01	0.02	0.02
甲基异噻唑啉酮	0.01	0.02	0.03	0.02	0.02
色素	0.000007	0.000006	0.000008	0.000006	0.000007
去离子水	69.36	68.25	71.35	68.75	69.95

制备方法

（1）按配方准确称量去离子水放入配料锅中，搅拌升温至78～82℃灭菌10～15min；

（2）将三氯生加入 $C_{9\sim11}$ 链烷醇聚醚-3、椰油基三甲基氯化钠中，溶解后密封备用；

（3）将步骤（1）获得的灭菌水升温至 85～90℃投放月桂醇聚醚硫酸酯钠，保温，充分搅拌使物料全部溶解；

（4）降温至 68～72℃时加入月桂醇聚醚-9、月桂醇聚醚-7，保温搅拌溶解后，加入硼砂、无水氯化钙，保温搅拌溶解；

（5）降温至 58～62℃时加入 $C_{14\sim17}$ 仲烷基磺酸钠，搅拌溶解；

（6）降温至 49～52℃时加入所述步骤（2）获得的混合液，保温搅拌溶解；

（7）降温至 46～48℃时，加入氯化钠，用柠檬酸调节 pH＝6～8，搅拌均匀；

（8）降温至 40～45℃时，加入碱性蛋白酶、甲基氯异噻唑啉酮、甲基异噻唑啉酮、香精、色素，搅拌均匀后，降温至 36～38℃，出料至消毒后的容器内储存，即得用于清洗内衣的洗涤剂。

原料介绍　所述香精为兰花香型香精或洋甘菊香型香精。

产品特性　用本品清洗衣服可避免衣服领口及袖口处出现发黄、褪色、板结现象，可有效去除各种真菌，以及血渍、汗渍、奶渍、内分泌物等，并可清除异味；性质温和，保护衣物，不损伤手部肌肤；保护衣物纤维，洗后内衣柔软、色泽艳丽；泡沫适中，易于冲洗，省时省力；绿色环保配方，采用多元表面活性成分复配，独特添加生物分解酶，表面活性剂可生物降解，不仅不含磷酸盐，而且不含铝、荧光增白剂等对环境和生态有害的成分。

配方43　油漆污物去除抗菌洗涤剂

原料配比

原料	配比（质量份）			原料	配比（质量份）		
	1#	2#	3#		1#	2#	3#
氢氧化钾溶液	50	30	40	甘油	5	3	4
乙醇	8	3	5	氧化锌	2	1	1.5
葡糖酸溶液	10	8	9	香精	1	0.5	0.8
钠盐	5	4	4.5	水	30	20	25

制备方法　将各组分混合均匀即可。

产品特性　本品配方合理，刺激性小，不伤害衣物。

配方44　油污洗涤剂

原料配比

原料	配比（质量份）				
	1#	2#	3#	4#	5#
丙烯酸	8	9	10	11	12
烷基磷酸酯	6	7	8	9	10
烷基芳基磺酸钠	6	7	8	9	10
三羟乙基甲基季铵甲基硫酸盐	4	5	6	7	8

原料	配比（质量份）				
	1#	2#	3#	4#	5#
十二烷基硫酸钠	4	5	6	7	8
芝麻油	2	3	4	5	6
茶树油	1	2	3	4	5
壳聚糖-石墨烯复合材料	—	—	0.4	—	0.5
茶籽粉	—	—	—	8	6
去离子水	80	90	100	110	120

制备方法　将上述原料各组分混合搅拌均匀即可。

产品应用　本品可用于棉绒、纤维、丝绸等衣服的清洗。

产品特性

（1）本品配方合理，能有效清除衣服上的食用油、机油或其他油污，去油污效果好，且去污能力强，生产成本低，无刺激性、无毒性，对人体、环境无害，符合环保要求。

（2）用本品清洗衣服可避免衣服出现发黄、褪色和板结现象，能有效去除各种真菌，以及油渍、血渍、汗渍和奶渍等污渍，并可清除异味；性质温和，保护衣物，不伤手；泡沫适中，易于冲洗，省时省力。

配方45　羽绒服清洗剂

原料配比

原料	配比（质量份）			原料	配比（质量份）		
	1#	2#	3#		1#	2#	3#
Eclean 清洁因子	1.0～3.0	1.5～3.0	1.0～2.0	葡萄糖酸钠	4.0～8.0	4.0～6.0	4.0～6.0
烷基糖苷	6.0～12.0	6.0～10.0	8.0～12.0	硼酸	2.0～4.0	2.0～4.0	3.0～4.0
椰油醇聚氧乙烯醚硫酸钠	4.0～8.0	6.0～8.0	4.0～6.0	丙三醇	1.0～3.0	1.0～3.0	1.0～3.0
				去离子水	加至100	加至100	加至100

制备方法

（1）将椰油醇聚氧乙烯醚硫酸钠按比例缓慢倒入去离子水中进行稀释并缓慢加热至45℃；

（2）一边搅拌一边将烷基糖苷和葡萄糖酸钠缓慢加入上述稀释液中，搅拌均匀；

（3）将硼酸、丙三醇、Eclean 清洁因子按比例加入（2）的溶液中，加去离子水至100；

（4）搅拌乳化20min，泵入储存罐；

（5）检验合格后，进行分装。

产品应用　本品主要用于各类羽绒衣物、羽绒被、羽绒睡袋及其他可水洗的羽绒制品的机洗和手洗。

产品特性

(1) 本品含有特殊生物清洁因子 Eclean，与其他成分复配，具有迅速分解羽绒服上的污渍，杀灭 95% 以上有害细菌，有效抑制衣服表面静电，长效保护羽绒的天然脂膜和蛋白质等功效。本品溶解不受水温影响，抗硬水，易漂洗，性能温和，不伤手，羽绒制品洗后蓬松柔软，不褪色。

(2) 本品中 Eclean 清洁因子能释放出特殊的生物能量，从而与污渍发生和谐共振，靶向性强，能有效分解污垢，去除羽绒服上的污渍；Eclean 清洁因子还能吸附呈负电性的细菌和病毒，从而抑制和干预细菌、病毒的酶系统和分裂功能，使细菌和病毒的繁殖功能丧失，具有消毒杀菌的功效。烷基糖苷是一种由脂肪醇和葡萄糖等可再生性植物为原料合成的非离子型表面活性剂，具有较强的广谱抗菌活性，表面张力低，去污力适中，配伍性好，可与任何类型表面活性剂复配，协同效应明显，尤其可以大大降低配方体系的刺激性，生物降解完全，泡沫丰富、细腻，对人体温和、无毒、无刺激，为绿色表面活性剂。椰油醇聚氧乙烯醚硫酸钠具有优良的去污、乳化、润湿、增溶和发泡性能，溶解性好，增稠效果好，配伍性广，抗硬水性强，生物降解度高，能有效去除羽绒服袖口、领口等的油性污渍。葡萄糖酸钠为白色结晶颗粒或粉末，极易溶于水，对钙、镁、铁盐具有很强的络合能力，特别是对 Fe^{3+} 有极好的螯合作用，去离子水质，提高表面活性剂的功效。硼酸为白色粉末状结晶或三斜轴面鳞片状光泽结晶，有滑腻手感，无臭味，可溶于水、酒精、甘油、醚类及香精油中，水溶液呈弱酸性，用作 pH 调节剂、消毒剂、抑菌防腐剂。丙三醇为无色黏稠液体，无气味，有暖甜味，能吸潮，能够使羽绒保持柔软，富有弹性，不受尘埃、气候等损害而干燥，起到高效护绒的作用。

配方46　羽绒服洗涤剂

原料配比

原料	配比（质量份）		原料	配比（质量份）	
	1#	2#		1#	2#
六偏磷酸钠	6	10	硫酸钾	2	4
二甲苯磺酸钠	3	7	硫酸钠	4	8
香精	2	4	脂肪醇聚氧乙烯醚硫酸钠	3	6
十二烷基苯磺酸钠	6	10	椰油酸二乙醇酰胺	7	11
乙醇	3	6	过氧化物酶	2	6
$C_{14\sim15}$ 烷基磺酸钠	5	9	聚乙二醇二硬脂酸酯	5	10

制备方法　将各组分混合均匀即可。

产品特性　本品使用方便，可以擦拭洗涤，同时不会影响羽绒的保温效果，可以长期使用。

配方47 羽绒服专用洗涤剂

原料配比

原料	配比(质量份)		原料	配比(质量份)	
	1#	2#		1#	2#
羧甲基纤维素	5	10	羧甲基纤维素钠	4	9
聚乙二醇二硬脂酸酯	6	10	七水亚硫酸钠	3	7
脂肪醇聚氧乙烯醚	4	11	椰油粉	1	5
十二烷基苯磺酸钠	5	9	聚丙烯酸钠	3	5
乙二胺四乙酸	3	6	碳酸钠	2	5
川楝皮	3	8	甘油	1	4
柠檬酸钠	7	9	丙二醇	4	7

制备方法 将各组分混合均匀即可。

产品特性 本品能够清洗羽绒服表面的各种污渍,同时不影响羽绒服的保温性,并且使用方便,易清洗。

配方48 长效抗静电洗涤剂

原料配比

原料	配比(质量份)	原料	配比(质量份)
80%磺酸	4~9	烷基多糖苷	6~10
CBS-X	2~8	硫代硫酸钠	4~11
EDTA	5~9	水性聚氨酯	5~10
脂肪酸二乙醇酰胺	6~10	甘油	7~9
异丙醇	5~9	丙二醇正丙醚	6~10
黄芩苷提取物	8~12	乙醇	2~6
葡萄糖酸钠	3~9	水	40
四乙酰乙二胺	5~10		

制备方法 将各组分混合均匀即可。

产品特性 本品具有很好的清洗效果,能够清除大部分污垢,同时具有很好的防静电作用,不易吸尘。

配方49 植物环保洗涤剂

原料配比

原料	配比(质量份)	原料	配比(质量份)
甲酸钠	15~30	乙醇	1~3
山梨酸	5~10	香精	2~10
竹醋液	10~20	去离子水	加至100
皂液	10~20		

制备方法 将各成分放入混合容器内,搅拌均匀即可。

产品特性 本品在保证有效去污效果的前提下，不伤皮肤，不刺激皮肤，且生产工艺简单，不但适合洗涤贴身衣物，而且适用于其他外套等衣物。

配方50 植物型环保洗涤剂

原料配比

原料	配比(质量份)	原料	配比(质量份)
蔗糖脂肪酸酯	15~20	薄荷	3~5
四硼酸钠	5~8	香精	2~6
过氧化氢	10~20	去离子水	加至100
皂液	10~12		

制备方法 将各组分放入混合容器内，搅拌均匀即可。

产品特性 本品在保证有效去污效果的前提下，不伤皮肤，不刺激皮肤，且生产工艺简单，不但适合洗涤贴身衣物，而且适用于其他外套等衣物。

配方51 植物型内衣清洗剂

原料配比

原料	配比(质量份)			原料	配比(质量份)		
	1#	2#	3#		1#	2#	3#
烷基酚醚TX-10	1	2	1	橙油	1	2	1
碱性蛋白酶	1	2	3	去离子水	85	90	95
蟛蜞菊油	5	7	9				

制备方法 按质量份称取烷基酚醚TX-10、碱性蛋白酶、蟛蜞菊油、橙油，加入去离子水中，室温条件下，搅拌均匀，即可得产品。

原料介绍 所述蟛蜞菊油的制备方法如下：

(1) 按照液料比10mL：1g进行投料，加入水1000mL、蟛蜞菊100g。

(2) 打浆。

(3) 水蒸气蒸馏，蒸馏时间为2h。

(4) 蒸馏出来的液体用200mL丙酮分四次进行萃取。

(5) 干燥。采用的干燥剂为无水硫酸镁。

(6) 丙酮挥发后得到蟛蜞菊油。

产品应用 本品是一种既能够清洗干净内衣又具有除菌功效的植物型内衣清洗剂。

产品特性 从蟛蜞菊中提取出的蟛蜞菊油具有一定的杀菌作用，其对白喉杆菌、金黄色葡萄球菌、异性链球菌、枯草杆菌等都有很好的抑制作用。烷基酚醚TX-10具有良好的清洗力和乳化力，能够完全分解，对环境无不良影响。碱性蛋白酶具有很好的去污能力，特别是对血渍、油渍、奶渍等蛋白类污垢，具有独特的洗涤效果。

配方52　植物型衣物柔顺清洗剂

原料配比

原料	配比（质量份）			原料	配比（质量份）		
	1#	2#	3#		1#	2#	3#
聚氧乙醇	35	38	40	烷基磷酸酯	25	27	30
丙二醇	5	7	10	酯基季铵盐	8	9	10
辛基酚聚氧乙烯醚	3	4	5	芦荟提取物	5	4	10
1,3-二亚油酸甘油酯	5	7	10	咖啡酸	3	4	5
阴离子表面活性剂	3	4	5	棕榈酸	3	7	5
乙醇	3	4	5	水	加至100	加至100	加至100
α-桉叶醇	3	4	5				

制备方法

（1）将聚氧乙醇和烷基磷酸酯混合搅拌，加热35min，温度为92.5℃。

（2）向混合后的溶液中加入丙二醇、1,3-二亚油酸甘油酯、辛基酚聚氧乙烯醚、阴离子表面活性剂、咖啡酸、乙醇并于75℃加热。

（3）将反应液冷却至室温，加入酯基季铵盐、α-桉叶醇、棕榈酸、芦荟提取物、水，混合均匀即可。

原料介绍

所述的芦荟提取物的制备工艺如下：

（1）选取新鲜的芦荟叶片，去皮；

（2）采用冷冻稳定法将叶内的芦荟凝胶冷冻，提高其活性；

（3）将芦荟凝胶分离、萃取、提纯。

所述的阴离子表面活性剂为十二烷基苯磺酸钠。

产品特性　所述酯基季铵盐是一种新型柔顺剂，具有优异的柔软、抗静电性能，抗黄变，能够提高衣物的柔软平滑性、抗静电性、杀菌性能。所述的1,3-二亚油酸甘油酯从党参中提取，能提高酯基季铵盐的化学活性，使其发挥更好的效果。阴离子表面活性剂在水中的分散度较好，相对非离子表面活性剂来说，具有更好的活性，可使产品清洁效果更好。所述的芦荟提取物是一种从迷迭香植物中提取出来的天然抗氧化剂。迷迭香内含鼠尾草酸、芦荟酸、熊果酸等。芦荟能提高洗衣液的稳定性和延长储存期，具有高效、安全无毒、稳定、耐高温等特性，也具有抗炎、抗菌、抗氧化等功效，加入此物质的另外一个作用为：酯基季铵盐与所选的阴离子表面活性剂在一定条件下作用，加入芦荟提取物，使得酯基季铵盐外部形成一层致密的保护膜，不与阴离子表面活性剂产生任何化学作用。本品免去了在清洗剂中外加柔顺剂的麻烦。

4

织物洗涤剂

配方1　漂白洗涤剂

原料配比

原料	配比（质量份）			原料	配比（质量份）		
	1#	2#	3#		1#	2#	3#
十二烷基苯磺酸钠	1	95	50	荧光增白剂 VBL	20	10	10
化学漂白剂	98	80	10	光漂白剂 8348	10	10	10
漂白稳定剂	95	60	5	吸光剂 UV-531	10	10	10
稀土化合物 REC-1	80	50	30	染料	8	1	1

制备方法　将各组分在80℃下混合均匀即可。

原料介绍

所述稀土化合物为氯化稀土。稀土能使纺织纤维上的污垢等有色物质活化，降低漂白反应的活化能，使污垢与漂白剂的反应更容易进行，即稀土对纺织纤维的漂白反应具有活性催化作用，能使纺织纤维更为白净。

所述化学漂白剂为双氧水、氯水、过碳酸钠、过硼酸钠、次氯酸钠或次氯酸钙。

所述漂白稳定剂包括吸附型、络合型或螯合型和吸附及螯合混合型，其中，吸附型稳定剂包括硅酸钠，硅酸镁，脂肪酸镁盐表面活性剂稳定剂如稳定剂A、聚丙烯酰胺稳定剂，以及二价锡盐、磷酸盐与锡复配的胶体溶液等其他类稳定剂。络合型稳定剂包括磷酸盐类、氨羧酸型和多羟羧酸型等。吸附及螯合混合型稳定剂包括聚（多）羧酸型和非硅酸盐稳定剂等。本品所述漂白稳定剂优选为吸附型漂白稳定剂或络合型漂白稳定剂，更优选为硅酸钠，硅酸镁，脂肪酸镁盐表面活性剂稳定剂A或聚丙烯酰胺稳定剂，最优选为硅酸钠。

所述增白剂为增白剂 TA、增白剂 AD、荧光增白剂 VBL、荧光增白剂 CXT 或荧光增白剂 CBS。

所述光漂白剂为卟吩类光漂白剂或卟吩衍生物类光漂白剂。

所述吸光剂为吸光剂 UV-531、吸光剂 UV-770、吸光剂 UV-9、吸光剂 UV-320、吸光剂 UV-326、吸光剂 UV-327、吸光剂 UV-328、吸光剂 UV-329、吸光

UV-360、吸光剂 UV-2 或吸光剂 UV-P。

所述染料为直接湖蓝 5B、酸性墨水蓝、蓝墨水或蓝色食用色素。

产品特性 本品中化学漂白剂与污渍发生漂白反应，破坏污渍结构，使织物变白；稀土对织物漂白具有活性催化作用，能降低漂白反应的活化能，使污垢与漂白剂的反应更容易进行，从而使织物漂白更彻底、织物更白净；漂白稳定剂能防止漂白剂的有效氧损失过多，而增白剂、光漂白剂、吸光剂和染料能起到消除织物在久洗后泛出的黄光等作用。

配方2 强力去污洗涤剂

原料配比

原料	配比（质量份）			原料	配比（质量份）		
	1#	2#	3#		1#	2#	3#
邻磺酰苯酰亚胺烷基二甲基苄基铵盐	12	10	15	蛋白酶	1.5	1	2
				山梨酸盐	0.2	0.1	0.3
支链醇聚氧乙烯醚	12	10	15	聚山梨酯类	11	10	15
月桂醇聚醚硫酸酯钠	15	15	15	丁二酸酯磺酸钠	11	10	15
丙二醇嵌段聚醚	6	5	7	稳定剂	—	0.5	1.2

制备方法 将各组分混合均匀即可。

原料介绍 稳定剂为丁基羟基茴香醚。

产品特性 本品利用邻磺酰苯酰亚胺烷基二甲基苄基铵盐与蛋白酶的协同作用去污和清洗；去污力强，泡沫适中，可以满足手洗和机洗的要求；用来清洗超细纤维织物如毛巾、浴巾等，不会出现超细纤维织物变硬、变黄和吸水性变差的问题，而且洗后的超细纤维织物还具有一定的抗静电能力，不需要再使用织物柔顺剂，避免了现有技术中使用织物柔顺剂带来的吸水性变差的问题。

配方3 清香型织物洗涤剂

原料配比

原料	配比（质量份）		原料	配比（质量份）	
	1#	2#		1#	2#
双十八烷基二甲基氯化铵	9	15	增稠剂	1	5
凯松	3	9	仲烷基磺酸钠	2	6
荧光增白剂	5	10	壬基酚聚氧乙烯醚	3	8
三聚磷酸钠	4	9	硼砂	2	4
二苯乙烯联苯二磺酸钠	5	7	稳定剂	2	4
柠檬酸盐	2	7	柠檬香精	1	3
玉米淀粉	4	6	去离子水	50	50

制备方法 将各组分混合均匀即可。

产品特性 本品具有很好的洗涤效果，能够很好地去除油污，同时具有芳香气味，沁人心脾。

配方4 去污杀菌且柔顺织物的洗涤剂

原料配比

原料	配比（质量份）			原料	配比（质量份）		
	1#	2#	3#		1#	2#	3#
$C_{16\sim18}$脂肪醇聚氧乙烯聚氧丙烯醚	24	25	22	双酯脂基二甲基叔丁基醚基氯化铵	10	12	6
异构C_{13}脂肪醇醚	16	15	18	EDTA-4Na	0.5	0.8	0.5
乙二醇单硬脂酸酯	0.5	0.5	0.5	香精	0.2	0.2	0.2
柠檬酸钠	4	4	4	染料	0.2	0.2	0.2
纳米银	10	8	15	去离子水	26.6	28.3	25.6
2-甲基-2,4-戊二醇	8	6	8				

制备方法 将各组分溶于水混合均匀即可。

原料介绍 柠檬酸钠作为钙或镁等金属离子的络合剂，能有效软化洗涤用水，并对 pH 有调节和缓冲作用，使洗涤剂能满足表面活性剂和乳化剂等化学稳定性要求的 pH 值范围。长碳链的 $C_{16\sim18}$ 脂肪醇聚氧乙烯聚氧丙烯醚表面活性剂有表面活性高、抗硬水和低泡性能，并且能很好地溶于助剂、乳化剂等形成高效复配洗涤剂，具有更好的洗涤能力。环保溶剂 2-甲基-2,4-戊二醇增强了长碳链表面活性剂和异构 C_{13} 脂肪醇醚在水中的分散性，无毒，安全性好。在复配体系中，利用化合物的活性反应基团在 $C_{16\sim18}$ 脂肪醇聚氧乙烯聚氧丙烯醚高分子链上直接引入纳米银材料，对大肠杆菌、金黄色葡萄球菌、白色念珠菌、淋球菌、沙眼衣原体等数十种致病微生物都有强烈的抑制和杀灭作用而不产生耐药性，并结合双酯脂基二甲基叔丁基醚基氯化铵的杀菌作用，使杀菌性能更有效、持久；此外，双酯脂基二甲基叔丁基醚基氯化铵的柔软性能稳定，还起到柔顺织物的作用。洗涤后织物安全、卫生、舒适柔软。

产品应用 本品主要用于工业及家用织物洗涤。

产品特性 本品选择了两种去污力强、易生物降解且复配性好的表面活性剂，即 $C_{16\sim18}$ 脂肪醇聚氧乙烯聚氧丙烯醚、异构 C_{13} 脂肪醇醚复配达到高效的去污效果，同时在配方中特别加入纳米银作为织物杀菌消毒组分。双酯脂基二甲基叔丁基醚基氯化铵的加入不但增强了杀菌消毒强度，而且可以进一步柔顺织物。本品的有效配比可使织物干净、卫生、舒适、柔软。

配方5 全效洗涤剂

原料配比

原料	配比（质量份）			原料	配比（质量份）		
	1#	2#	3#		1#	2#	3#
十二烷基苯磺酸钠	5	10	8	氨羧络合剂	3	5	4
十二醇硫酸酯钠	5	10	8	双十八烷基二甲基氯化铵	1	3	2

原料	配比（质量份）			原料	配比（质量份）		
	1#	2#	3#		1#	2#	3#
二甲苯	3	5	4	水	15	20	180
精油	0.5	1	0.8	乙醇	15	20	18

制备方法　将各原料混合搅拌均匀即可得成品。

产品应用　本品主要应用于织物洗涤。

产品特性　本品去污能力强，起泡、乳化性能较好，洗后的织物柔软，对人体刺激性小，且漂洗容易，对环境污染小。

配方6　柔顺地毯洗涤剂

原料配比

原料	配比（质量份）			原料	配比（质量份）		
	1#	2#	3#		1#	2#	3#
二丙二醇甲醚	15	25	20	苯甲酸钠	10	12	11
碳酸氢钠	8	10	9	氢氧化钠	4	6	5
碳酸钠	4	5	4.5	水	30	40	35
丙二醇正丙醚	30	40	35				

制备方法　在40℃以上，将碳酸氢钠、碳酸钠和苯甲酸钠混合加入筒式流化床上，依次加入二丙二醇甲醚、丙二醇正丙醚、氢氧化钠和水，混合均匀即可。

产品特性　本品使用方便，去污力强，还能保证地毯洗涤之后柔顺。

配方7　杀菌防蛀柔软型织物洗涤剂

原料配比

原料	配比（质量份）				
	1#	2#	3#	4#	5#
柠檬酸壳聚糖单酯型表面活性剂	5	2	3	4	1
油酸聚乙二醇（PEG600）酯	4	2	6	7	2
十二烷基苯磺酸	8	10	12	9	11
甜菜碱	1	3	4	5	1
异丙醇	0.5	2	2	3	1
香料	适量	适量	适量	适量	适量
氢氧化钠	适量	适量	适量	适量	适量
水	87.5	67	77	82	83.5
柠檬酸壳聚糖单酯型表面活性剂　柠檬酸	7	9	11	10	8
壳聚糖	4	5	6	7	4
对甲苯磺酸	0.1	0.2	0.4	0.5	0.3

制备方法

（1）柠檬酸和壳聚糖的单酯化：按质量份将柠檬酸与壳聚糖、对甲苯磺酸在干燥、无水的反应器内混合并搅拌加热到 $100\sim130℃$，保温 $3.5\sim4h$，降至室温得到柠檬酸壳聚糖单酯型表面活性剂。

（2）杀菌防蛀柔软型织物洗涤剂的制备：按质量份将柠檬酸壳聚糖单酯型表面活性剂与油酸聚乙二醇（PEG600）酯、十二烷基苯磺酸、甜菜碱、异丙醇以及适量香料和水混合搅拌均匀，用氢氧化钠调节混合物 pH 为 6.5，即得到杀菌防蛀柔软型织物洗涤剂。

产品应用 本品主要应用于各种衣物、家庭用品、床上用品等洗涤，特别适用于高档真丝、棉麻等天然织物的洗涤。

产品特性 本品用柠檬酸壳聚糖单酯型表面活性剂、油酸聚乙二醇酯、甜菜碱、十二烷基苯磺酸等复配而成，具有洗涤、杀菌防蛀和柔软整理等多种功能，具有性能温和、对人体无刺激性、绿色环保、配方合理、制备工艺简单等特点。

配方8　生物源枕巾专用洗涤剂

原料配比

原料	配比（质量份）			原料	配比（质量份）		
	1#	2#	3#		1#	2#	3#
脂肪醇聚氧乙烯醚单季铵盐	6～8	6～7	7～8	迷迭香酸	4～5	4～4.5	4.5～5
褐藻酸钠	4～6	4～5	5～6	肌氨酸钠	2～3	2～2.5	2.5～3
甘草酸萃取液	9～10	9～9.5	9.5～10	Mre400	5～6	5～5.5	5.5～6
腰果酚磺酸钠	1～2	1～1.5	1.5～2	烷基多糖苷	8～10	8～9	9～10
毛冬青苷	2～3	2～2.5	2.5～3	净化水	加至100	加至100	加至100

制备方法

（1）将甘草经清洗、晾干、粉碎、乙醇萃取得甘草酸萃取液；

（2）在乳化罐中按照比例加入 1/2 净化水，加热至 20℃，所有成分按照比例称量好备用；

（3）将称量好的烷基多糖苷和脂肪醇聚氧乙烯醚单季铵盐按先后顺序加入乳化罐中，搅拌速度为 75r/min，加热温度为 30℃；

（4）将腰果酚磺酸钠按照 1∶5 的比例稀释，缓慢加入乳化罐中，停止加热，继续搅拌；

（5）将甘草酸萃取液、毛冬青苷、迷迭香酸分别按照 1∶2 的比例稀释后，先后加入乳化罐中，加热乳化 15min，保持温度为 38℃，充分搅拌均匀；

（6）将 Mre400 在 38℃时，加入上述溶液中，提高转速到 80r/min，充分反应；

（7）将褐藻酸钠、肌氨酸钠按照比例加入乳化罐中，停止加热，加入剩余净化水，乳化均匀，停止搅拌；

（8）冷却、出罐、分装。

原料介绍

脂肪醇聚氧乙烯醚单季铵盐是一种阳离子表面活性剂，能够包裹细菌，阻止其呼吸，具有杀灭细菌的作用。烷基多糖苷是一种阴离子表面活性剂，具有高效去污效果，将它们复配之后，脂肪醇聚氧乙烯醚单季铵盐含有氧乙烯基团（EO），降低了表面活性剂离子的电荷密度，从而减弱阴离子和阳离子间的静电作用，并增大阴离子-阳离子复合物的亲水性，使得阴、阳离子表面活性剂能够完全混溶而不产生沉淀，既保证了抗菌作用，又能够去除脏污。

褐藻酸钠是从褐藻类的海带或马尾藻中提取的一种多糖碳水化合物，是由1,4-聚-β-D-甘露糖醛酸和α-L-甘露糖醛酸组成的一种线型聚合物，是褐藻酸衍生物中的一种，具有良好的增稠性、成膜性、稳定性、絮凝性和螯合性等特点，应用到洗涤剂里面可以增加洗涤剂的黏稠度，提高去污效果。而且褐藻酸钠有一定的抑菌效果，并且对皮肤有润湿作用，洗涤完残留在枕巾表面的洗涤剂不会伤害皮肤。

甘草酸是甘草中最主要的活性成分，具有抗菌、消炎、解毒、除臭等多种功能，应用到枕巾的洗涤剂里面，对枕巾表面的真菌、尘螨具有去除作用，对枕巾上头发、面部油污产生的臭味也有一定的去除作用。

腰果酚从天然腰果壳油中经先进技术提炼而成，含有苯环结构，具有耐高温性能，使洗涤剂不会因为高温作用而失活；极性的羟基可提供体系对接触面的润湿和活性。腰果酚磺酸钠是经磺化的腰果酚，乳化和保湿性能非常优越，去油污作用非常明显，生物成分不会对枕巾的丝绵造成伤害。

迷迭香酸具有广谱的抗菌活性，对枯草杆菌、藤黄微球菌和大肠杆菌呈显著的抑制作用，主要的抗菌作用机理是：能够显著增加细菌细胞膜的通透性，加速糖类和蛋白质的渗漏，使细胞代谢发生紊乱，进而影响细菌蛋白质代谢；还可以通过抑制DNA聚合酶的活性而影响DNA的复制，来发挥其杀菌作用。本成分具有天然清香，无需添加化学成分的香料，可以持久保持清香。

毛冬青苷是毛冬青的提取物，具有草药植物的抑菌、消炎作用，残留在枕巾中的洗涤剂可以对面部皮肤起到抗菌消炎的作用。

Mre400是一种阳离子表面活性剂，具有柔顺织物、抗静电的作用。

肌氨酸钠是一种添加剂，具有防静电和柔软织物的作用。

产品应用　本品主要应用于酒店、美容院等公共场所的枕巾、枕套、床单、被罩的洗涤。

产品特性

（1）具有生物源的洗涤、除菌成分，杀菌、除螨彻底，对枕巾和人体皮肤没有伤害；

（2）高效的活性成分可增加枕巾的柔软、蓬松度；

（3）应用范围广，可用于酒店、美容院等公共场所的枕巾、枕套、床单、被罩的洗涤；

（4）纯植物提取物的香精成分对人体呼吸道无刺激，持久清香；

（5）作用时间长，可预防枕巾上霉菌、尘螨的生长。

配方9　手洗液体洗涤剂

原料配比

原料		配比(质量份)			
		1#	2#	3#	4#
AEO-9		8	8	8	8
AES		8	8	8	8
椰油酰两性基丙酸钠		2	2	2	2
十二烷基硫酸钠		1	1	1	1
除螨剂	N,N-二乙基-2-苯基乙酰胺	0.3	—	0.3	0.3
	嘧螨胺	0.1	0.25	—	0.2
	乙螨唑	0.1	0.25	0.2	—
水		加至100	加至100	加至100	加至100

制备方法　在混合釜中，先加入水，加热至70～80℃，在搅拌条件下，加入 AEO-9、AES、十二烷基硫酸钠和椰油酰两性基丙酸钠搅拌均匀，降温至30～40℃，按配方要求再加入除螨剂，搅拌均匀，即可得到手洗液体洗涤剂。

产品应用　本品主要应用于织物洗涤。

产品特性　本品具有较高的去污能力，泡沫丰富，并可有效抑螨灭螨。油斑与水果渍难去除，可以在衣服干的时候，将本品直接涂抹在污渍处，可有效去除油斑、水果渍，洗后不留痕迹。

配方10　丝绸织物洗涤剂

原料配比

原料	配比(质量份)			原料	配比(质量份)		
	1#	2#	3#		1#	2#	3#
非离子表面活性剂	12	20	17	抗静电剂	3	7	5
硬脂酸酯聚氧乙烯(10)醚	9	15	13	水	加至100	加至100	加至100
低聚物去除剂	5	8	6				

制备方法　将各组分溶于水，混合均匀即可。

产品应用　本品主要应用于丝绸纺织物洗涤。丝绸织物洗涤剂与水的质量比为 (1:100)～(1:120)，清洗时，首先将丝绸织物放入配液中浸泡15～30min，然后轻柔；清洗好的丝绸织物放入甩干机中甩干；置于25～40℃下晾干，要求无阳光直射；晾干后的丝绸织物熨烫整齐即可。

产品特性

(1) 本品可对丝绸织物进行有效的洗涤，不损伤天然真丝的天然质感，柔软、垂直、抗静电；

(2) 本品具有使用方便、便于推广等优点。

配方11　丝绸洗涤剂

原料配比

原料	配比(质量份)	原料	配比(质量份)
二溴新戊二醇磷酸酯氰胺盐	5～7	尿素	5～8
		多聚磷酸钠	3～5
苯扎溴铵	3～9	二甘醇	6～9
孔雀绿	9～15	硫氰酸钾	3～9
柔软剂	3～4	苯甲酸钠	5～9

制备方法　将各组分混合均匀即可。

产品特性　本品洗涤丝绸效果好，洗后丝绸柔软、舒适。

配方12　丝绸用洗涤剂

原料配比

原料	配比(质量份)			原料	配比(质量份)		
	1#	2#	3#		1#	2#	3#
山稗子	2	4	3	氯化钠	2	2	3
鬼针草	2	4	3	偏硅酸钠	10	10	9
脂肪醇聚氧乙烯醚硫酸盐(AES)	9	12	10	次氯酸钠	1	1	1.5
十二烷基苯磺酸钠(LAS)	3	2	2	椰油酸二乙醇酰胺	2	2	1
脂肪醇聚氧乙烯醚(AEO)	2	3	3	香精	0.1	0.1	0.1
羧甲基纤维素钠	1	0.5	1	去离子水	适量	适量	适量
乙醇	7	8	8				

制备方法　取山稗子、鬼针草，加水煎煮两次，第一次加水量为药材质量的8～12倍，煎煮1～2h；第二次加水量为药材质量的6～10倍，煎煮1～2h。合并煎液，浓缩至山稗子、鬼针草总质量的10倍，加入脂肪醇聚氧乙烯醚硫酸盐（AES）、十二烷基苯磺酸钠（LAS）、脂肪醇聚氧乙烯醚（AEO）、羧甲基纤维素钠、乙醇、氯化钠、偏硅酸钠、次氯酸钠、椰油酸二乙醇酰胺、香精，于70～80℃融溶，即得。

产品特性　本品中山稗子和鬼针草清热解毒，两者配伍，起泡和抗菌效果良好。

配方13　无磷轻垢液体洗涤剂

原料配比

原料	配比(质量份)			
	1#	2#	3#	4#
十二烷基葡糖苷	10	10	10	10
二甲苯磺酸钾	4	4	4	4

原料		配比（质量份）			
		1#	2#	3#	4#
三乙醇胺		4	4	4	4
二乙醇胺		3	3	3	3
乙二胺四乙酸		3	3	3	3
除螨剂	N,N-二乙基-2-苯基乙酰胺	0.3	—	0.3	0.3
	嘧螨胺	0.1	0.25	—	0.2
	乙螨唑	0.1	0.25	0.2	—
水		加至100	加至100	加至100	加至100

制备方法 在混合釜中，先加入水，再加入三乙醇胺和二乙醇胺，加热至50～60℃，在搅拌条件下，加入乙二胺四乙酸、十二烷基葡糖苷和二甲苯磺酸钾搅拌均匀，降温至30～40℃，按配方要求再加入除螨剂，搅拌均匀，即可得到无磷轻垢液体洗涤剂。

产品应用 本品主要应用于羊毛、羊绒、丝绸等柔软、轻薄织物和其他高档面料的洗涤。

产品特性 本品不损伤织物，洗后织物保持柔软手感，不发生收缩、起毛、泛黄等现象，并可有效抑螨灭螨。

配方14 无磷洗涤剂组合物

原料配比

原料	配比（质量份）			原料	配比（质量份）		
	1#	2#	3#		1#	2#	3#
脂肪酸甲酯磺酸钠	20	30	10	脂肪醇聚氧乙烯醚	—	20	20
改性的天然碳酸钙	40	50	30	烷基多糖苷/分子量为200～500		10	10
铝包覆沸石粒	40	30	50	万的聚丙烯酰胺	—		
改性黏土	30	30	30				

制备方法 将各组分混合均匀即可。

原料介绍

源于可再生天然植物资源的脂肪酸甲酯磺酸钠简称MES，以其高性能、低污染而广受关注。脂肪酸甲酯磺酸钠是以天然植物油或动物油为原料制成的一种新型表面活性剂，为理想的钙皂分散剂和洗衣粉活性剂，显示出良好的去污性、钙皂分散性、乳化性、增溶性。

所述改性的天然碳酸钙优选如下方法制备：将天然碳酸钙、二氧化碳和草酸反应，得到改性的天然碳酸钙。本品采用的改性的天然碳酸钙比表面积优选30～70m^2/g，更优选40～60m^2/g；粒径优选15～30μm，更优选20～30μm。以改性的天然碳酸钙作为助洗剂，可以提高表面活性剂即脂肪酸甲酯磺酸钠的去污能力，从而保证该无磷洗涤剂组合物具有良好的去除污渍的能力。

铝包覆沸石粒即表面附着有聚合氯化铝的沸石。将沸石粉碎至 40~60 目,加入饱和聚合氯化铝溶液中,搅拌状态下加入乙醇,放置 10h 后,取出沥干,烘干,焙烧,冷却后得到铝包覆沸石粒。本品采用的沸石为 4A 沸石,4A 沸石骨架中的每一个氧原子都为相邻的两个四面体所共有,这种结构形成大晶穴,依据晶穴笼径大小可容纳不同大小的阳离子,而这些阳离子又有较大的移动性,可进行阳离子交换,能捕获 Ca^{2+}、Mg^{2+},具有良好的螯合作用,使硬水软化。4A 沸石在洗涤剂中具有较好的助洗性能,对人体无毒,使用安全,不会危害环境,不溶于水,易于漂洗去除。

本品以改性黏土作为组分,所述改性黏土优选如下方法制备:将黏土与碱性化合物混合,在 250~280℃下反应 22~25h 后得到混合物;将所述混合物与发孔剂混合,控制 pH 值为 6~11;升温至 100~180℃,保温 1~10h 后得到改性黏土。所述 pH 值的调节剂优选酸性化合物或碱性化学物。所述黏土为高岭土、膨润土、蒙脱土和海泡石中的一种或几种。在制备改性黏土过程中采用的碱性化合物优选碳酸钠或碳酸氢钠;所述酸性化合物优选乙酸;所述发孔剂选择偶氮二甲酰胺、食品级碳酸氢铵、草酸中的至少一种,优选偶氮二甲酰胺或食品级碳酸氢铵。通过对黏土进行改性,将铝盐转化为了拟薄水铝石,形成了高比表面积、大孔体积的脱铝黏土紧密结合的改性黏土,不仅具有助洗作用而且可与脂肪酸甲酯磺酸钠、改性的天然碳酸钙和铝包覆沸石粒形成协同作用,进一步提高去污能力。

产品应用 本品主要应用于织物的清洗。

产品特性 本品以改性的天然碳酸钙、铝包覆沸石粒和改性黏土为助洗剂,与脂肪酸甲酯磺酸钠具有协同效果,从而提高了无磷洗涤剂组合物的去污能力。该无磷洗涤剂组合物避免了使用磷,并且去污力强,可以去除多种污渍。

配方15 无磷液体洗涤剂

原料配比

原料		配比(质量份)				
		1#	2#	3#	4#	5#
十二烷基苯磺酸钠		12	8	10	12	8
氧化玉米淀粉		12	10	12	10	12
脂肪醇聚氧乙烯醚		5	3	3	5	4
椰油酸二乙醇酰胺		4	2	2	3	4
脂肪醇聚氧乙烯醚硫酸钠		4	4	4	2	3
三乙醇胺		3	2	3	2	3
硅酸钠		3	2	2	2	1
添加剂		2	2	2	1	1
水		71	60	60	57.5	57.5
α-烯基磺酸钠		5	—	3	2	2
添加剂	香精	0.1				
	荧光增白剂	0.1				
	十二烷基二甲基甜菜碱	1.8				

制备方法

（1）按质量份将氧化玉米淀粉、脂肪醇聚氧乙烯醚、椰油酸二乙醇酰胺、脂肪醇聚氧乙烯醚硫酸钠、α-烯基磺酸钠、三乙醇胺混匀；

（2）在搅拌下缓慢将十二烷基苯磺酸钠加入95℃的水中，再缓慢加入硅酸钠溶解；

（3）将步骤（1）的混合物倒入步骤（2）的溶液中搅拌至均匀；

（4）将添加剂加入步骤（3）的混合物中；

（5）冷却，包装。

产品应用　本品主要应用于织物洗涤。

产品特性

（1）本品用氧化玉米淀粉来替代聚磷酸盐，减少了对人体皮肤的损害，解决了磷污染的环保问题，并且降低了生产成本。

（2）玉米淀粉水解氧化物是一种含有羧基的多糖，对钙、镁等金属离子有较强的络合能力，可软化硬水，提高洗涤效果；与表面活性剂有着很好的复配性能，生产的无磷洗衣膏去污能力强、高泡、色泽美观、使用方便，适合洗涤各种衣物。

（3）玉米淀粉来源广泛，价格较低，其水解、氧化生产工艺简单，成本低，是一种具有较好发展前景的合成洗涤剂的助洗剂。

配方16　无污染清洗剂

原料配比

原料	配比（质量份）			原料	配比（质量份）		
	1#	2#	3#		1#	2#	3#
戊二醛	21	20	25	甘油	17	14	22
铝硅酸钠	6	5	8	丁二酸二辛酯磺酸钠	16	15	18
聚氧乙烯醚嵌段共聚物混合物	6.5	5	10	去离子水	18	15	18
氨基三乙酸	7	5	8	香精	1.5	0.5	2
椰油酸钠	12.5	12	13				

制备方法　将各组分原料混合均匀即可。

产品特性　本品有优异的去污能力，无毒无害，性能稳定。将常规洗涤剂组成物与氨基三乙酸和椰油酸钠等物质按照比例混合均匀，无需特殊的制造工艺，在提高去污能力的同时并没有增加成本，具有安全、环保等优点，同时还具有皮肤保健功能。

配方17　无助溶剂的浓缩洗涤剂

原料配比

原料	配比（质量份）				
	1#	2#	3#	4#	5#
仲烷基磺酸钠	20	30	40	10	10
阴离子表面活性剂	5	5	5	5	10
烷基糖苷	10	15	20	10	10
非离子表面活性剂	10	15	8	15	15

原料	配比(质量份)				
	1#	2#	3#	4#	5#
两性离子表面活性剂	10	10	10	10	10
1,2-苯并异噻唑啉-3-酮	0.3	0.3	0.3	0.3	0.3
香精	0.2	0.2	0.3	0.3	0.3
去离子水	44.2	24.5	16.4	49.4	44.4

制备方法

（1）按照上述质量配比取所述的去离子水总质量的 $20\%\sim50\%$，加入化料釜中，然后分别按照上述配比依次加入所述的仲烷基磺酸钠、阴离子表面活性剂、烷基糖苷、非离子表面活性剂、两性离子表面活性剂至完全溶解，得到混合液 A；

（2）按照上述质量配比向所述的混合液 A 中加入所述 1,2-苯并异噻唑啉-3-酮、香精、剩余去离子水，搅拌均匀，得到混合溶液 B；

（3）将所述的混合溶液 B 进行过滤处理，得到所述的无助溶剂的浓缩洗涤剂。

原料介绍

所述的阴离子表面活性剂为脂肪醇聚氧乙烯醚硫酸钠、脂肪酸甲酯磺酸钠中的一种或两种混合；

所述的非离子表面活性剂为脂肪醇聚氧乙烯（3）醚、脂肪醇聚氧乙烯（7）醚、脂肪醇聚氧乙烯（9）醚中的一种或两种混合；

所述的两性离子表面活性剂为椰油酰胺丙基甜菜碱、椰油酰胺丙基氧化胺中的一种或两种混合。

产品应用　本品主要用于洗涤织物。

产品特性

（1）本品不添加助溶剂，通过表面活性剂之间的合理复配，得到一个稳定的高浓缩体系，在极低的浓度下，可达到洗涤标准要求，解决了高含量表面活性剂的溶解问题，而且水溶性好、泡沫丰富、无毒、无刺激；本品有效含量比普通洗涤剂高 $5\sim8$ 倍，减少了 30% 以上的生产成本、包装成本、运输成本，节约了资源。

（2）本品的原料来源广泛，制备工艺简便，便于推广使用。

配方18　加海藻酸钠的洗涤剂

原料配比

固体洗涤剂

原料	配比(质量份)	原料	配比(质量份)
阴离子表面活性剂	14.5	元明粉	42.85
非离子表面活性剂	1	点缀物	0.5
纯碱	14.4	4A沸石	17
泡花碱	9	香精	0.15
羟甲基纤维素钠	0.5	海藻酸钠	0.1
增白剂	0.008		

液体洗涤剂

原料	配比（质量份）		原料	配比（质量份）	
	1#	2#		1#	2#
阴离子表面活性剂	14.5	14	油酸钠	0.3	0.3
非离子表面活性剂	0.5	1	香精	0.12	0.12
两性表面活性剂	—	5	海藻酸钠	1.05	4.5
三乙醇胺	3	3	氯化钙	—	0.09
乙醇	7	7	水	72.4	63.5
柠檬酸钠	1.2	1.5			

制备方法

(1) 固体洗涤剂：该配方为洗衣粉配方，海藻酸钠添加量为阴离子表面活性剂和非离子表面活性剂总质量的 0.6％，生产时只要将所有原料按配方用量加在一起混合均匀即可。其中阴离子表面活性剂可选用烷基磺酸钠、脂肪酸盐聚氧乙烯醚硫酸盐、仲烷基磺酸钠以及其他几种常用阴离子表面活性剂；非离子表面活性剂可以选用脂肪醇聚氧乙烯醚、烷基酚聚氧乙烯醚、脂肪酸烷醇酰胺及其他常用非离子表面活性剂。该配方在去除蛋白质、炭黑及皮脂污垢能力上，分别达到 6、20、14，而国家标准洗衣粉达到 4、18、10，高于标准洗衣粉，用此洗涤剂洗涤后衣物颜色鲜亮。

(2) 液体洗涤剂：该配方为液体洗涤剂配方，配方中加入了海藻酸钠，生产时只要将所有原料按配方用量加在一起搅拌均匀即可。其中阴离子表面活性剂可选用烷基磺酸钠、脂肪酸盐聚氧乙烯醚硫酸盐、仲烷基磺酸钠以及其他几种常用阴离子表面活性剂；非离子表面活性剂可以选用脂肪醇聚氧乙烯醚、烷基酚聚氧乙烯醚、脂肪酸烷醇酰胺及其他常用非离子表面活性剂。该配方生产的洗涤剂除一定程度上增加洗涤剂的去污能力外，还可以显著提高液体洗涤剂的黏度。

产品特性 本品在常用洗涤剂中按一定配比添加了天然材料海藻酸钠，而海藻酸钠是从海藻中提取的天然高分子表面活性剂，具有良好的水溶性、成膜性、保湿性及去污能力，能在皮肤表面形成保护膜而减轻洗涤剂对皮肤的刺激；洗涤结束后，因为在皮肤表面的海藻酸钠具有良好的成膜性、保湿性而能够使皮肤不干燥、不粗糙；在洗涤后的织物表面能够均匀成膜，增加织物的光泽度和柔软度；海藻酸钠作为高分子表面活性剂具有减小水溶液表面张力、对污垢增溶、防止污渍重新黏附在织物上的功能，从而提高洗涤剂的去污效果；另外海藻酸钠可使洗涤剂中的香味持久保持。本品成本低廉，安全环保，经济实用。

配方19 去污力强的织物洗涤剂

原料配比

原料	配比（质量份）			原料	配比（质量份）		
	1#	2#	3#		1#	2#	3#
水	55	55	60	脂肪醇聚氧乙烯醚硫酸铵	8	9	12
氯胺	4	6	7	聚氧丙烯聚氧乙烯丙二醇醚	8	9	10

原料	配比（质量份）			原料	配比（质量份）		
	1#	2#	3#		1#	2#	3#
茶籽粉	6	7	8	香精	0.1	0.1	0.15
三聚磷酸钠	3	5	6	色素	0.05	0.1	0.1
酒精	2	3	4				

制备方法　在带有搅拌器的容器中加入水、氯胺，不停搅拌使氯胺全部溶解后加入脂肪醇聚氧乙烯醚硫酸铵、聚氧丙烯聚氧乙烯丙二醇醚、茶籽粉、三聚磷酸钠、酒精，充分搅拌使其混合均匀，将混合液静置15min后进行过滤，在滤液中加入香精、色素，混匀后即制得所述洗涤剂。

产品特性　本洗涤剂去污力强、温和不伤手，并具有灭菌、抗菌功能。

配方20　加酶织物洗涤剂

原料配比

原料	配比（质量份）			原料	配比（质量份）		
	1#	2#	3#		1#	2#	3#
去离子水	47	40	55	月桂酸二乙醇胺	1	0.5	1.5
柠檬酸钠	6	4	8	十二烷基硫酸钠	5	3	7
过硼酸钠	4	3	5	二甲苯磺酸钠	4	2	6
二甲基苯并噁唑	1	0.6	1.5	木瓜蛋白酶或α-淀粉酶或果胶酶或β-葡糖苷酶	0.5	0.3	0.8
丙二醇	4	3	5				
三乙醇胺	2	1	3	安息香酸异丁酯	0.05	0.03	0.08
十六醇聚氧乙烯醚	16	13	18	玫瑰香精	0.45	0.3	0.8
聚氧乙烯月桂醇醚硫酸钠	9	7	12				

制备方法　将去离子水、柠檬酸钠、过硼酸钠、二甲基苯并噁唑置于混合器中搅拌加热到45℃，混合均匀；接着将丙二醇、三乙醇胺加入，并搅拌混合均匀；接着依次加入十六醇聚氧乙烯醚、聚氧乙烯月桂醇醚硫酸钠、月桂酸二乙醇胺、十二烷基硫酸钠、二甲苯磺酸钠，并确保每种原料加入后搅拌均匀；然后加入木瓜蛋白酶或α-淀粉酶或果胶酶或β-葡糖苷酶、安息香酸异丁酯、玫瑰香精，搅拌均匀，静置30min以上，分袋或分瓶包装即得成品洗涤剂。

产品特性　本品配方合理、制作简单、设备投入少、去油污力强、有芳香气味。

配方21　节水型洗涤剂

原料配比

原料	配比（质量份）		原料	配比（质量份）	
	1#	2#		1#	2#
椰油酰胺丙基氧化胺	3	4	乙醇①	14	20
脂肪酸二乙醇酰胺	10	15	去离子水①	20	20
脂肪酸甲酯磺酸钠盐	2	6	香精	0.1	0.3

原料	配比(质量份)		原料	配比(质量份)	
	1#	2#		1#	2#
荧光增白剂	0.2	0.5	碳酸盐	0.5	0.5
乙醇②	14	20	消泡剂	0.5	2.5
去离子水②	10	10			

制备方法

(1) 在室温下将椰油酰胺丙基氧化胺、脂肪酸二乙醇酰胺和脂肪酸甲酯磺酸钠盐放入容器内,加入乙醇①和去离子水①进行搅拌,搅拌时间 20～25min;

(2) 对搅拌后的原料进行低温加热,加热温度 50～55℃,加热时间 15～25min;

(3) 将加热后的原料再次搅拌,搅拌时间 15min,搅拌速度 80r/min;

(4) 搅拌过程中继续加入香精和荧光增白剂,加入速度为 10mL/min;

(5) 间隔 5min 后继续加入适量温度为 50℃的去离子水②,搅拌 15～20min;

(6) 将乙醇②和剩余去离子水②与碳酸盐混合后加入上述混合液体中,加入消泡剂混合均匀;

(7) 对上述溶液进行加压处理,加压压力为 0.8～1.5MPa。

其消泡剂为有机硅消泡剂。

产品应用 本品主要用于织物洗涤。

产品特性 本品的节水性能好,可以省去大约 1/3 的漂洗用水;抗硬水性能好;高、低温稳定性好;贮存稳定性好。

配方22 纤维织物用洗涤剂

原料配比

原料	配比(质量份)			原料	配比(质量份)		
	1#	2#	3#		1#	2#	3#
烷基苯磺酸钠	12	10	15	山梨酸盐	0.2	0.1	0.3
支链醇聚氧乙烯醚	12	10	15	甘油	11	10	15
月桂醇聚醚硫酸酯钠	15	15	15	乙醇	11	10	15
丙二醇嵌段聚醚	6	5	7	稳定剂	—	0.5	1.2
蛋白酶	1.5	1	2				

制备方法 将各组分混合均匀即可。

原料介绍 稳定剂为丁基羟基茴香醚。

产品特性 本品利用烷基苯磺酸钠与蛋白酶的协同作用去污和清洗;去污力强,泡沫适中,可以满足手洗和机洗的要求,用来清洗超细纤维织物如毛巾、浴巾等,不会出现超细纤维织物变硬、变黄和吸水性变差的问题,而且洗后的超细纤维织物还具有一定的抗静电能力,不需要再使用织物柔顺剂,避免了现有技术中使用织物柔顺剂带来的吸水性变差的问题。

配方23　消毒加酶洗涤剂

原料配比

原料	配比(质量份)	原料	配比(质量份)
十六烷基苯磺酸钠	10	乙醇	12
聚氧乙烯壬基酚醚	5	氯化磷酸三钠	0.01
对甲苯磺酸钠	8	4A沸石	3
液体蛋白酶	1.5	聚丙烯酸钠	4
甲酸钠	0.5	去离子水	150

制备方法　将上述组分混合均匀，即可使用。使用时需避免pH值过高（大于10）和高温（大于50℃），方可维持酶活性。

原料介绍

聚氧乙烯壬基酚醚具有良好的渗透、乳化、分散及洗涤性能。

对甲苯磺酸钠用作助溶剂。

液体蛋白酶可以水解蛋白组分。

氯化磷酸三钠是一种有效的杀菌剂。

产品特性　加入蛋白酶和氯化磷酸三钠，可以有效去除蛋白质污垢，同时可以消毒杀菌。

配方24　消毒织物洗涤剂

原料配比

原料	配比(质量份)				原料	配比(质量份)			
	1#	2#	3#	4#		1#	2#	3#	4#
双癸基二甲基氯化铵	4	4	6	2	脂肪醇聚氧乙烯(8)醚	5	3	5	3
双癸基二甲基溴化铵	1	2	1	3	烷基葡糖苷	5	8	1	6
聚六亚甲基双胍盐酸盐	0.5	3	1	1.5	脂肪酸烷醇酰胺	3	1	2	3
十二烷基二甲基苄基氯化铵	3	0.5	2	2	月桂基酰胺丙基甜菜碱	2	2	5	8
					香精	0.25	0.35	0.3	0.3
脂肪醇聚氧乙烯(9)醚	10	15	10	11	一水柠檬酸	0.05	0.2	0.05	0.15
脂肪醇聚氧乙烯(7)醚	1	1	2	1	去离子水	65.2	59.95	64.65	59.05

制备方法

（1）化料：取40～50℃去离子水的40%～50%，加入化料釜中，然后依次加入脂肪醇聚氧乙烯（9）醚、脂肪醇聚氧乙烯（7）醚、脂肪醇聚氧乙烯（8）醚、脂肪酸烷醇酰胺、烷基葡糖苷、月桂基酰胺丙基甜菜碱，搅拌均匀，得到混合液A；

（2）向混合液A中加入双癸基二甲基氯化铵、双癸基二甲基溴化铵、十二烷基二甲基苄基氯化铵、聚六亚甲基双胍盐酸盐及剩余的去离子水，搅拌均匀，得到混合液 B；

（3）向混合液 B 中加入香精，用一水柠檬酸调节 pH 值至 6.5～8.0，得到原液；

（4）将原液搅拌均匀，进行过滤处理，得到所述的消毒洗涤剂。

所述的过滤处理采用 200 目尼龙筛网。

产品特性

（1）本品采用双癸基二甲基氯化铵、双癸基二甲基溴化铵与十二烷基二甲基苄基氯化铵、聚六亚甲基双胍盐酸盐复配，通过渗透促进脂肪醇聚氧乙烯醚作用，使之能有效作用于有害微生物，提高杀菌力，并能稳定地贮存。

（2）本品采用非离子表面活性剂脂肪醇聚氧乙烯醚、脂肪酸烷醇酰胺、烷基葡糖苷作为主表面活性剂，起乳化、渗透、去污作用，与温和、低刺激性的两性表面活性剂月桂基酰胺丙基甜菜碱复配，在清洁织物的同时增加织物柔软的质感。

（3）为中性配方，通过合理的复配及添加助表面活性剂，不仅降低了阳离子表面活性剂对去除污垢的负面影响，而且对杀菌效果起到了协同作用，并赋予了本品不伤织物、不刺激皮肤的温和特性。

（4）本品使用方便，洗涤、杀菌一次完成，性价比高，节约了能源，提高了效率。

配方25　被套用防尘柔软洗涤剂

原料配比

原料	配比（质量份）				原料	配比（质量份）			
	1#	2#	3#	4#		1#	2#	3#	4#
硬脂基咪唑啉羧酸钠	0.3	0.7	0.6	0.5	香料	0.1	0.4	0.3	0.22
硅酸钠	1	3	2.4	2	柠檬酸	0.07	0.25	0.2	0.17
酯基季铵盐	4	9	8	7	单硬脂酸甘油酯	3	7	6	5
硅氧烷乳液	3	9	7	6	甲基氯异噻唑啉酮	1	5	4	3
二甲基苯磺酸钠	6	15	13	11	棕榈酸异丙酯	1	6	5	3.5
高碳脂肪醇聚氧乙烯醚	20	30	27	26	二甲苯磺酸钾	0.5	1.5	1.1	1
荧光增白剂	0.2	0.5	0.33	0.3	水	52	68	62	60

制备方法　先将水加入混合罐中，升温至 60～70℃，然后加入硬脂基咪唑啉羧酸钠、硅酸钠、酯基季铵盐、硅氧烷乳液、二甲基苯磺酸钠、高碳脂肪醇聚氧乙烯醚、荧光增白剂、香料，混合均匀后加入柠檬酸、单硬脂酸甘油酯、甲基氯异噻唑啉酮、棕榈酸异丙酯、二甲苯磺酸钾，混合均匀将温度降至室温即得成品。

产品特性　本品能够轻松去除被套表面的皮肤油脂、汗渍、血渍、油污等污渍，还具有杀菌、软化作用，清洗后的被套柔软舒适，还能长效抑菌。

配方26 纺织品表面植物渍洗涤剂

原料配比

原料	配比（质量份）				原料	配比（质量份）			
	1#	2#	3#	4#		1#	2#	3#	4#
四氯化锡	0.7	2	1	1.3	氯酚	1	6	2	3.5
三甲基丁酸苯酯甲酸铵	4	12	5	7.5	苹果酸钠	0.5	2	0.9	1.2
聚乙烯吡咯烷酮	2	7	3	4.5	磷酸氢二钠	1.5	5	2.3	3.3
亚硫酸钠	3	10	5	6.5	碘化钾	1	3	1.5	2
磺酸	3	8	4	5.5	焦磷酸钠	2	5	3	3.5
石脑油	4	10	5	6.5	水	25	42	30	34
乙二醇单丁醚	4	10	5	6.5					

制备方法 将四氯化锡、三甲基丁酸苯酯甲酸铵、聚乙烯吡咯烷酮、亚硫酸钠、磺酸、石脑油、乙二醇单丁醚、氯酚、苹果酸钠、磷酸氢二钠、碘化钾、焦磷酸钠和水混合，在 50～60℃ 下搅拌 1～2h，然后升温至 70～80℃ 搅拌 0.5～1.5h，混合均匀即得成品。

产品特性 本品能够有效地去除植物渍，也能轻松去除锈迹，将其涂抹在污渍上，静置 1～4min，轻轻搓洗即可去除。

配方27 纺织纤维围巾用抗静电洗涤剂

原料配比

原料	配比（质量份）				原料	配比（质量份）			
	1#	2#	3#	4#		1#	2#	3#	4#
单硬脂酸甘油酯	15	25	23	20	聚乙二醇	2	6	5	4
过硼酸钠	1.5	3.5	3	2.5	三氯化铝	6	18	14	12
柠檬酸钠	20	28	25	24	羊毛脂衍生物	0.5	2.3	2	1.5
茶籽油酸	5	11	10	8.5	膨润土	2	6	5	4
十八醇	1	3	2.4	2.1	甘油单癸酸酯	0.1	0.3	0.25	0.2
烷基咪唑啉甲基硫酸酯	0.7	3.2	2.2	1.9	香精	0.4	0.9	0.7	0.6
牛脂基二羟乙基氧化胺	30	42	40	38	去离子水	63	75	72	70

制备方法 将去离子水、单硬脂酸甘油酯、过硼酸钠、柠檬酸钠、茶籽油酸、烷基咪唑啉甲基硫酸酯、牛脂基二羟乙基氧化胺、羊毛脂衍生物、膨润土和甘油单癸酸酯混合均匀，并且加热至 40～60℃，再加入十八醇、聚乙二醇、三氯化铝和香精，混合均匀后静置 0.5h，即得成品。

产品特性 本品能够轻松去除围巾表面的污垢，抗静电效果好，还具有柔软作用，也不会损伤纺织纤维围巾的内部纤维，能够很好地保护围巾。

配方28 高活性洗涤剂

原料配比

原料	配比(质量份)			原料	配比(质量份)		
	1#	2#	3#		1#	2#	3#
脂肪酸甲酯磺酸盐	22	20	25	碱性脂肪酶	5	4	7
支链烷基糖苷	9	8	10	茶皂素	2	2	3
C$_{14\sim17}$仲烷基磺酸钠	3	2	5	甘油	18	15	20
辛基葡糖苷	6	5	8	乙醇	18	15	20
聚丙烯酸钠	3.5	3	5				

制备方法 将各组分混合均匀即可。

产品应用 本品主要应用于织物洗涤。

产品特性 本品利用支链烷基糖苷和茶皂素对碱性脂肪酶的活性增强作用实现较强的去污效果;使用成本低、来源广的支链烷基糖苷和茶皂素,以较低的附加成本实现较高的去污效果;本品成分对人体健康无害,对环境亦无污染,具有安全、环保等优点。

配方29 含羊毛织物用洗涤剂

原料配比

原料	配比(质量份)				原料	配比(质量份)			
	1#	2#	3#	4#		1#	2#	3#	4#
脂肪醇硫酸钠	10	20	13	14	五水硅酸钠	2	7	4	5
脂肪酸聚氧乙烯酯	5	15	8	10	氢氧化钠	1	4	2	2.5
磷酸	4	10	5	6.5	丁氧基乙醇	2	7	3	4.5
烷基聚葡糖苷	2	6	3	4	脂肪酸铵	0.5	2	0.9	1.2
三乙醇胺	3	8	4	5	乙二醇单丁醚	0.7	2.5	1.3	1.7
对甲苯磺酸钠	1	6	2	3.5	乙氧基月桂酰胺油酸苯基汞	0.08	0.15	0.1	0.12
柠檬酸	0.2	0.8	0.4	0.5	水	40	55	45	48

制备方法 先将氢氧化钠、丁氧基乙醇、三乙醇胺、脂肪酸铵溶于水中,升温至60～70℃,再加入脂肪醇硫酸钠、脂肪酸聚氧乙烯酯、磷酸、烷基聚葡糖苷,混合均匀后加入对甲苯磺酸钠、柠檬酸、五水硅酸钠、乙二醇单丁醚和乙氧基月桂酰胺油酸苯基汞,混合均匀即得成品。

产品特性 本品对羊毛织物具有很好的去污效果,清洗后的羊毛织物变得柔软顺滑,并且不易发霉,穿着过程中也不易产生静电。

配方30 环保的洗涤剂

原料配比

原料	配比(质量份)			原料	配比(质量份)		
	1#	2#	3#		1#	2#	3#
苯甲酸钠	20	15	25	小麦胚芽饼粉	18	15	20
二乙二醇一丁醚	11	10	12	抗絮凝剂	2	1	3

原料	配比(质量份)			原料	配比(质量份)		
	1#	2#	3#		1#	2#	3#
还原酶和葡聚糖酶的混合物	4	3	5	二氟二氯甲烷	15	10	20
四氯乙烯	0.8	0.5	1	乙二醇	20	15	25

制备方法 将各组分混合均匀即可。

原料介绍 还原酶和葡聚糖酶的混合物由 2.5 份还原酶和 3 份葡聚糖酶混合而成。

产品应用 本品主要应用于织物洗涤。

产品特性 本品具有较高的去污能力；本品将普通的常规加酶洗涤剂组成物与葡聚糖酶按照比例混合均匀，无需特殊的制造工艺，在提高去污能力的同时并没有增加成本；对人体健康无害，对环境亦无污染，具有安全、环保等优点，同时还具有皮肤保健功能。

配方31 环保织物清洗剂

原料配比

原料	配比(质量份)		
	1#	2#	3#
草酸	50	55	53
四氯化碳	50(体积份)	48(体积份)	45(体积份)
28%的氨水	30(体积份)	35(体积份)	33(体积份)
冰醋酸(17.5mol/L)	30(体积份)	28(体积份)	29(体积份)
无水乙醇	100(体积份)	100(体积份)	100(体积份)
去离子水	加至1000(体积份)	加至1000(体积份)	加至1000(体积份)

制备方法 将所述草酸用 300（体积份）去离子水溶解，然后依次加入所述四氯化碳、无水乙醇、28％氨水和冰醋酸，再用去离子水补至1000（体积份），摇匀即可。

产品特性 本品无毒，无明显刺激性气味，用其清洗织物上的铁锈、墨迹、油污等脏污有非常快捷的效果，并且不影响织物的内在质量。

配方32 针织沙发套洗涤剂

原料配比

原料	配比(质量份)				原料	配比(质量份)			
	1#	2#	3#	4#		1#	2#	3#	4#
雷米邦A	16	25	20	21	碳酸钠	0.1	0.5	0.2	0.3
月桂醇聚氧乙烯醚	5	15	8	10	十六烷基三甲基氯化铵	4	11	6	7.5
三聚磷酸钠	3	7	4	5	牛油皂	2	7	3	4
乳糖	0.1	0.5	0.2	0.3	硫酸钠	0.2	0.6	0.3	0.4

原料	配比(质量份)				原料	配比(质量份)			
	1#	2#	3#	4#		1#	2#	3#	4#
尿素	1.5	4.5	2.3	3	次氯酸钠	1	3	1.5	2
己酸异冰片酯	0.1	0.2	0.12	0.13	水	55	66	58	60
防水剂	0.8	1.8	1	1.2					

制备方法 将雷米邦A、月桂醇聚氧乙烯醚和十六烷基三甲基氯化铵加入水中，搅拌混合均匀后升温至50～70℃，然后加入三聚磷酸钠、乳糖、碳酸钠、牛油皂、硫酸钠、尿素、己酸异冰片酯、防水剂和次氯酸钠，搅拌混合均匀后，静置2h，即得成品。

产品特性 本品能够有效地去除针织沙发套表面长期形成的污渍，洗涤后的针织沙发套不易变形，并且具有耐水性能，不易被水浸湿。

配方33 羊毛料清洗剂

原料配比

原料	配比(质量份)				原料	配比(质量份)			
	1#	2#	3#	4#		1#	2#	3#	4#
脂肪醇硫酸钠	22	18	15	10	苯扎氯铵	6	5	4	2
十八烷基二甲基甜菜碱	15	12	10	5	荧光增白剂	0.25	0.15	0.12	0.05
椰油酸二乙醇酰胺	10	7	5.5	3	乙醇	18	15	12.5	9
乙氧基月桂酰胺	4	3	2.2	1.5	水	55	50	46	40
咪唑啉	7	5	4	2					

制备方法 先将脂肪醇硫酸钠和乙醇溶于水中，再加入十八烷基二甲基甜菜碱和椰油酸二乙醇酰胺搅拌均匀，然后加入乙氧基月桂酰胺、咪唑啉、苯扎氯铵和荧光增白剂，混合均匀后即得。

产品特性 本品不损害羊毛料本身，去污力强，具有抗静电、柔顺和杀菌效果，能够去除羊毛制品上的各种污渍，清洗后的羊毛料保持原有的手感和光泽。

配方34 羊毛织物防霉防缩清洗剂

原料配比

原料	配比(质量份)			原料	配比(质量份)		
	1#	2#	3#		1#	2#	3#
十二烷基苯磺酸钠	4	8	6	酯基季铵盐	4	10	7
脂肪醇硫酸钠	2	5	3.5	氯菊酯	0.2	0.5	0.35
丁二酸二辛酯磺酸钠	1	3	2	羧甲基纤维素	4	7	5.5
双十八烷基二甲基氯化铵	5	12	8.5	香精	0.2	0.6	0.4
二氯异氰尿酸钠	0.5	3	1.8	去离子水	50	80	65

制备方法 先将去离子水加入反应釜中，升温至60～70℃后加入十二烷基苯

磺酸钠、脂肪醇硫酸钠、丁二酸二辛酯磺酸钠和双十八烷基二甲基氯化铵，搅拌至完全溶解，保持温度为 60～70℃，再加入二氯异氰尿酸钠、酯基季铵盐和羧甲基纤维素，搅拌混合均匀后降温至 35～45℃，加入氯菊酯和香精，搅拌混合即得成品。

产品特性　本品同时具有柔软、抗静电、防缩、杀菌和防霉等功能，用本品清洗羊毛织物，羊毛织物上的污渍和细菌全部被去除，羊毛织物变得柔软、抗静电，羊毛织物的面积收缩率小于 7％，并且存放 2.5 年不发霉。

配方35　羊毛织物防蛀洗涤剂

原料配比

原料	配比（质量份）				原料	配比（质量份）			
	1#	2#	3#	4#		1#	2#	3#	4#
烷基芳基磺酸钠	8	10	20	12	凯松	0.05	0.09	0.15	0.1
月桂醇醚硫酸铵	2	3	6	1.8	工业乙醇	2.5	3	7	4.5
胺菊酯	0.6	1	2.5	1.3	香精	0.2	0.5	2	0.7
苯扎氯铵	1.5	2.5	6	3.3	尿素	1.7	2	4.3	2.7
脂肪醇聚氧乙烯醚	5	8	15	10	去离子水	55	60	80	66

制备方法

（1）先将去离子水加入反应釜中，升温至 70～80℃后，向反应釜中加入烷基芳基磺酸钠、月桂醇醚硫酸铵、胺菊酯、苯扎氯铵和脂肪醇聚氧乙烯醚，搅拌至完全溶解；

（2）向反应釜中加入工业乙醇和尿素，保持温度为 70～80℃，搅拌均匀；

（3）将反应釜降温至 30～40℃，加入凯松和香精，搅拌混合均匀后即得羊毛织物防蛀洗涤剂。

产品特性　本品除了能够有效地将羊毛织物清洗干净外，还具有良好的防蛀作用。经过该洗涤剂清洗后的羊毛织物，防蛀时效长达 2 年以上。

配方36　羊毛织物洗涤剂

原料配比

原料	配比（质量份）		原料	配比（质量份）	
	1#	2#		1#	2#
直链烷基苯磺酸	9	16	烷基苯磺酸钠	4	8
三乙醇胺	2	7	蛋白酶和脂肪酶的混合物	5	9
十二醇聚氧乙烯醚硫酸钠	4	11	甲基氯异噻唑啉酮	6	9
两性咪唑啉	6	10	甘油	3	5
乙二胺四乙酸	7	11	聚丙烯酸钠	5	11
羟甲基纤维素	4	9	水	45	45
硬脂酸二乙醇胺	3	8			

制备方法 将各组分溶于水混合均匀即可。

产品特性 本品具有很好的洗涤效果，同时不会对羊毛本质造成影响，并且节水。

配方37 羊毛织物用柔顺洗涤剂

原料配比

原料	配比（质量份）		原料	配比（质量份）	
	1#	2#		1#	2#
无水硫酸铜	8	13	α-烯基磺酸钠	5	10
椰油基葡糖苷	7	10	聚丙烯酸钠	5	13
柠檬酸钙	2	7	甘油	5	7
黄豆	2	6	氨基磺酸	1	3
仙人掌	7	9	聚山梨酯类	4	10
香蕉杆粉末	5	10	蛋白酶	2	5
羧甲基纤维素	2	4			

制备方法 将各组分混合均匀即可。

产品特性 本品具有很好的洗涤效果，同时可使衣物更加柔顺，并且具有一定的防静电作用。

配方38 羊绒衫清洗剂

原料配比

原料	配比（质量份）			原料	配比（质量份）		
	1#	2#	3#		1#	2#	3#
硫代硫酸钠	3	5	1	丁香油	3	5	3
硼砂	2	6	8	橙油	5	5	5
椰油酸二乙醇酰胺	5	7	5	去离子水	70	75	80
羊毛脂	10	5	10				

制备方法 将各组分原料混合均匀即可。

产品应用 本品是一种羊绒衫清洗剂。使用方法如下：

（1）将所述羊绒衫清洗剂 20g 放入 40℃ 水中，搅拌均匀；

（2）将待洗的羊绒衫放入水中，完全浸润，浸泡 30min；

（3）采取挤揉的方式进行清洗；

（4）清洗结束后，用 35℃ 清水漂洗 3 遍以上；

（5）放入网兜中在洗衣机的脱水桶中脱水；

（6）平铺在桌子上，整理成原形，阴干；

（7）用 140℃ 蒸汽熨斗熨烫，熨斗与羊绒衫距离 0.5～1cm。

产品特性 本品的显著效果是能够防止羊绒衫清洗之后收缩，能够基本保持原样。此外，添加的丁香油有着良好的抑菌防蛀功能，能够防止羊绒衫在储存过程中发生霉变和虫蛀现象。添加的橙油具有良好的清洗效果，并且具有橙香。

配方39　液体地毯洗涤剂

原料配比

原料	配比（质量份）			原料	配比（质量份）		
	1#	2#	3#		1#	2#	3#
焦磷酸四钠	4	5	6	月桂酰肌氨酸钠	2	3	4
铝硅酸镁	4	5	6	芳香剂	1	2	3
二甘醇正丁醚	10	11	12	去离子水	60	65	70

制备方法　将各组分混合均匀即可。

产品特性　本品对纤维无损害，润湿力及渗透性好，易于蒸发、干燥，纯毛及各种合成纤维地毯均适用，弥补了一般洗涤剂的不足。

配方40　液体洗涤剂

原料配比

原料	配比（质量份）			原料	配比（质量份）		
	1#	2#	3#		1#	2#	3#
甘油单月桂酸酯	70	55	85	羊毛脂醇	45	15	75
甲基异丁基酮	40	20	60	碳酸盐	60	40	80
对羟基苯甲酸丙酯	60	45	75	氯化钠溶液	80	70	90
氨基三乙酸三钠	30	10	50	水	50	20	80
对甲苯磺酸钠	40	25	55				

制备方法　将甘油单月桂酸酯、甲基异丁基酮、对羟基苯甲酸丙酯、氨基三乙酸三钠、对甲苯磺酸钠、水、羊毛脂醇混合均匀，加入碳酸盐和氯化钠溶液，混合均匀，即可。

原料介绍　氯化钠溶液的浓度为5%～10%。碳酸盐为碳酸钠或碳酸钾。

产品特性　本品具有良好的去污力，对皮脂污垢的去污能力大于标准洗衣液去污能力，pH值为中性，不伤手。

配方41　医用织物洗涤剂

原料配比

原料	配比（质量份）			原料	配比（质量份）		
	1#	2#	3#		1#	2#	3#
$C_{12\sim14}$脂肪醇聚氧乙烯醚	8	10	9	代磷助洗剂	28	30	—
五乙酰基葡萄糖	4	5	4.5	碳酸钠	24	26	25
四乙酰乙二胺	4	5	4.5	硅酸钠	7	9	8
层状二硅酸钠	—	—	29	含量55%的十二烷基苯磺酸钠	12		

原料	配比（质量份）			原料	配比（质量份）		
	1#	2#	3#		1#	2#	3#
直链烷基苯磺酸钠	—	9	—	荧光增白剂	0.3	0.4	0.35
仲烷基磺酸钠	—	—	8	香料	0.4	0.5	0.45
纤维素	1	2	1.5	硫酸钠	11.3	3.1	9.7

制备方法 将各组分混合均匀即可。

产品特性

（1）本洗涤剂由两种碱性原料和一种酸性原料组成，打破了碱、酸性原料分开使用的洗涤现状，常温下即能一次性完成医用织物的洗涤和漂白，提高了工作效率，可降低 45%～55% 的洗涤费用，可将医用织物污渍去除干净，没有残留，没有血腥异味，满足使用要求。

（2）本品采用环保型材料代替了传统的磷酸盐助剂，属于无磷产品，更加绿色环保，有效降低了环境污染。

配方42 以醇醚羧酸钠为主原料的洗涤剂

原料配比

原料	配比（质量份）				原料	配比（质量份）			
	1#	2#	3#	4#		1#	2#	3#	#
脂肪醇聚氧乙烯(9)醚羧酸钠	10	15	8	12	聚乙二醇6000双硬脂酸酯	0.15	0.2	0.2	0.05
1,2-苯并异噻唑啉-3-酮	0.1	0.1	0.1	0.1	柠檬酸	0.35	0.2	0.5	0.3
脂肪醇聚氧乙烯醚硫酸钠	13.5	13	14	17	氯化钠	2	1.5	1	3
椰油酰胺丙基氧化胺	5	4	6	4	香精	0.2	0.1	0.25	0.3
脂肪酸烷醇酰胺	5	5	2.5	0.5	去离子水	57.7	60.9	63.45	59.75
烷基葡糖苷	6	2	4	3					

制备方法

（1）取上述配比中去离子水质量的 70%～85% 加热至 70℃，依次加入脂肪醇聚氧乙烯醚硫酸钠、脂肪醇聚氧乙烯（9）醚羧酸钠、椰油酰胺丙基氧化胺、脂肪酸烷醇酰胺、烷基葡糖苷、聚乙二醇6000双硬脂酸酯得到混合溶液 A。

（2）待所述的溶液 A 温度降至 35～45℃ 后，依次加入氯化钠、1,2-苯并异噻唑啉-3-酮、香精、柠檬酸搅拌均匀，得到混合溶液 B；所述的溶液 B 的 pH 值为 6.5～7.0。

（3）将所述的混合溶液 B 静置 100～120min，当温度低于 35℃，即得所述的以醇醚羧酸钠为主原料的洗涤剂，再进行灌装。

原料介绍

所述的脂肪醇聚氧乙烯醚硫酸钠、脂肪醇聚氧乙烯（9）醚羧酸钠、脂肪酸烷醇酰胺复配具有良好的润湿、发泡、分散、孔化能力，赋予体系优良的去污能力；

能有效清除衣物沾染的汗渍、油污、菜汁等污垢。

所述的脂肪醇聚氧乙烯（9）醚羧酸钠保留了体系优良的渗透性、去污力、配伍性和溶解性，克服了脂肪醇聚氧乙烯醚类表面活性剂脱脂力强、泡沫低、对皮肤刺激性较大的弱点。

所述的脂肪醇聚氧乙烯（9）醚羧酸钠提高了体系的水溶性，可使体系迅速溶解于水中，方便用户使用。

产品应用　本品主要用作衣领以及织物洗涤。

产品特性　本品选用醇醚羧酸钠与渗透剂、乳化剂、分散剂合理配伍，能迅速渗透到污渍内部，使污渍溶胀，易于剥落、脱离，彻底清除污渍，达到良好的去污效果；本品对环境友好，而且对人体无毒、无刺激。

配方43　抑菌杀菌型织物用液体洗涤剂

原料配比

原料		配比（质量份）				
		1#	2#	3#	4#	5#
阳离子表面活性剂	双癸基乙基羟乙基氯化铵	2	—	—	1.5	—
	双辛基甲基羟乙基氯化铵	—	3	—	—	3
	双十二烷基甲基羟乙基氯化铵	—	—	1	—	—
阴离子表面活性剂	AE9C	10	—	—	—	3
	AE7C	—	3	—	—	—
	AE3S	—	—	5	—	—
	AE2S	—	—	—	6	—
非离子表面活性剂	支链醇聚氧乙烯醚	—	—	8	—	10
	AEO-7	5	3	3	10	—
	AEO-9	—	—	—	—	—
	烷基糖苷	6	5	—	7	—
	棕榈油乙氧基化物	—	—	5	—	—
	脂肪酸甲酯乙氧基化物	—	—	—	8	15
抗絮凝剂	丙烯酸-马来酸酐共聚物梳形表面活性剂	0.1	0.5	0.8	0.2	1
助剂	柠檬酸钠	—	5	—	—	4
	乙二胺四乙酸钠	—	—	1	—	—
	碳酸钠	3	—	—	—	—
	三聚磷酸钠	—	—	—	1	—
荧光增白剂	荧光增白剂（CBS）	0.02	0.08	0.05	0.1	0.03
酶	液体复合酶	0.25	0.2	0.6	0.1	0.7
防腐剂	卡松	0.05	0.01	0.05	0.1	0.01
香精	薰衣草香精	0.2	—	—	0.05	—
	茉莉香精	—	0.1	—	—	—
	百合香精	—	—	0.1	—	0.12
水		加至100	加至100	加至100	加至100	加至100

制备方法　在30～80℃下，将助剂加入水中溶解，加入溶化的阴离子表面活

性剂，然后依次加入溶化的非离子表面活性剂、阳离子表面活性剂，于 300～1000r/min 的速度下搅拌 30～50min，冷却至室温，再依次加入抗絮凝剂、荧光增白剂、洗涤用酶、防腐剂、香精，于 300～1000r/min 的速度下继续搅拌 60～240min，至产品呈均匀透明状态，即得到所要的抑菌杀菌型织物用液体洗涤剂。

原料介绍

所述的阴离子表面活性剂为脂肪醇聚氧乙烯醚硫酸盐（AES）和脂肪醇聚氧乙烯醚羧酸盐（AEC）中的任意一种，其中 AES 为含 2 个或 3 个 EO 链的 AE2S 或 AE3S，AEC 为含 7 个或 9 个 EO 链的 AE7C 或 AE9C。

所述的非离子表面活性剂为支链醇聚氧乙烯醚、支链烷基糖苷（APG）、脂肪醇聚氧乙烯醚（AEO7 或 AEO9）、烷基糖苷（$C_{12～14}$）、脂肪醇聚氧乙烯醚糖苷（AEG）、脂肪酸甲酯乙氧基化物（FMEE）及油脂乙氧基化物中的任意两种或三种组成的混合物。

所述的荧光增白剂为 CBS（二苯乙烯联苯二磺酸钠）。

所述的洗涤用酶为液体复合酶。

所述的防腐剂为卡松（由 5-氯-2-甲基-4-异噻唑啉-3-酮和 2-甲基-4-异噻唑啉-3-酮组成）。

所述的香精为薰衣草、百合、茉莉香精。

所述的油脂乙氧基化物包括：大豆油乙氧基化物、棕榈油乙氧基化物、棕榈仁油乙氧基化物、椰油乙氧基化物、菜籽油乙氧基化物、蓖麻油乙氧基化物。

所述的助剂包括：碳酸钠、柠檬酸钠、乙二胺四乙酸钠、三聚磷酸钠。

产品特性

（1）本品使用在水中具有很好溶解性的阳离子表面活性剂双长链羟乙基卤化铵为杀菌剂，不会对环境造成污染；

（2）本品采用阴阳离子复配体系，在二者的协同作用下，所得产品具有良好的洗涤性能，去污力优于同类产品；

（3）本产品对金黄色葡萄球菌、大肠杆菌和白色念珠菌均具有很好的杀灭能力。

配方44　易降解型洗涤剂

原料配比

原料	配比(质量份)			原料	配比(质量份)		
	1#	2#	3#		1#	2#	3#
丙烯酸-马来酸酐共聚物	28	25	30	甘油	20	15	25
沸石	25	20	30	氯化钙	4	3	6
荧光增白剂	4	3	5	去离子水	30	20	35
椰油酸钠	19	18	20	乙醇	15	15	18
蛋白酶	9	8	10				

制备方法 将各组分混合均匀即可。

产品特性 本品节水性能好，可以节省大约 1/3 漂洗用水；抗硬水性能好；高、低温稳定性好；贮存稳定性好；具有较强的去污、乳化、脱脂、低泡性能，同时易降解，降低了对环境的污染。

配方45　婴儿用纺织清洗剂

原料配比

原料	配比（质量份）			原料	配比（质量份）		
	1#	2#	3#		1#	2#	3#
十六烷基三甲基氯化铵	6	15	10	硫酸钠	12	22	17
二异丁基甲苯氧基乙氧基乙基二甲基苄基氯化铵	5	12	11	月桂醇聚氧乙烯醚硫酸钠	5	15	10
				淀粉	45	60	52
薄荷醇	2.5	5	3.7	金银花精油	1.5	5	3.2
碳酸氢钠	6	14	10	水	40	50	45

制备方法 先将十六烷基三甲基氯化铵和二异丁基甲苯氧基乙氧基乙基二甲基苄基氯化铵溶于水中，加入月桂醇聚氧乙烯醚硫酸钠，搅拌混合均匀，然后加入碳酸氢钠、硫酸钠和淀粉，混合搅拌均匀后加入薄荷醇和金银花精油，混合均匀即得成品。

产品特性 本品生物降解性能好，能够有效去除婴儿用纺织品上的污渍、油脂等物，不会损伤婴儿的皮肤，经过清洗后的纺织品具有清爽和长时间抑菌的功效。用本品清洗婴儿纺织品，只要轻轻搓洗就能将纺织品上的污渍和油脂去除干净，使衣物变得清爽，抑菌时间长达 30 天。

配方46　用于清洗丙纶地毯的低泡清洗剂

原料配比

原料	配比（质量份）	原料	配比（质量份）
斯盘-65	9	草酸	0.8
吐温-85	2	聚醚	0.2
三聚磷酸钠	5	聚二甲基硅氧烷	0.2
2-丁氧基乙醇	1	五水合硫酸铜	0.2
苯扎氯铵	3	水	加至100
肌醇六磷酸酯	1.5		

制备方法

（1）先将斯盘-65、吐温-85、三聚磷酸钠依次加入适量水中，搅拌后待其完全溶解；

（2）然后将 2-丁氧基乙醇、苯扎氯铵、肌醇六磷酸酯依次加入，搅拌均匀；

（3）最后加入草酸、聚醚、聚二甲基硅氧烷、五水合硫酸铜和余量的水，搅拌均匀，即得用于清洗丙纶地毯的低泡清洗剂。

产品应用　取本品配成 5%（质量分数）的溶液，将地毯浸泡其中 0.5h 以上，浸泡过程中可以用刷子等工具加强清洗效果，最后用水将地毯冲洗或浸洗干净，晾干即可。

产品特性　本品采用不同表面活性剂和助剂复配，具有优异的去污能力，可容易去除地毯上的各种污渍，清洗过程中基本无泡沫产生，漂洗用水量明显低于现有产品。另外，本品可以杀灭地毯纤维缝隙中的有害细菌，不损伤丙纶地毯材质，清洗过后恢复原有的色泽和触感。

配方47　用于清洗涤纶地毯的低泡清洗剂

原料配比

原料	配比（质量份）	原料	配比（质量份）
斯盘-65	4	草酸	0.8
吐温-85	3	聚醚	0.4
三聚磷酸钠	4	聚二甲基硅氧烷	0.2
2-丁氧基乙醇	2	五水合硫酸铜	0.2
苯扎氯铵	1.8	水	加至100
肌醇六磷酸酯	2.2		

制备方法

（1）先将斯盘-65、吐温-85、三聚磷酸钠依次加入适量水中，搅拌后待其完全溶解；

（2）然后将 2-丁氧基乙醇、苯扎氯铵、肌醇六磷酸酯依次加入，搅拌均匀；

（3）最后加入草酸、聚醚、聚二甲基硅氧烷、五水合硫酸铜和余量的水，搅拌均匀，即得用于清洗涤纶地毯的低泡清洗剂。

产品应用　本品是一种用于清洗涤纶地毯的低泡清洗剂。

使用方法为：取本品按 5%（质量分数）配成溶液，将地毯浸泡其中 0.5h 以上，浸泡过程中可以用刷子等工具加强清洗效果，最后用水将地毯冲洗或浸洗干净，晾干即可。

产品特性　本品采用不同表面活性剂和助剂复配，具有优异的去污能力，可容易去除地毯上的各种污渍，清洗过程中基本无泡沫产生，漂洗用水量明显低于现有产品。另外，本品可以杀灭地毯纤维缝隙中的有害细菌，不损伤涤纶地毯材质，清洗过后恢复原有的色泽和触感。

配方48　用于清洗棉质地毯的低泡清洗剂

原料配比

原料	配比（质量份）	原料	配比（质量份）
斯盘-65	7	2-丁氧基乙醇	1.5
吐温-85	3	苯扎氯铵	2.5
三聚磷酸钠	4	肌醇六磷酸酯	2.0

続表

原料	配比（质量份）	原料	配比（质量份）
草酸	0.2	五水合硫酸铜	0.2
聚醚	0.2	水	加至100
聚二甲基硅氧烷	0.1		

制备方法

（1）先将斯盘-65、吐温-85、三聚磷酸钠依次加入适量水中，搅拌后待其完全溶解；

（2）然后将2-丁氧基乙醇、苯扎氯铵、肌醇六磷酸酯依次加入，搅拌均匀；

（3）最后加入草酸、聚醚、聚二甲基硅氧烷、五水合硫酸铜和余量的水，搅拌均匀，即得用于清洗棉质地毯的低泡清洗剂。

产品应用　取本品按5％（质量分数）比配成溶液，将地毯浸泡其中0.5h以上，浸泡过程中可以用刷子等工具加强清洗效果，最后用水将地毯冲洗或浸洗干净，晾干即可。

产品特性　本品采用不同表面活性剂和助剂复配，具有优异的去污能力，可容易去除地毯上的各种污渍，清洗过程中基本无泡沫产生，漂洗用水量明显低于现有产品。另外，本品可以杀灭地毯纤维缝隙中的有害细菌，不损伤棉质地毯材质，清洗过后恢复原有的色泽和触感。

配方49　用于清洗尼龙地毯的低泡清洗剂

原料配比

原料	配比（质量份）	原料	配比（质量份）
斯盘-65	3	草酸	0.5
吐温-85	2	聚醚	0.3
三聚磷酸钠	3.5	聚二甲基硅氧烷	0.1
2-丁氧基乙醇	1	五水合硫酸铜	0.2
苯扎氯铵	1.5	水	加至100
肌醇六磷酸酯	1.8		

制备方法

（1）先将斯盘-65、吐温-85、三聚磷酸钠依次加入适量水中，搅拌后待其完全溶解；

（2）然后将2-丁氧基乙醇、苯扎氯铵、肌醇六磷酸酯依次加入，搅拌均匀；

（3）最后加入草酸、聚醚、聚二甲基硅氧烷、五水合硫酸铜和余量的水，搅拌均匀，即得用于清洗尼龙地毯的低泡清洗剂。

产品应用　取本品按5％（质量分数）配成溶液，将地毯浸泡其中0.5h以上，浸泡过程中可以用刷子等工具加强清洗效果，最后用水将地毯冲洗或浸洗干净，晾干即可。

产品特性　本品采用不同表面活性剂和助剂复配,具有优异的去污能力,可容易去除地毯上的各种污渍,清洗过程中基本无泡沫产生,漂洗用水量明显低于现有产品。另外,本品可以杀灭地毯纤维缝隙中的有害细菌,不损伤尼龙地毯材质,清洗过后恢复原有的色泽和触感。

配方50　用于清洗橡胶地毯的低泡清洗剂

原料配比

原料	配比(质量份)	原料	配比(质量份)
斯盘-65	6	草酸	0.6
吐温-85	2.5	聚醚	0.35
三聚磷酸钠	4	聚二甲基硅氧烷	0.15
2-丁氧基乙醇	1	五水合硫酸铜	0.2
苯扎氯铵	1	水	加至100
肌醇六磷酸酯	1.5		

制备方法

(1) 先将斯盘-65、吐温-85、三聚磷酸钠依次加入适量水中,搅拌后待其完全溶解;

(2) 然后将2-丁氧基乙醇、苯扎氯铵、肌醇六磷酸酯依次加入,搅拌均匀;

(3) 最后加入草酸、聚醚、聚二甲基硅氧烷、五水合硫酸铜和余量的水,搅拌均匀,即得用于清洗橡胶地毯的低泡清洗剂。

产品应用　取本品按5%(质量分数)配成溶液,将地毯浸泡其中0.5h以上,浸泡过程中可以用刷子等工具加强清洗效果,最后用水将地毯冲洗或浸洗干净,晾干即可。

产品特性　本品采用不同表面活性剂和助剂复配,具有优异的去污能力,可容易去除地毯上的各种污渍,清洗过程中基本无泡沫产生,漂洗用水量明显低于现有产品。另外,本品可以杀灭地毯纤维缝隙中的有害细菌,不损伤橡胶地毯材质,清洗过后恢复原有的色泽和触感。

配方51　用于清洗羊毛地毯的低泡清洗剂

原料配比

原料	配比(质量份)	原料	配比(质量份)
斯盘-65	5	草酸	0.5
吐温-85	3	聚醚	0.5
三聚磷酸钠	3	聚二甲基硅氧烷	0.1
2-丁氧基乙醇	2	五水合硫酸铜	0.2
苯扎氯铵	2	水	加至100
肌醇六磷酸酯	2.5		

制备方法

（1）先将斯盘-65、吐温-85、三聚磷酸钠依次加入水中，搅拌后待其完全溶解；

（2）然后将 2-丁氧基乙醇、苯扎氯铵、肌醇六磷酸酯依次加入，搅拌均匀；

（3）最后加入草酸、聚醚、聚二甲基硅氧烷、五水合硫酸铜和余量的水，搅拌均匀，即得用于清洗羊毛地毯的低泡清洗剂。

产品应用　取本品按 5%（质量分数）配成溶液，将地毯浸泡其中 0.5h 以上，浸泡过程中可以用刷子等工具加强清洗效果，最后用水将地毯冲洗或浸洗干净，晾干即可。

产品特性　本品采用不同表面活性剂和助剂复配，具有优异的去污能力，可容易去除地毯上的各种污渍，清洗过程中基本无泡沫产生，漂洗用水量明显低于现有产品。另外，本品可以杀灭地毯纤维缝隙中的有害细菌，不损伤羊毛地毯材质，清洗过后恢复原有的色泽和触感。

配方52　用于羊毛织物的洗涤剂

原料配比

原料	配比（质量份）		原料	配比（质量份）	
	1#	2#		1#	2#
脂肪醇聚氧乙烯醚硫酸钠	9	17	聚乙二醇	1	5
柠檬酸三钠	6	10	葡糖酸	4	11
椰油酸二乙醇酰胺	4	10	二羧乙基椰油基磷酸乙基咪唑啉钠	5	10
壬基酚聚氧乙烯（10）醚	2	6	水软化剂	2	4
氯化双十八烷基二甲基铵	2	8	2,6-二叔丁基对甲酚	7	10
氯化钙	3	9	甘油	1	5

制备方法　将各组分混合均匀即可。

产品应用　本品主要用于羊毛织物的洗涤。

产品特性　本品能够很好地清洗衣物，同时可使织物柔软、蓬松，并且清洗方便，节水节能。

配方53　用于织物的温和型清洗剂

原料配比

原料		配比（质量份）			原料		配比（质量份）		
		1#	2#	3#			1#	2#	3#
油酸钾		24	20	25	聚乙二醇		9	8	10
醇醚羧酸盐		6	5	8	乙醇		30	25	35
烷基苯磺酸钠		7	5	8	乌洛托品		28	25	30
蛋白酶和脂肪酶的混合物		1.5	0.5	2	蛋白酶和脂肪酶的混合物	蛋白酶	1.5	1.5	1.5
双牛酯基酯基羟乙基甲基硫酸甲酯铵		9	8	10		脂肪酶	2.5	2.5	2.5

制备方法 将各组分原料混合均匀即可。

产品特性 本品防尘，无毒无害，安全环保。本品对织物损伤力小、性能温和，可使织物柔软、蓬松，是居家必备的洗涤用品。

配方54 有色纺织品增色洗涤剂

原料配比

原料	配比(质量份)	原料	配比(质量份)
洗涤剂	5~95	固色剂	13~72
增深剂	2~98	匀染剂	21~82
渗透剂	19~83	助染剂	22~69
阳离子改性剂	3~90	增白剂	29~75
纤维改性剂	2~80	pH 值调节剂	0.1~10
溶纤剂	1~81	套蓝剂	0.006~0.008
扩散剂	2~82	漂白剂	适量

制备方法

（1）先将渗透剂、扩散剂、洗涤剂、溶纤剂、固色剂、匀染剂、助染剂、增白剂、漂白剂、套蓝剂按质量份混配，温度为 0~140℃；使用 pH 值调节剂调 pH 值为 1~14，制备成洗涤溶液；

（2）向步骤（1）洗涤溶液中加入阳离子改性剂、纤维改性剂、增深剂，温度为 0~140℃，搅匀，即得到有色纺织品增色洗涤剂。

原料介绍

本品所用到的增深剂的增深原理：纺织品的颜色是由色相、纯度和明度（光泽）决定的。不同的色相、光泽，若光波的反射率、透射率不同，就会因浓淡和受光程度不同而表现出具有明暗层次的视觉效果。织物光泽是正反射光、表面反射光和来自内部的散射光共同作用的结果。反射光是织物光泽的主体部分。提高纺织品颜色深度的主要途径是减弱其对光的反射和散射能力，使更多的可见光进入纤维内部，使染料发生选择性吸收产生深色效果。

增深剂具有使纤维表面化学性能改性的功能，通过在纤维表面覆盖一层低折射率的物质，使织物表面产生一种膜，这种膜可改变纤维对光的吸收、反射和散射程度。由于膜对光的反射与吸收程度不同，使织物的明度有所下降，颜色似乎变深。虽然大分子膜很薄，约为 0.5μm，但织物是纤维的集合体，大量纤维的这种效应合并在一起，效果便突出了。所以在明度较高的洗掉色的织物上增深效果更为明显。

所用到的增深剂为壳聚糖、树脂或有机硅油；其中壳聚糖又称为脱乙酰甲壳素，是甲壳素在碱性条件下水解脱掉乙酰基而形成的。甲壳素主要来源于虾、蟹等水生贝壳动物的外壳。

有机硅油包含烷基硅油、氨基硅油、二甲基硅油、SILANOL SF9188、SIL-ANOLSF9103、含氟硅油、聚醚改性硅油、长链烷基硅油等。一般都用二甲基硅油，它是一种不同聚合度、链状结构的聚有机硅氧烷。

树脂一般指人工合成的固相介质，以聚苯乙烯为基质，经修饰带有磺酸基或羟基时可用作阳离子交换剂，携带伯氨或叔氨基时可作阴离子交换剂。

树脂增深原理：经含有树脂的洗涤剂洗涤后，织物表面形成了一层均匀的低折射率树脂薄膜，相应降低了织物的折射率，使织物总表面反射光小于洗涤前的反射光，使织物表面色泽增深。以上增深剂同时具有固色功能和改变纤维面料的功能，如柔顺、抗静电、易去污、抗菌、免烫等。

纤维改性剂为稀土化合物。所述稀土对纤维的改性作用：稀土洗涤过的织物纵向纹理清晰、纤维呈圆柱状、表面干净、结构疏松，对纤维上污垢的活化及络合作用，使其与含有 N、O、S 等元素的污渍被裂解成分形成络合物，经洗涤分散在溶液中，从而提高了毛细效应，手感柔软，改善了织物外观。稀土元素具有强络合作用，其进入纤维的无定形区，借助配价键、共价键形成络合物，从而起到一种交联剂的作用，使织物的强力得以提高。

所述稀土化合物中含有十五个稀土元素、钇和钪的各种化合物。

所述稀土元素对织物的洗涤返新效果表现在、织物的白度增加，颜色增深、增艳，毛效提高和强力提高等方面。稀土元素能使纤维上污垢的有色物质活化，使其与漂白剂的反应更容易进行，降低漂白反应的活化能，对织物的漂白反应有活性催化作用。稀土元素本身的最大吸收波长 $580\mu m$，对旧织物的黄光具有选择吸收的能力，使泛黄的旧织物返新。稀土与染料分子中的羟基氧原子、偶氮基的氮原子和磺酸基的氧原子间存在络合作用，从而使染料分子量增大，导致染料色泽加深，鲜艳度提高。稀土能使染料和纤维非极性部分之间的分子间作用力增大，提高色牢度。稀土洗涤织物颜色深而艳，色光纯正，色牢度高。

所述阳离子改性剂的主要成分为有机金属离子化合物、含氮阳离子化合物，包括：氯化稀土、二价铜盐、三价铝盐、三价铬盐等。它与纤维发生静电吸引和络合作用，改变织物表面的电负性，降低纤维和阴离子染料的静电斥力，使纤维对染料的吸附更加牢固，从而提高染料在纤维上的固色率，以防止洗涤所产生的染料溶解和穿用时的染料升华。

所述氯化稀土主要指以轻稀土为主的稀土矿物，经碱法和酸法处理后得到轻稀土氯化物的混合物，其中含有氯化镧、氯化铈、氯化镨、氯化钕等。

所述溶纤剂是指丁基溶纤剂或乙基溶纤剂或叔丁基溶纤剂或二甲基溶纤剂。丁基溶纤剂能溶于20倍水中，溶于大多数有机溶剂及矿物油中，与石油烃具有很高的稀释比。其作用在于改进乳化性能和将矿物质溶解在洗涤剂中。利用这一性能可将沉淀、吸附在纤维表面的矿物质和无机盐及极性尘埃等，溶解脱落，还纤维以崭新的外观。

所述助染剂采用氯化钠，是无机盐，同时也是氯化物，无色立方结晶或白色结晶。

所述漂白剂采用双氧水或氯漂水。氯漂水简称氯漂，是能释放活性氯的氧化剂，通常有氯漂水和氯漂粉。利用次氯酸钠的氧化作用，来破坏污垢色素和污渍结构，达到返新目的。

所述固色剂为阳离子可溶性基团构成的具有重复单元的高分子水溶液与碱性水溶液接触，析出的含水凝胶。这种含水凝胶可与重金属离子和色素相互吸附，干燥后在其表面形成一层薄膜，对染料有固定、保护作用。

产品特性 本品是在现有的洗涤剂中，添加一定量的各种辅料，如增深剂、渗透剂、阳离子改性剂、纤维改性剂、扩散剂、固色剂、匀染剂、助染剂、增白剂、漂白剂、pH值调节剂、套蓝剂。有色纺织品被洗涤，不但原有的颜色被固色，而且在增深剂的作用下，洗后的颜色被增深，每次被洗掉的颜色，都在增深后及时得到了色泽补充，使衣服仍然保持原色，既不褪色，又不变旧，并且随着洗涤次数增加，颜色始终保持不变，达到了常洗常新的效果。

本产品环保无污染，织物洗涤后，即新鲜干净又增深增艳，达到了返新效果。

配方55 有色织物洗涤剂

原料配比

原料	配比（质量份）			原料	配比（质量份）		
	1#	2#	3#		1#	2#	3#
女菀	2	4	3	氯化钠	2	2	3
娃儿藤	2	4	3	偏硅酸钠	10	10	9
脂肪醇聚氧乙烯醚硫酸盐（AES）	9	12	10	次氯酸钠	1	1	1.5
十二烷基苯磺酸钠（LAS）	3	2	2	椰油酸二乙醇酰胺	2	2	1
脂肪醇聚氧乙烯醚（AEO）	2	3	3	香精	0.1	0.1	0.1
羧甲基纤维素钠	1	0.5	1	去离子水	适量	适量	适量
乙醇	7	8	8				

制备方法 取女菀、娃儿藤，加水煎煮两次，第一次加水量为药材质量的8～12倍，煎煮1～2h；第二次加水量为药材质量的6～10倍，煎煮1～2h。合并煎液，浓缩至女菀、娃儿藤总质量的10倍，加入脂肪醇聚氧乙烯醚硫酸盐（AES）、十二烷基苯磺酸钠（LAS）、脂肪醇聚氧乙烯醚（AEO）、羧甲基纤维素钠、乙醇、氯化钠、偏硅酸钠、次氯酸钠、椰油酸二乙醇酰胺、香精，于70～80℃融溶，即得。

产品特性 本品中女菀和娃儿藤清热解毒，两者配伍，起泡和抗菌效果良好。

配方56　鱼藤酮洗涤剂

原料配比

原料	配比(质量份)				原料	配比(质量份)			
	1#	2#	3#	4#		1#	2#	3#	4#
鱼藤酮	0.3	0.5	0.7	1	醇	2	4	4	2
烷基苯磺酸钠	20	24	20	24	甲醛(25%~28%)	0.1	0.2	0.1	0.2
脂肪醇聚氧乙烯醚	11	16	16	11	精盐	0.4	0.5	0.5	0.5
脂肪醇醚硫酸钠	8	10	8	10	香精	0.1	0.1	0.1	0.1
AES	1	2	2	1	水	3000	3000	3000	3000
二甲苯磺酸钠	4	6	4	6					

制备方法　将原料混合搅拌均匀即得产品。

产品应用　本品主要应用于织物洗涤。

产品特性　本品具有配方科学、合理，天然环保，去油污力强等优点。

配方57　羽绒棉花制品洗涤剂

原料配比

原料	配比(质量份)			原料	配比(质量份)		
	1#	2#	3#		1#	2#	3#
十二烷基苯磺酸钠	25	35	30	脂肪醇聚氧乙烯醚	4	8	6
聚氧化乙烯烷基醚	3	10	6	γ-谷维醇	0.1	1	0.5
直链烷基苯磺酸钠	10	20	15	水	60	70	65
丁基溶纤剂	1	4	2.5				

制备方法　首先将丁基溶纤剂、脂肪醇聚氧乙烯醚和聚氧化乙烯烷基醚混合在一起搅拌，加入一部分水，再将十二烷基苯磺酸钠、直链烷基苯磺酸钠加入，搅拌至完全溶解，最后加入γ-谷维醇和剩余的水，搅拌均匀即可。

产品特性　本品制作简单，使用方便，能有效去除衣物上的污垢，并且漂洗方便，衣物干燥后，还能使衣内棉花、羽绒恢复原有的弹性和蓬松状，保持原有的保暖性能，并且抗硬水性能也很强。

配方58　圆球形洗涤剂组合物

原料配比

原料	配比(质量份)				
	1#	2#	3#	4#	5#
阴离子表面活性剂	61.6	61.6	61.6	80	50
非离子表面活性剂(AEO-9)	2	9	2	3	2
助剂	32	25.4	32	14	44
崩解剂	2	1	1	1	2
去离子水	适量	适量	适量	适量	适量

原料		配比（质量份）				
		1#	2#	3#	4#	5#
阴离子表面活性剂	十二烷基硫酸钠	30	35	28.3	40	20
	α-烯基磺酸盐（碳原子数14～18）	16.6	16.6	23.3	15	15
	十二烷基苯磺酸钠	15	10	10	25	15
助剂	Na_2CO_3	10	6	13	4	13
	4A沸石	20	7.4	8	4	16
	Na_2SO_4	1	9	9	3	12
	硅酸钠	1	3	2	3	3

制备方法

（1）将所述各组分和各组分总质量2%～5.3%的水混合成混合料，将该混合料输入挤出机挤出成直径0.5～5mm的细条，再经滚圆造粒机造粒，然后干燥制得圆球形洗涤剂组合物。挤出机中所述混合料的温度为20～80℃，优选30～50℃。

（2）挤出机的螺杆转速为20～150r/min，优选30～80r/min。

（3）滚圆造粒机离心转盘的转速为500～3000r/min，优选800～1200r/min。

（4）所述圆球形洗涤剂组合物颗粒粒径为0.5～5mm，优选0.8～3mm，堆密度为0.6～1.8g/mL。

生产过程中，先将阴离子表面活性剂、非离子表面活性剂、助剂、崩解剂及水按配比混合均匀，在挤出机中挤成条状，然后进入滚圆机滚圆。通过控制混合时间、挤出机转速、挤出机温度、挤出直径、滚圆机转速、滚圆时间、干燥温度等条件来调节产品堆密度等物性。非离子表面活性剂可以在造粒干燥后加入，或部分在预混时加入，部分在造粒干燥后加入。干燥后还可添加过氧盐颗粒、酶颗粒、香精及彩色粒子制成终成品。

所述各组分混合时水的加入量需要严格控制在2%～5.3%之间，若水分太少，挤出及滚圆过程中易粉化，产品得率低；若水分含量过高，挤出条在滚圆过程中会因黏合聚团而无法形成目标圆球。

原料介绍　所述阴离子表面活性剂为十二烷基硫酸钠、烷基苯磺酸盐、脂肪醇硫酸盐、α-烯基磺酸盐、脂肪醇醚硫酸盐、脂肪酸甲酯磺酸盐中的一种或一种以上的混合物；所述盐为碱金属盐或碱土金属盐，或碱金属盐和碱土金属盐的混合物；所述烷基、烯基的碳原子数为8～24，优选8～18。

所述非离子表面活性剂是脂肪醇聚氧乙烯醚（AEO）、烷基多苷（APG）、脂肪酸甲酯乙氧基化物（FMEE）中的一种或一种以上的混合物。

所述助剂为4A沸石、层状结晶二硅酸钠（层硅）、对甲苯磺酸钠、硫酸钠、氨基三乙酸钠、四乙酰乙二胺（TAED）、乙二胺四乙酸（EDTA）、聚乙烯吡咯烷酮（PVP）、碳酸氢钠、碳酸钠、硅酸盐、荧光增白剂、消泡剂中的一种或一种以上的混合物。

所述崩解剂为柠檬酸、酒石酸、苹果酸中的一种或一种以上与碳酸钠、碳酸氢钠中的一种或一种以上的组合物，或羟丙基甲基纤维素（HPMC）、甲基纤维素（MC）、羧甲基纤维素钠（CMC）、羧甲基淀粉（CMS）中的一种或一种以上的组合物。这些物质在吸水时体积会膨胀，导致洗涤剂颗粒受力崩解，增大与水的接触面积，加速在水中溶解。也可采用化学反应类体系。化学反应崩解体系（简称化学崩解体系）是指崩解剂组分间因发生化学反应而促使洗涤剂颗粒胀裂加速溶解的体系。本品采用化学崩解体系，洗涤剂颗粒在溶解时崩解体系的酸性组分和碱性组分与水接触后发生化学反应，生成二氧化碳，二氧化碳气泡附着在洗涤剂颗粒的空隙，随二氧化碳产生量增加，气泡体积越来越大，促使洗涤剂颗粒胀裂，与水接触面积增大进而加速溶解。含化学崩解体系的洗涤剂组合物也会在组分混合、挤出、滚圆的生产过程中产生二氧化碳气体，因此要控制崩解剂组分的加料方式。含化学崩解体系的本品各组分混合时需控制加料顺序为：表面活性剂→助剂→崩解剂中的碳酸钠或碳酸氢钠→水，充分混合后方可加入粉状的柠檬酸、苹果酸、酒石酸等，以免酸性物质与碱性物质过早混合发生化学反应。化学崩解体系的加入量及作用时间可以调控干燥前产品中的气泡含量，在干燥过程中二氧化碳逸出形成多孔通道有利于洗涤剂组合物的溶解。

碳酸钠、碳酸氢钠是洗衣粉中的助剂，起增强 pH、提高清洗力的作用，本品采用了化学崩解剂，碳酸钠、碳酸氢钠也是化学崩解体系的碱性组分。

挤出滚圆宜采用螺杆挤出机、滚圆机等，干燥可采用流化床干燥机、履带式干燥机等。

产品特性　本品以挤出、滚圆工序为主生产圆球形洗涤剂，解决了高压喷雾法导致的能耗大、设备庞杂、配料中热敏性物质易失活、挥发性物质易挥发等问题，以及产品堆密度小导致的包装、运输成本高的问题，同时解决了附聚成形法工艺过程不易掌握、造粒不均匀、设备维修困难等问题。本品活性物含量高、堆密度大且调控容易、溶解速度快、流动性好、外观整洁。

配方59　长效织物洗涤剂

原料配比

原料	配比(质量份)		原料	配比(质量份)	
	1#	2#		1#	2#
二羟乙基咪唑啉	9	16	壬基酚聚氧乙烯醚(10)硫酸钠	4	8
香精	2	7	柠檬酸	2	4
脂肪醇聚氧乙烯醚硫酸钠	7	9	丁二酸酯磺酸钾	6	8
脂肪醇聚氧乙烯醚	2	8	牛蹄油	6	10
木粉	3	9	羧甲基纤维素	4	7
脂肪酸二乙醇酰胺	4	8	水	50	50
月桂醇聚氧乙烯醚	5	10			

制备方法 将各组分混合均匀即可。

产品特性 本品洗涤效果好，作用时间长，同时可使衣物更加柔顺、清香和光亮。

配方60 织物清洗剂

原料配比

原料	配比（质量份）				原料	配比（质量份）			
	1#	2#	3#	4#		1#	2#	3#	4#
十二烷基苯磺酸钠	15	13	15	12	三聚磷酸钠	4	6	6	3
羟基乙酸	12	13	15	15	聚醚	0.1	0.2	0.5	0.5
乙氧基壬基酚醚	5	4	5	3	磷酸钠	1	1	2	2
羧基乙酸	4	7	6	8	硅酸钠	0.9	0.8	0.5	0.5
乙氧基月桂醇醚	3	4	5	5	四氯乙烯	50	48	40	50
硫酸钠	5	3	5	1					

制备方法 将各组分原料混合均匀即可。

产品应用 将上述织物清洗剂加20～30倍水配成溶液，将织物在常温下浸泡在所述溶液中1～12h，然后过水洗净，干燥。当织物为白色时，浸泡时间为2～12h；当织物有色时，浸泡时间为1～2h。

产品特性 本品能有效去除织物在生产过程中产生的污渍，尤其是织物上的油渍、锈渍。污渍去除后只需用清水洗净、干燥即可，使用简单。

配方61 织物用清洗剂

原料配比

原料	配比（质量份）			原料	配比（质量份）		
	1#	2#	3#		1#	2#	3#
四氯化锡	3	5	4	水	80	85	82
轻质碳酸钙	3	5	4	防腐剂	2	3	2.5
草酸	1	2	1.5	磷酸盐	3	5	4
氟化钙	5	8	6.5	渗透剂	1	2	1.5

制备方法 将各组分原料混合均匀即可。

产品应用 本品主要用于各种面料上各种污垢的清洗。

产品特性 本品安全无毒、清洗效果好，适用于各种面料上各种污垢的清洗，且制作成本低。

配方62 织物柔软液体洗涤剂

原料配比

原料	配比（质量份）			原料	配比（质量份）		
	1#	2#	3#		1#	2#	3#
十二烷基苯磺酸钠	10	12	11	柠檬酸	5	8	6.5
脂肪醇聚氧乙烯醚	3	5	4	甘油	6	8	7

原料	配比（质量份）			原料	配比（质量份）		
	1#	2#	3#		1#	2#	3#
氯化钠	1	2	1.5	香精	0.1	0.2	0.15
异丙醇	1	2	1.5	水	50	60	55

制备方法 将各组分混合，搅拌均匀即可。

产品特性 本品对织物损伤力小，性能温和，可使织物柔软、蓬松、防尘。

配方63 织物污垢洗涤剂

原料配比

原料	配比（质量份）			原料	配比（质量份）		
	1#	2#	3#		1#	2#	3#
脂肪酰胺磺酸钠	8	12	10	甲苯	0.5	0.8	0.6
脂肪酸二乙醇酰胺	6	10	8	精油	3	5	4
氯化钠	2	4	3	乙醇	5	10	8
羧乙烯聚合物	0.5	1	0.8	水	25	35	30

制备方法 将各组分混合均匀即可。

产品特性 本品能有效去除织物上的污垢，且洗涤后的织物柔软，能够长期存放。

配方64 织物污渍洗涤剂

原料配比

原料	配比（质量份）			原料	配比（质量份）		
	1#	2#	3#		1#	2#	3#
脂肪醇聚氧乙烯醚硫酸铵	12	10	15	双氰胺甲醛	22	20	25
直链烷基苯磺酸钠	18	16	20	冰醋酸	4	2	5
十二烷基苯磺酸钠	18	15	20	乙醇	25	15	30
椰油酸烷醇酰胺	10	8	16				

制备方法 将各组分混合均匀即可。

产品特性 用本品清洗衣服可避免衣服领口及袖口处出现发黄、褪色、板结现象，可有效去除各种真菌，以及血渍、汗渍、奶渍、内分泌物等，并可清除异味；性质温和，保护衣物，不损伤手部肌肤；保护衣物纤维，洗后内衣柔软；泡沫适中，易于冲洗，省时省力；绿色环保配方，不含铝、荧光增白剂等对环境和生态有害的成分。

配方65　织物去污洗涤剂

原料配比

原料	配比（质量份）		原料	配比（质量份）	
	1#	2#		1#	2#
壬基酚聚氧乙烯醚磺基琥珀酸单酯钠	9	15	玫瑰提取液	2	4
茶皂素	2	8	棕榈酸甲酯-α-磺酸钠	6	9
氯菊酯	1	3	杀菌剂	2	4
磺酸	2	6	三氯甲烷	7	9
三乙醇胺	3	8	异丙醇	2	6
丙二醇正丙醚	5	9	水	40	40

制备方法　将各组分混合均匀即可。

产品特性　本品具有很强的去污效果，洗涤手感好，同时具有清香和舒适性能。

配方66　低聚木糖织物洗涤剂

原料配比

原料	配比（质量份）			原料	配比（质量份）		
	1#	2#	3#		1#	2#	3#
脂肪醇聚氧乙烯醚硫酸铵	1	5	3	双氰胺甲醛	1	5	2
直链烷基苯磺酸钠	10	15	12	冰醋酸	1	4	3
低聚木糖	10	15	13	甲醇	2	5	4
椰油酸烷醇酰胺	8	10	9	硫化酰胺类表面活性剂	10	15	12

制备方法　将各组分混合均匀即可。

原料介绍　加入低聚木糖，有利于增强生物酶活性，可以大大改善去污效果。同时，通过甲醇与冰醋酸的相互作用，能够部分溶解于麻、丝绸等织物的纤维素层，提高该织物洗涤剂对麻、丝绸的洗涤效果。

产品特性　本品能够对棉、麻、丝绸等多种织物进行洗涤处理，提高了对不同织物的适应性。

配方67　织物用柔性洗涤剂

原料配比

原料	配比（质量份）			原料	配比（质量份）		
	1#	2#	3#		1#	2#	3#
氨基三乙酸	24	20	25	葡糖酸	9	8	10
醇醚羧酸盐	6	5	8	聚乙二醇	9	8	10
烷基苯磺酸钠	7	5	8	乙醇	30	25	35
蛋白酶和脂肪酶的混合物	1.5	0.5	2	甘油	28	25	30

制备方法 将各组分混合均匀即可。

原料介绍 蛋白酶和脂肪酶的混合物由 1.5 份蛋白酶和 2.5 份脂肪酶混合而成。

产品特性 本品对织物损伤力小、性能温和，可使织物柔软、蓬松、防尘，对人体健康无害，对环境亦无污染。

配方68 织物用杀菌清洗剂

原料配比

原料	配比（质量份）			原料	配比（质量份）		
	1#	2#	3#		1#	2#	3#
磷酸三钠	18	15	25	烷基酚聚氧乙烯醚	0.2	0.1	0.3
甲基异噻唑啉酮	0.6	0.5	0.8	蛋白酶	0.4	0.2	0.5
淀粉酶	1.5	1	2	表面活性剂烷基磺酸盐	—	1.5	2.5
酶稳定剂	0.5	0.2	0.5	二甘醇	20	15	25
失水山梨糖醇酯	3	2	5	去离子水	20	15	25

制备方法 将各组分原料混合均匀即可。

产品特性 本品节水、高效、易漂洗和无残留，而且成本低廉、使用安全。用本品清洗衣服可避免衣服领口及袖口处出现发黄、褪色、板结现象，可有效去除各种真菌，以及血渍、汗渍、奶渍、内分泌物等，并可清除异味；性质温和，保护衣物，不损伤手部肌肤；保护衣物纤维，洗后内衣柔软；泡沫适中，易于冲洗，省时省力；绿色环保配方，不含铝、荧光增白剂等对环境和生态有害的成分。

配方69 织物用油漆清洗剂

原料配比

原料	配比（质量份）			原料	配比（质量份）		
	1#	2#	3#		1#	2#	3#
松油	0.5	2.5	3.8	十二烷基磷酸酯盐	0.01	0.015	0.017
石脑油	13	16	19	过碳酸钠	3.25	5.5	6.2
十四烷基二甲基苄基氯化铵	0.2	0.26	0.38	香精	0.1	0.18	0.24
聚乙烯醇	0.03	0.035	0.04	水	159	167	170

制备方法 先将十四烷基二甲基苄基氯化铵、聚乙烯醇、十二烷基磷酸酯盐和过碳酸钠加入水中，搅拌混合均匀，然后加入松油、石脑油和香精，混合均匀即得成品。

产品特性 本品能够有效地去除织物上的油漆和其他污渍，并且能够杀灭织物上的细菌，清洗后的织物变得柔软和抗静电。用本品清洗停留在织物上 20 天的油漆，油漆被全部清除，织物上 98.6% 的细菌被杀灭，织物变得柔软和抗静电。

配方70 重垢性液体洗涤剂

原料配比

原料	配比(质量份) 1#	配比(质量份) 2#	配比(质量份) 3#	原料	配比(质量份) 1#	配比(质量份) 2#	配比(质量份) 3#
月桂醇硫酸钠	3	8	5	二甲苯磺酸钠溶液	2	9	7
脂肪醇聚氧乙烯醚	12	18	15	乙二醇	4	6	5
十二烷基苯磺酸钠	8	15	12	氯化钙	0.1	—	0.1
硅酸钠	1	4	2	蛋白酶	0.8	0.1	0.6
柠檬酸钠	11	5	8	淀粉酶	0.1	0.3	0.2
三乙醇胺	3	1	2	水	40	60	50

制备方法 将水加热至 40～50℃，搅拌下加入月桂醇硫酸钠、脂肪醇聚氧乙烯醚、十二烷基苯磺酸钠，溶解均匀后，用三乙醇胺调节溶液的 pH 值至 8 以上，加入硅酸钠、柠檬酸钠、二甲苯磺酸钠溶液、乙二醇、氯化钙充分搅拌，然后加入蛋白酶和淀粉酶，搅拌、冷却至室温即成所述重垢性液体洗涤剂。

原料介绍 所述二甲苯磺酸钠溶液的浓度为 40%。二甲苯磺酸钠是高效、低毒性洗涤用品增溶调理剂。与使用传统增溶剂的产品相比，使用该产品的洗涤用品具有手感好、刺激性低、产品品质纯度高等特点。

产品应用 本品主要用于织物洗涤。

产品特性 本品能减少劳动量、节约水资源以及缩短洗涤时间。

配方71 重垢液体复合洗涤剂

原料配比

原料		配比(质量份) 1#	配比(质量份) 2#
阴离子型表面活性剂	脂肪醇聚氧乙烯醚硫酸钠	30	—
	烷基苯磺酸钠	—	30
非离子型表面活性剂	烷基酚聚氧乙烯醚	—	5
	脂肪醇聚氧乙烯醚	10	—
助洗剂	碳酸钠	—	10
	焦磷酸钾	5	—
	三聚磷酸钠	—	5
乙二胺四乙酸四钠		0.1	1
柠檬酸三钠		3	8
三乙醇胺		1	1
香精		1	5
水		60	40

制备方法 将水加热至 40～60℃，加入助洗剂，溶解后加入表面活性剂，搅拌至溶解均匀加入除香精以外的其他物质，搅拌均匀，降温至 35～45℃，加入香精，搅拌均匀即可。

原料介绍 所述的表面活性剂为阴离子型表面活性剂和非离子型表面活性剂按质量比（3：1）～（6：1）复合而成。

所述的助洗剂为焦磷酸钾或者三聚磷酸钠或者碳酸钠中的一种或者几种的混合物。

所述的阴离子型表面活性剂为脂肪醇聚氧乙烯醚硫酸钠或者烷基苯磺酸钠或者甲酯磺酸钠。

所述的非离子型表面活性剂为脂肪醇聚氧乙烯醚或者烷基酚聚氧乙烯醚。

产品特性 本品表面活性剂含量高，去污能力强，选用亲水性较强的阴离子表面活性剂和亲水性较弱的非离子表面活性剂等按适当的比例进行配合应用，不仅去污力增强，而且洗涤剂的稳定性大大提高，从而可以减少其他活性物质的添加量，降低成本。

配方72　专用于除螨虫的洗涤剂

原料配比

原料	配比（质量份）			原料	配比（质量份）		
	1#	2#	3#		1#	2#	3#
海藻酸钠	2	6	3	亚麻籽油	2.1	2.6	2.2
茶籽粉	1.5	1.6	1.56	硬脂酸	2.1	2.6	2.3
棉籽酚	4	5	4.5	甘油单癸酸酯	3	3～5	3～5
氢氟酸	0.5	1	0.6				

制备方法 将各组分混合均匀即可。

原料介绍

将棉籽酚在酒精中浸泡2～5min后，拿出晒2～5h。

将硬脂酸在淀粉中浸泡5～6min后，拿出晾干，即可使用。

产品应用 本品主要应用于织物除螨虫。

产品特性 本品专用于除螨虫，除虫效果好。

5 玻璃洗涤剂

配方1 玻璃镜片去污洗涤剂

原料配比

原料	配比（质量份）			原料	配比（质量份）		
	1#	2#	3#		1#	2#	3#
脂肪醇聚氧乙烯醚硫酸钠	20	22	24	甲基含氢硅油	0.2	0.8	1.1
丁二酸二辛酯磺酸钠	4	5	6	硼酸钠	3.5	5	6
硅胶	0.8	1.3	1.9	氯化钠	6	9	11
辛基酚聚氧乙烯醚	1.6	3	4	水	40	45	50
二亚乙基三胺五亚甲基膦酸七钠盐	5	6.3	7.2				

制备方法　先将硼酸钠、氯化钠溶于水中，然后加入脂肪醇聚氧乙烯醚硫酸钠、丁二酸二辛酯磺酸钠、辛基酚聚氧乙烯醚、二亚乙基三胺五亚甲基膦酸七钠盐和硅胶，混合均匀后加入甲基含氢硅油，继续混合均匀，即得成品。

产品特性　本品能够清除玻璃镜片表面的指纹印、灰尘、黏液沉积物、霉菌、蛋白质等污垢，还能杀灭镜片表面的细菌，洗涤后的镜片表面形成一层防水膜，具有防霉作用。

配方2 玻璃门窗洗涤剂

原料配比

原料	配比（质量份）	原料	配比（质量份）
十八酸钠	0.9～1.1	葡糖苷	20～30
丙三醇	2～3	精制水	60～70
异丙醇	0.6～0.7		

制备方法　将各组分混合均匀即可。

产品特性　本品成本低，制作过程简单，洗涤效果佳，能够满足人们更多方面的需求。

配方3 玻璃喷雾洗涤剂

原料配比

原料	配比（质量份）			原料	配比（质量份）		
	1#	2#	3#		1#	2#	3#
月桂酰肌氨酸钠	0.03	0.05	0.08	乙酸戊酯	0.02	0.035	0.05
壬基酚聚氧乙烯醚	4	5.5	8.2	磷酸	1	1.7	3.5
乙醇	8	10	17	柠檬酸	2	3.8	5.2
丙酮	10	14	20	水	57	63	69
香精	0.05	0.08	0.11	二甲醚	3.5	4.3	6

制备方法 先将乙醇、丙酮和香精搅拌混合均匀，再加入月桂酰肌氨酸钠、壬基酚聚氧乙烯醚和水，混合均匀，接着加入乙酸戊酯、磷酸和柠檬酸，混匀后装入喷雾罐，然后加入二甲醚，即得成品。

产品特性 只要将该洗涤剂喷在被清洗的玻璃表面，用布擦或者用水冲洗，就能够轻松清除累积在玻璃表面的污垢，迅速、省时、省力，并且人体接触后不会伤害皮肤。

配方4 玻璃器皿洗涤剂

原料配比

原料	配比（质量份）		原料	配比（质量份）	
	1#	2#		1#	2#
高锰酸钾	9	11	二甲醚	2	6
羧甲基纤维素	3	8	异丙醇	1	4
50%的硝酸溶液	4	9	精制水	60	60
硅酸盐	2	7	50%的硫酸	2	5
硬脂酸	4	10	三聚磷酸钠	11	20
纯碱	1	5	草酸	2	7

制备方法 将各组分混合均匀即可。

产品特性 本品对玻璃具有很好的清洁作用，无残留，不会对玻璃造成伤害，清洗效果也更好。

配方5 玻璃清洗剂（一）

原料配比

原料	配比（质量份）			原料	配比（质量份）		
	1#	2#	3#		1#	2#	3#
椰油酸二乙醇酰胺	8	10	15	六偏磷酸钠	0.5	1.0	1.5
乙醇	10	15	20	氨水	0.1	0.5	1.0
十二烷基硫酸钠	3	5	8	乙二醇单丁醚	5	8	10

原料	配比(质量份)			原料	配比(质量份)		
	1#	2#	3#		1#	2#	3#
甘油	3	6	8	香精	—	0.3	0.5
碳酸氢钠	0.1	0.5	1.0	去离子水	100	100	100

制备方法

(1) 将去离子水加热至 50～60℃；

(2) 将椰油酸二乙醇酰胺、乙醇、十二烷基硫酸钠、六偏磷酸钠、乙二醇单丁醚、甘油、碳酸氢钠加入水中，搅拌 1～1.5h，并调节 pH 为 7～8；

(3) 降温至室温后加入氨水和香精继续搅拌 0.5h，灌装即得。

产品应用 本品主要应用于各种类型的玻璃和瓷器，是一种四季可用的玻璃清洗剂。

将本品喷洒在玻璃上后，直接擦拭即可。

产品特性 本品对玻璃无腐蚀性，不结冰，可以广泛应用于各种类型的玻璃和瓷器且适合四季使用。使用该清洗剂耗时少，仅需喷淋即可，而且本品有较好的润滑作用，可防止擦拭时的小颗粒对玻璃造成损害，无异味且能保持空气清新。

配方6　玻璃污垢清洗剂

原料配比

原料	配比(质量份)			原料	配比(质量份)		
	1#	2#	3#		1#	2#	3#
甘油	80	85	95	对甲苯磺酸	0.2	0.4	0.6
脂肪醇聚氧乙烯醚硫酸钠	0.2	0.3	0.3	苯甲酸	0.4	0.3	0.5
橙油	0.1	0.3	0.3	水	18.9	13.7	3.3

制备方法 将各组分原料混合均匀即可。

产品应用 本品主要用于擦净玻璃上的污垢，如汽车玻璃、窗玻璃等。

使用之前，要将上述玻璃清洗剂进行稀释，一般可按照 1∶3 的比例（即 1 份本品和 3 份水）进行稀释；当遇到较难清洁的表面或者污渍太厚时，可按 1∶2 或者 1∶1 的比例配制以增强清洗效果。

产品特性 使用本品擦过的玻璃不会留下水雾。另外，橙油可使本品具有橙香。

配方7　玻璃油污清洗剂

原料配比

原料	配比(质量份)				
	1#	2#	3#	4#	5#
草酸	8	10	11	12	12
烷基芳基磺酸钠	0.2	0.3	0.4	0.5	0.6

原料	配比（质量份）				
	1#	2#	3#	4#	5#
甘油	2	3	3.5	4	5
无水氧化钙	0.5	0.6	0.7	0.8	1
硫酸镁	0.5	0.8	0.9	1	1
乙二胺四乙酸钠	0.1	0.2	0.3	0.4	0.5
焦磷酸钠	1	1	2	3	4
吐温-80	0.5	1.5	1.6	1.8	2
去离子水	40	46	47	48	50

制备方法

（1）按照质量份称取各组分。

（2）将烷基芳基磺酸钠、无水氧化钙、硫酸镁、乙二胺四乙酸钠、焦磷酸钠和吐温-80加入去离子水中，加热到 60～70℃，搅拌至产生胶态分子团悬浮液，继续搅拌 10～20min。

（3）将草酸和甘油加入步骤（2）得到的悬浮液中，继续升温至 80～90℃，搅拌 15～30min。

产品特性 本品可以很好地清洗玻璃表面的污垢，对玻璃无任何影响。洗涤后无杂点，对玻璃无腐蚀，水滴角达到了 30 度，连续 100 次洗涤后玻璃表面仍然无杂点、无腐蚀，表明本玻璃清洗剂对玻璃表面没有腐蚀作用。

配方8 玻璃去污洗涤剂

原料配比

原料	配比（质量份）			原料	配比（质量份）		
	1#	2#	3#		1#	2#	3#
无水乙醇	12	20	18	烷基苯磺酸钠	1	3	2
脂肪醇聚氧乙烯醚	0.2	0.5	0.4	香精	0.1	0.2	0.1
月桂酸	3	8	5	去离子水	加至100	加至100	加至100

制备方法 将各组分混合均匀即可。

产品特性 本品价格低廉，清洗效果好。

配方9 玻璃清洗剂（二）

原料配比

原料	配比（质量份）			原料	配比（质量份）		
	1#	2#	3#		1#	2#	3#
脂肪醇聚氧乙烯醚	0.1	0.3	0.2	氢氧化钾	1	2	1.5
柠檬酸钠	0.1	0.3	0.2	染料	0.01	0.03	0.02
十二烷基硫酸钠	0.3	0.5	0.4	香料	0.1	0.2	0.15
异丙醇	8	10	9	水	70	80	75

制备方法 将各组分混合均匀即可。

产品特性 本品清洗效果好，去油脂力较强，可去除通用玻璃、门窗玻璃、瓶类玻璃上黏附的污垢，清洗后玻璃清亮且无水痕残留，对玻璃表面无损伤。

配方10 玻璃用洗涤剂

原料配比

原料	配比（质量份）		原料	配比（质量份）	
	1#	2#		1#	2#
脂肪醇聚氧乙烯醚	5	8	丙三醇	2	3
柠檬酸钠	5	8	甘油	15	20
去离子水①	15	20	去离子水②	20	25
十八酸钠	0.9	1.1			

制备方法

（1）按质量份将下列物质在常温下加入反应釜中：脂肪醇聚氯乙烯醚、柠檬酸钠和去离子水①，加入过程中进行搅拌，搅拌速度为 25r/min，搅拌时间大于 35min，加入速度为 1～15L/min；

（2）将搅拌好的混合物静置，静置时间大于 1h，静置过程中进行冷却，冷却至低于 10℃；

（3）将静置后的混合物再次搅拌 20min；

（4）按质量份在上述混合物中加入十八酸钠、丙三醇，加入过程中进行搅拌，搅拌速度为 25r/min，搅拌时间大于 35min，加入速度为 1～15L/min；

（5）将步骤（4）得到的混合物进行冷却，冷却至低于 5℃；

（6）在冷却好的混合物内继续加注甘油和去离子水②，搅拌、静置；

（7）对步骤（6）得到的混合物进行加热，加热温度高于 40℃，加热后静置（大于 3h）。

产品特性 本品清洗快速、挥发快速、不留痕迹，改变了传统玻璃洗涤剂容易伤到车漆等部位、使用不方便的缺点，可化解玻璃上的雾膜，清晰明亮，不影响视线，极大限度地满足了驾驶者的需求。

配方11 玻璃专用洗涤剂

原料配比

原料	配比（质量份）	原料	配比（质量份）
十八酸钠	0.3	环乙醇	2.5
柠檬酸钠	0.2	亚甲基膦酸	1.5
椰油酸	0.4	水杨酸	3
硅酸钠	2.5	去离子水	75

制备方法　将各组分混合均匀即可。

产品特性　本品清洗效果好，去油脂力较强，可去除通用玻璃、门窗玻璃、瓶类玻璃上黏附的污垢，清洗后玻璃清亮且无水痕残留，对玻璃表面无损伤。

配方12　玻璃仪器用洗涤剂

原料配比

原料	配比(质量份)			原料	配比(质量份)		
	1#	2#	3#		1#	2#	3#
丁二酸二辛酯磺酸钠	57	52	35	焦磷酸钠	25	22	15
椰油酸聚氧乙烯酯	15	12	8	磷酸钠	15	12	8
甜菜碱	12	10	5	水	880	850	800
乙二胺四亚甲基膦酸钠	60	55	45				

制备方法　先将乙二胺四亚甲基膦酸钠、焦磷酸钠和磷酸钠溶于水中，再加入丁二酸二辛酯磺酸钠、椰油酸聚氧乙烯酯和甜菜碱，混合均匀后即得成品。

产品特性　本品对玻璃仪器表面的所有污渍都具有很好的去除能力，能够轻松去除仪器表面残留的酸、碱、油污等污渍，同时能够杀灭仪器表面的细菌。

配方13　玻璃制品专用洗涤剂

原料配比

原料	配比(质量份)		原料	配比(质量份)	
	1#	2#		1#	2#
无水乙醇	15	20	去离子水	45	50
丙二醇	5	20	氢氧化钠	2	3
三聚磷酸钠	2	3	烷基苯磺钠	1	3
椰油酸二乙醇酰胺	5	10	薰衣草香精	0.1	—
异丙醇	5	10	柠檬香精	—	0.2

制备方法

(1) 将去离子水加入反应釜中，然后将无水乙醇、丙二醇、三聚磷酸钠、椰油酸二乙醇酰胺和异丙醇加入其中，开启搅拌器，完全溶解后，静置25min，得到溶液A，备用；

(2) 将氢氧化钠和烷基苯磺钠加入溶液A中，再次搅拌均匀后，加热至30℃；

(3) 将香精滴入步骤(2)的反应釜中，搅拌均匀后，过滤，包装即可。

产品特性　本品制备方便简单，环保无污染，原料易得，设备投资少，便于操作，使用效果好，去污能力强，安全可靠。

配方14 防划伤玻璃清洗剂

原料配比

原料	配比（质量份）			原料	配比（质量份）		
	1#	2#	3#		1#	2#	3#
二烷基磷酸酯钠盐	12	15	13.5	月桂基硫酸钙	18	20	19
二丙醇	8	10	9	甘油二乙酸酯	18	22	20
异乙醇胺	10	15	12.5	精制水	50	100	75

制备方法　将二烷基磷酸酯钠盐12～15份、二丙醇8～10份、异乙醇胺10～15份混合加热至60℃，然后加入月桂基硫酸钙18～20份、甘油二乙酸酯18～22份混合均匀，最后用50～100份精制水勾兑即可。

产品特性　本品使用方便，可以有效去除玻璃上的污渍，同时可以在玻璃上形成一层保护膜，有效防止雨刮器划伤玻璃。

配方15 防雾化玻璃清洗剂

原料配比

原料	配比（质量份）			原料	配比（质量份）		
	1#	2#	3#		1#	2#	3#
烷基磷酸酯钠盐	16	20	18	乙二醇甲基醚	25	30	27.5
甲醇	8	10	9	甘油三乙酸酯	5	6	5.5
二乙醇胺	10	12	11	去离子水	30	40	35

制备方法　将烷基磷酸酯钠盐、甲醇和二乙醇胺混合加热至30℃，然后加入乙二醇甲基醚和甘油三乙酸酯混合均匀，最后用去离子水勾兑即可。

产品特性　本品使用方便，可以有效去除玻璃上的污渍，同时可以防止玻璃上产生雾气。

配方16 防紫外线玻璃清洗剂

原料配比

原料	配比（质量份）			原料	配比（质量份）		
	1#	2#	3#		1#	2#	3#
烷基磷酸酯钠盐	12	15	13.5	月桂基硫酸钾	18	20	19
乙二醇	8	10	9	甘油二乙酸酯	18	22	20
脂肪酸二乙醇酰胺	10	15	12.5	去离子水	30	40	35

制备方法　将各组分原料混合均匀即可。

产品特性　本品使用方便，可以有效去除玻璃上的污渍，同时可以在玻璃上形成一层防紫外线膜，有效防止紫外线对人体的伤害。

配方17 改进的玻璃器皿洗涤剂

原料配比

原料	配比（质量份）		原料	配比（质量份）	
	1#	2#		1#	2#
氢氧化钠	6	11	葡糖苷	3	6
硫酸钠	3	9	十二烷基苯磺酸钠	4	11
盐酸羟胺	4	9	酒精	2	5
亚麻籽油	2	7	去离子水	45	45
烷基苯磺酸钠	4	10	柠檬酸	5	10
二氯化锡	5	10	椰油	4	11
丙三醇	1	5	绞股蓝	2	6

制备方法 将各组分混合均匀即可。

产品特性 本品具有很好的清洗效果，尤其对玻璃制品，无残留，有效地保护了玻璃制品。

配方18 环保型玻璃材质镜面清洗剂

原料配比

原料	配比（质量份）	原料	配比（质量份）
十二烷基磺酸钠	1	乙二胺四乙酸二钠盐	1
纤维素 MCC	0.5	乙酸戊脂	1
烷基琥珀酸酯磺酸钠	1.5	磷酸三钠	4
丙二醇	2.5	水	88.5

制备方法 将各组分原料混合均匀即可。

产品特性

（1）本品中添加了两种表面活性剂，大大降低了各相界面的张力，提高了清洗剂的清洗及乳化效果，是一种低泡清洗剂，且无毒无污染。多种表面活性剂的应用可以取长补短，同时发挥各种成分的作用。

（2）本品具有清洁效果佳、防雾、无毒、环保、保护镜面不易损伤等特性。

配方19 环保型玻璃幕墙清洗剂

原料配比

原料	配比（质量份）	原料	配比（质量份）
十二烷基磺酸钠	1	丙二醇	2.5
纤维素 MCC	0.5	乙二胺四乙酸二钠盐	1
六偏磷酸钠	0.5	乙酸戊脂	1
聚丙烯酸钠	0.5	磷酸三钠	4
烷基琥珀酸酯磺酸钠	3	水	86

制备方法　常温下逐一添加至容器中，搅拌至均匀透明即可。

产品特性

（1）本品中添加了四种表面活性剂，大大降低了各相界面的张力，提高了清洗剂的清洗及乳化效果，是一种低泡清洗剂，且无毒无污染。多种表面活性剂的应用可以取长补短，同时发挥各种成分的作用。

（2）该玻璃幕墙清洗剂清洁效果佳、防冻、防雾、无毒、环保、防腐蚀。

配方20　建筑玻璃洗涤剂

原料配比

原料	配比（质量份）	原料	配比（质量份）
无水乙醇	6～10	乙二醇单丁醚	3～8
丙二醇	7～9	一乙醇胺	4～7
月桂醇聚氧乙烯醚	6～8	羟基亚乙基二膦酸	6～10
二乙烯三胺五乙酸铁-钠络合物	1～3	磷酸氢二钠	3～7
蔗糖酯	6～8	氨基三三亚甲基膦酸	6～10
纳米碳酸钙	8～14	氧化锌	6～9
五水偏硅酸钠	6～9		

制备方法　将各组分混合均匀即可。

产品特性　本品低泡沫、易清洗，减少了资源浪费，同时能够清除顽固污渍。

配方21　门窗玻璃清洗剂

原料配比

原料	配比（质量份）			原料	配比（质量份）		
	1#	2#	3#		1#	2#	3#
脂肪醇聚氧乙烯醚	0.4	0.5	0.6	磷酸四钾	6	10	14
十二烷基硫酸钠	0.4	0.5	0.6	聚氧乙烯蓖麻油	2	3	4
柠檬酸	1	2	3	去离子水	50	55	60
异丙醇钛	0.1	0.3	0.5				

制备方法　将各组分原料混合均匀即可。

产品特性　本品清洗效果好，能够有效去除玻璃上黏附的污垢，清洗后玻璃清亮且无水痕残留，对玻璃表面无损伤，去污效果好。

配方22　门窗玻璃洗涤剂

原料配比

原料	配比（质量份）			原料	配比（质量份）		
	1#	2#	3#		1#	2#	3#
椰油酸	7	12	9	脂肪醇聚氧乙烯醚	8	11	9
碳酸钾	5	9	6	磷酸四钾	6	14	12

原料	配比（质量份）			原料	配比（质量份）		
	1#	2#	3#		1#	2#	3#
丙二醇甲醚	6	13	11	对氨基苯甲酸	4	8	6
聚乙二醇	5	7	6	水	加至100	加至100	加至100
聚氧乙烯蓖麻油	3	9	7				

制备方法　将各组分混合均匀即可。

产品应用　本品主要应用于门窗玻璃洗涤，也可用于搪瓷、塑料等硬质表面的清洗。

产品特性　本品清洗效果好，不会产生划痕，也不会使玻璃发毛。

配方23　门窗玻璃用洗涤剂

原料配比

原料	配比（质量份）			原料	配比（质量份）		
	1#	2#	3#		1#	2#	3#
乙二醇	25	25	20	葡糖苷	4	4	5
聚乙二醇	2.5	2.5	2	水杨酸钠	0.6	0.6	0.8
苯并三氮唑	1.5	1.5	1	去离子水	18	18	15
脂肪醇聚氧乙烯醚	3	3	4				

制备方法　将配方量的乙二醇、聚乙二醇、脂肪醇聚氧乙烯醚、葡糖苷混合加热至 $55\sim60℃$ ，加入配方量的苯并三氮唑、水杨酸钠和去离子水搅拌均匀即得。

产品应用　将洗涤剂喷在门窗或玻璃上，用干抹布擦拭即可。

产品特性　本品能很好地清洗门窗和玻璃表面，清洗效果好，不会产生划痕，也不会使玻璃发毛。

配方24　门窗洗涤剂

原料配比

原料	配比（质量份）			原料	配比（质量份）		
	1#	2#	3#		1#	2#	3#
二氟二氯甲烷	10	11	12	葡糖苷	20	25	30
丙三醇	2	2.5	3	精制水	60	65	70
月桂醇聚氧乙烯醚	2	4	6				

制备方法　将各组分混合均匀即可。

产品特性　本品能够弥补一般洗涤剂的不足，成本低，制作过程简单，洗涤效果佳，能够满足人们更多方面的需求。

配方25　浓缩型玻璃清洗剂

原料配比

原料	配比(质量份)			原料		配比(质量份)		
	1#	2#	3#			1#	2#	3#
乙酸乙烯酯	12	10	14	去离子水		13	12	15
有机稳定剂	9	8	10	异丙醇		12	10	14
皂荚粉	12	10	14	乙酸乙烯酯	碳酸钠	1.2	1.2	1.2
脂肪酸二乙醇酰胺	1.5	1	2.5		碳酸钙	1.5	1.5	1.5
甲苯酸苯酯	4	3	5		碳酸镁	2	2	2
钛酸丁酯	14	12	16					

制备方法　将各组分原料混合均匀即可。

原料介绍　所述的乙酸乙烯酯由1.2份碳酸钠、1.5份碳酸钙和2份碳酸镁混合而成。

产品特性　包装、运输方便，减少了物力、人力的浪费和包装瓶子的使用；可在汽车挡风玻璃上形成一层薄膜，可实现自清洁功能，在冬季不容易结冰霜、夏季不容易受雨雾影响；绿色环保，无刺激性成分，能延缓雨刮器橡胶老化；成本低廉，使用的时候直接放入雨刮器清洁剂槽中，再倒满水即可，使用后无固体残留。

配方26　液体玻璃洗涤剂

原料配比

原料	配比(质量份)	原料	配比(质量份)
防冻剂基体	50	硅酸钠	2
去离子水	48	亚甲基蓝	0.001

制备方法

(1) 配制防冻剂基体，选用市售工业级蓖麻油和丙三醇按质量比1∶1配制成85kg混合物放于塑料桶中，再向该塑料桶中加入十二烷基苯磺酸钠（试剂纯）15kg，搅拌均匀，即配制成防冻剂基体。

(2) 取(1)配制的防冻剂基体放置在一塑料桶中，再向该塑料桶中加入符合国家实验室三级水标准的去离子水，随后加入分析纯硅酸钠以及亚甲基蓝，搅拌均匀，静置1h后，就配制成蓝色的液体玻璃洗涤剂成品。

产品特性　本品可不用稀释直接使用，应用温度范围为-50～100℃，无磷，环保安全，无腐蚀性，在汽车玻璃上应用时其润滑性对延长喷水壶、喷管和雨刮片使用寿命极为有利，无水垢产生，并且配制方便。

配方27　用于玻璃的新型洗涤剂

原料配比

原料	配比（质量份）			原料	配比（质量份）		
	1#	2#	3#		1#	2#	3#
脂肪醇聚氧乙烯醚硫酸铵	11	10	12	羧甲基纤维素	5	4	6
乙基溶纤剂	20	15	35	异丙醇	25	15	30
三价铝盐	20	15	25	甘油	18	15	25
硅酸铝	25	26	28	去离子水	18	15	25

制备方法　将各组分混合均匀即可。

产品特性　品配可不用稀释直接使用，应用温度范围为−50～100℃，无磷，环保安全，无腐蚀性，在汽车玻璃上应用时其润滑性对延长喷水壶、喷管和雨刮片的使用寿命极为有利，无水垢产生，并且配制方便。

6

车船清洗剂

配方1　保险杠清洗剂

原料配比

原料	配比（质量份）	原料	配比（质量份）
去离子水	72	塑料清洗剂	14
97％的乙醇	14		

制备方法　将各组分原料混合均匀即可。

原料介绍

所述塑料清洗剂由氢氧化钾、非离子及阴离子表面活性剂、添加剂组成，是一种弱碱性水基清洗剂，常温下为液态，组分中不含磷酸盐、碳酸盐、硅酸盐。

产品应用　在 $10\sim30$℃下，使用所述保险杠清洗剂清洗保险杠半成品，放置 30min，晾干。

产品特性　本品除起到清洗作用外，还可使保险杠半成品应力减弱、油漆附着力增强，因此改进了塑料保险杠产品的质量和外观。

配方2　车辆外壳洗涤剂

原料配比

原料	配比（质量份）					原料	配比（质量份）				
	1#	2#	3#	5#	5#		1#	2#	3#	4#	5#
烷基醚磷酸酯	2	3	4	4	6	二甲苯磺酸钠	10	12	13	14	15
丁氧基乙醇	1	2	3	4	5	丁醇	0.01	0.02	0.03	0.04	0.05
含氟表面活性剂	0.05	0.08	0.06	0.09	0.1	硬脂酸盐	1	2	3	4	5
铬酸钠	0.05	0.08	0.06	0.09	0.1	水	50	52	55	58	60
焦磷酸钾	10	12	17	18	20						

制备方法　将各组分混合均匀即可。

原料介绍

所述的含氟表面活性剂为氟素表面活性剂。

所述的硬脂酸盐为硬脂酸钙、硬脂酸镁、硬脂酸钾或者硬脂酸钠。

所述的含氟表面活性剂是一种非离子聚合型含氟表面活性剂，该表面活性剂具有很低的表面张力，很小的气味，很低的黏稠度，能够有效降低水相/有机相之间的界面张力，并且在聚合物体系的有机相中保持表面活性。

产品特性

（1）本品刺激性小、对皮肤无伤害。

（2）本品所用的原料焦磷酸钾溶解度大，具有较强的溶解能力，对车外壳表面的污渍分散效果好。

（3）本品所用的原料丁醇是一种无色液体，有酒味，与乙醇、乙醚及其他多种有机溶剂混溶，溶解性很好，能够有效溶解附着在车外壳表面的油污，去污能力强。

（4）本品使用方便、环保卫生、适合大规模生产。

配方3 车用玻璃清洗剂

原料配比

原料	配比（质量份）			原料	配比（质量份）		
	1#	2#	3#		1#	2#	3#
表面活性剂	12	15	14	防雾剂	2	2.5	2.2
有机溶剂	30	40	35	无水偏硅酸钠	1.5	7	3
光漂白剂	0.5	2	1	抑泡剂	1.3	2.5	1.9
抗静电剂	0.3	1	0.7	去离子水	加至100	加至100	加至100

制备方法　将各组分原料混合均匀即可。

原料介绍　所述表面活性剂为烷基酚聚氧乙烯醚、丙二醇甲醚、烷基苯磺酸钙按1∶3.25∶0.45的质量份混合而成。

所述有机溶剂为乙二醇、三乙醇胺、丙二醇按4∶1.65∶3的质量份混合而成。

所述光漂白剂为天来力。

所述抗静电剂为酯基季铵盐乙二醇溶液，浓度为2%～3.5%。

所述防雾剂为木糖醇酯或月桂酸或两者的混合物，混合比例为1∶15（质量份）。

所述抑泡剂为乳化硅油。

产品特性

（1）本品调配多种表面活性剂及添加剂，除了具有常规的除污、防冻功能外，还具备快速融雪融冰和防眩光、防雾气、防静电功效，同时本品还具备对挡风玻璃和雨刮器的保护性能，并具备修复挡风玻璃表面细微划痕的作用，通过形成独特的保护膜，可对挡风玻璃进行有效保护，有效保证了行车安全。

（2）本品中的表面活性剂具有明显的润湿、渗透、增溶功能，在此比例下清洗去污效果显著。该混合比例的有机溶剂具有明显的清洗去污效果，且能显著降低液体的冰点，从而起到防冻的作用，并能速效溶解冰霜。加入光漂白剂后，玻璃洗涤剂产生了预料不到的技术效果，它能够吸收阳光中的能量并将之传递给空气中的氧分子，由此被激活的氧分子即初生态的氧能够漂白除去可氧化性污渍。加入该抗静电剂的车用玻璃清洗剂被雨刮器刮净后，能有效消除玻璃表面的电荷，起到抗静电、防止灰层、吸附毛絮的效果。加入该防雾剂的车用玻璃清洗剂被雨刮器刮净后，可在玻璃表面形成一层离子保护层，能防止形成雾滴，保证挡风玻璃清澈透明，视野清晰。加入抑泡剂后，在使用过程中可抑制气泡形成，能更进一步保证挡风玻璃清澈透明，视野清晰。

配方4　车用高效轮毂除垢清洗剂

原料配比

原料	配比（质量份）			原料	配比（质量份）		
	1#	2#	3#		1#	2#	3#
十五烷基间二甲苯磺酸钠	70	60	65	丙烯酸	15	8	12
				单烷基醚磷酸酯钾盐	8	7	7
二氯甲烷	35	30	40	硅酸钠	7	7	7
全氯乙烯	60	45	80	去离子水	90	60	100

制备方法　将十五烷基间二甲苯磺酸钠、二氯甲烷、全氯乙烯、丙烯酸、单烷基醚磷酸酯钾盐、硅酸钠、去离子水按比例加入混合容器中搅拌，混合均匀后即得所述车用高效轮毂除垢清洗剂。

原料介绍　所述十五烷基间二甲苯磺酸钠以间二甲苯、脂肪酰氯和溴代烷为原料，经傅-克酰基化反应、格氏试剂加成反应、氢化还原和磺化中和反应得到4种不同支化度的十五烷基间二甲苯磺酸钠的同分异构体。

产品特性

（1）十五烷基间二甲苯磺酸钠为表面活性剂，对动植物油、泥土及饮料等去污效果好，能够将汽车轮毂上的各种污渍除去；二氯甲烷为清洗剂，具有较低的臭氧耗减潜能值，几乎不会破坏臭氧层，在一般条件下使用具有不燃性，且对金属加工油、油脂等油污的溶解力大，对塑料和橡胶也可产生膨润或溶解作用，其黏度及表面张力小，渗透力强，可渗透狭小缝隙，彻底溶解、清除附着污物，沸点低，蒸发热小，适合蒸汽清洗，清洗后可以自行干燥，废液可通过蒸馏分离，循环使用；全氯乙烯又称四氯乙烯，也用作清洗剂；二氯甲烷和全氯乙烯混合使用能够增强干洗效果；单烷基醚磷酸酯钾盐具有良好的乳化性能，能够使车用高效轮毂除垢清洗剂更加稳定；硅酸钠具有增溶作用，能够加速污渍溶解。

（2）十五烷基间二甲苯磺酸钠的加入能够增强油渍的去除效果，使汽车轮毂清洗得更加干净；本品对轮毂损伤比较小，能够增强轮毂的使用寿命；本品使用起来比较简单、方便。

配方5　车用皮革光亮清洗剂

原料配比

原料	配比(质量份)					
	1#	2#	3#	4#	5#	6#
矿物油	10	8	7	10	8	7
蔗蜡	8	6	4	8	6	4
橙花油	3	3	3	3	3	3
乙酸乙酯	30	30	30	30	30	30
乙酰乙酸基甲基丙烯酸乙酯	6	6	6	6	6	6
二甲基硅油	7	7	7	2	2	2
脂肪醇聚氧乙烯醚硫酸钠	40	30	60	40	30	60

制备方法　将蔗蜡加热到79~82℃，加入矿物油、橙花油、乙酰乙酸基甲基丙烯酸乙酯、二甲基硅油及脂肪醇聚氧乙烯醚硫酸钠，搅拌均匀，冷却至室温，加入乙酸乙酯，搅拌并混合均匀即制得车用皮革光亮清洗剂。

原料介绍

所述蔗蜡由十六碳脂肪酸与三十碳脂肪醇酯化反应制得。

所述蔗蜡的制备方法如下：

(1) 用工业乙醇从甘蔗滤泥中提取粗蔗蜡。

(2) 按先后顺序用稀盐酸和水煮沸处理粗蔗蜡以除去灰分及其他杂质。

(3) 用15倍容积的无水乙醇和氢氧化钙加热回流以溶解蔗蜡，趁热倾出上清液，冷却至室温，滤集固体。

(4) 用18倍容积的无水乙醇加热回流 (3) 获取的固体物，趁热倾出上清液，冷却至室温，滤集析出的固体物，经烘干制得蔗蜡。

所述矿物油能够形成独特的油膜，油膜能够封闭车辆皮革器件中的细菌、真菌等的气孔使其窒息死亡，且长期使用无抗性；所述蔗蜡能够在车辆皮革器件表面形成一层保护层，提高车辆皮革器件表面的光泽度；所述橙花油主要成分是L-芳樟醇、乙酸芳樟醇、橙花醇、乙酸橙花酯、香叶醇、乙酸香叶酯、橙花叔醇、茉莉酮、苯乙酸、莰烯、双戊烯、邻氨基苯甲酸甲酯、吲哚、金合欢醇及松油醇等，气味芳香，能够使使用车辆的人得到放松、消除沮丧和焦虑等；所述乙酸乙酯作为溶剂，具有较强的挥发性，能够快速干燥；所述乙酰乙酸基甲基丙烯酸乙酯能够提高车辆皮革器件的柔韧性且环保无污染；所述二甲基硅油是一种无色透明的新型合成高分子材料，具有较低的表面张力；所述脂肪醇聚氧乙烯醚硫酸钠作为表面活性剂；所述二甲基硅油与所述脂肪醇聚氧乙烯醚硫酸钠的混合使用能够提高对车辆皮革器件的去污效果。

产品特性

（1）使用本品一方面能够将车辆皮革器件表面清洗得非常彻底，另一方面，能够对车辆皮革器件进行上光及保护，提高车辆皮革器件的使用寿命；用物理方法就能杀菌消毒，环保无污染；提供的清洗剂使用起来更加方便、用料更加节省。

（2）本品既能对车辆皮革器件进行清洗，又不会对车辆皮革器件产生损伤，而且能够对车辆皮革器件表面进行保护，尤其适合家庭及清洗公司清洗车辆皮革器件用。

配方6　车用清洗剂

原料配比

原料		配比（质量份）				
		1#	2#	3#	4#	5#
表面活性剂	脂肪酸甲酯乙氧基化物（FMEE）	0.2	—	—	1	1
	异构十三醇聚氧乙烯醚（1305）	—	2	—	2	—
	脂肪醇聚氧乙烯醚（AEO-9）	—	4	—	—	—
	磺基琥珀酸二异丁酯磺酸钠（IB-45）	—	—	1	—	—
	壬基酚聚氧乙烯醚硫酸铵（NPES-1030）	—	—	1	—	—
	烷基糖苷（APG-1214）	—	—	1	—	—
	烷基糖苷（APG-0810）	—	—	—	—	1
	十二烷基苯磺酸钠	0.3	4	—	1	—
	壬基酚聚氧乙烯醚硫酸钠（NPES-428）	—	—	—	—	1
醇类助洗剂	异丙醇	—	3	—	—	—
	乙醇	—	1	—	—	—
	乙二醇丁醚	2	10	—	6	8
	丙二醇丁醚	—	2	—	—	—
	二丙二醇丁醚	—	—	4	—	—
油溶性助洗剂	煤油	1	—	2	3	2
	冬青油	—	1	—	—	—
	190号溶剂油	—	7	—	—	—
缓蚀剂	亚硝酸钠	0.2	—	—	0.1	—
	钼酸钠	—	0.05	—	0.01	—
	硅酸钠	—	—	0.3	—	0.2
稳定剂	4144硅酸盐稳定剂	—	—	0.2	—	0.3
香精	柠檬香精	1	—	4.5	—	—
	甜橙香精	—	3	—	2	3
水		加至100	加至100	加至100	加至100	加至100

制备方法　在常温常压下，将表面活性剂溶解在总水量30%的水中，然后加入醇类助洗剂和油溶性助洗剂，搅拌均匀，加入辅助剂搅拌均匀，用20%的氢氧化钠（pH调节剂）水溶液调节pH值在8.0～9.5之间，加入余量的水，混合均匀灌装，即得到产品。

原料介绍

所述表面活性剂为脂肪酸甲酯乙氧基化物（FMEE）、烷基糖苷（APG-0810、

APG-1214）、异构十三醇聚氧乙烯醚（1305）、脂肪醇聚氧乙烯醚（AEO-9）、磺基琥珀酸二异丁酯磺酸钠（IB-45）、壬基酚聚氧乙烯醚硫酸铵（NPES-1030）、壬基酚聚氧乙烯醚硫酸钠（NPES-428）或十二烷基苯磺酸钠的两种或两种以上混合物。

所述醇类助洗剂为乙醇、异丙醇、乙二醇丁醚、丙二醇丁醚或二丙二醇丁醚中的一种或一种以上混合物。

所述油溶性助洗剂为冬青油、煤油或190号溶剂油中的一种或一种以上混合物。

所述表面活性剂、醇类助洗剂和油溶性助洗剂共同形成稳定的微乳液体系。

所述辅助剂主要包括pH调节剂、缓蚀剂、稳定剂和香精。

所述pH调节剂优选氢氧化钠。

所述缓蚀剂优选硅酸钠、钼酸钠或亚硝酸钠中的一种或一种以上混合物。

所述稳定剂优选4144硅酸盐稳定剂，当使用硅酸钠作缓蚀剂时，为保持清洗剂的稳定性需要加入硅酸盐稳定剂；选择钼酸钠或亚硝酸钠作为缓蚀剂时，则不需要加入所述稳定剂。

所述香精优选柠檬香精或甜橙香精。

产品应用 本品主要用于发动机外表面和汽车内饰的清洗。

产品特性

（1）本品所述表面活性剂和油溶性助洗剂起到增溶、清洗的作用，醇类助洗剂则与上述两类组分协同作用形成稳定的微乳液，并具有一定的渗透、润湿和溶解作用，三类组分协同作用使清洗剂达到良好的清洗效果。辅助剂为功能性添加剂。清洗剂对铸铁、铸铝、皮革、织物、橡胶、塑料等无副作用，可以有效清洗发动机或内饰表面且不产生腐蚀、褪色、鼓泡、脱落等现象。

（2）本品为弱碱性水基清洗剂，使用方便，贮存安全。

（3）本品为微乳液，具有非常低的界面张力，十分强的润湿、乳化和增溶能力，能够很好地渗透到发动机外表面的油污与内饰的皮革和织物毛细孔中，能有效地分散油污和污垢，清洗效果好。

（4）本品性质稳定，对蛋白污垢、皮脂污垢，油垢等都有很好的去除作用。

配方7　船底用洗涤剂

原料配比

原料	配比（质量份）			原料	配比（质量份）		
	1#	2#	3#		1#	2#	3#
磺酸	4	5	6	十二烷基硫酸钠	15	17.5	20
十二水合磷酸钠	24	25	26	硬脂酸二乙醇酰胺	2	4	6
二氯乙烷	1	2	3	氯化钠	5	6	7
月桂基甜菜碱	15	16	17	水	30	35	40

制备方法 将各组分混合均匀即可。

产品特性 本品能够洗净船底黏附的藻类和贝壳，且不会腐蚀船底。

配方8 挡风玻璃清洗剂

原料配比

原料	配比（质量份）		原料	配比（质量份）	
	1#	2#		1#	2#
乙醇	5	10	苯甲酸钠	1	2
环氧乙烷	12	20	香精	0.5	0.6
二甲苯磺酸钠	20	30	水	加至100	加至100
十二烷基二甲基苄基氯化铵	0.05	0.1			

制备方法 将各组分原料混合均匀即可。

产品特性 本产品安全性高、去污能力强、防腐蚀。

配方9 发动机积炭清洗剂

原料配比

原料	配比（质量份）				
	1#	2#	3#	4#	5#
烷基苯磺酸三乙醇胺	5	10	8	6	10
油酸三乙醇胺盐	20	30	25	22	25
乙二醇丁醚	20	30	25	28	30
壬基酚聚氧乙烯醚	25	20	23	23	20
十二胺聚氧乙烯醚	15	20	18	18	18
纳米 CeO_2	2	5	3	4	4

制备方法

（1）称取烷基苯磺酸三乙醇胺和油酸三乙醇胺盐，加入密闭反应器内充分搅拌 10～30min；

（2）将有机溶剂加入所述反应器内，搅拌 20min，依次加入壬基酚聚氧乙烯醚、十二胺聚氧乙烯醚，搅拌；

（3）向所述反应器内加入纳米 CeO_2，搅拌均匀即可。

原料介绍

所述的有机溶剂为乙二醇丁醚、丙酮、二氯甲烷、乙酸乙酯中的任意一种。

所述的清洗剂的 pH 值为 10～10.5。

产品应用 清洗剂具体使用方法：

（1）将本品充分摇匀后，倒入金属容器内。

（2）零部件常温浸渍，时间一般为 0.5～1h。用于铝、镁材质零部件时，应尽量缩短处理时间，约正常时间的 1/2。

（3）取出后稍加刷洗，再用清水冲净即可。

（4）对于发动机的清洗，可将本品充分摇匀后直接从发动机机油口倒入，怠速运行 10～15min，随旧机油一起排出，即完成清洗工作。

产品特性

（1）本品不需要加热和搅拌就能洗净严重的积炭，该清洗剂不需要人工及外力辅助，即可将细小复杂零件内部的污物清除干净，还不会损坏零件精度，具有优良的去污、扩散、乳化、渗透、生物降解等能力。

（2）本品添加了阴离子表面活性剂烷基苯磺酸三乙醇胺、油酸三乙醇胺盐和非离子表面活性剂壬基酚聚氧乙烯醚、十二胺聚氧乙烯醚能够快速、高效地渗入发动机积炭内部与积炭发生作用，从而起到高效清洁的作用。

配方10　发动机燃烧室的清洗剂

原料配比

原料	配比（质量份）				
	1#	2#	3#	4#	5#
90～120 号溶剂油	45	30	60	50	40
一乙醇胺或者二乙醇胺中的一种或两种	10	15	5	8	12
聚异丁烯胺	0.2	0.3	0.1	0.2	0.3
甲基丙烯酸或丙烯酸中的一种或两种	20	10	30	25	15

制备方法　常温下将各组分搅拌均匀灌装而得。

产品应用　本品是一种汽车燃烧室快速溶解去除积炭的清洗剂。使用方法：

（1）先关闭发动机，拆下汽车发动机火花塞或者喷油嘴；

（2）取一定量的本品挤入汽缸内静置 20min，用吸收性好的布将气缸遮盖，以避免喷出的脏物落至漆面上；

（3）启动发动机 2～5s，装上火花塞或者喷油嘴；

（4）启动发动机，高速运行 5～10min，以便剩下的已经溶解的积炭通过排气管排出。

产品特性　本品由天然脂衍生物、烷烃类溶剂、高分子络合剂等合成。其中天然脂衍生物因与焦化物有相似的结构而有特别的相溶性；烷烃类溶剂起到增溶和稀释作用，从而更快地帮助积炭与脂类相溶而从表面脱落；高分子络合剂进一步帮助少数溶解性差的物质溶解，从而大幅提高积炭的清除率。本品用于汽车发动机及其他燃油机器的积炭清除，同时性质温和，不腐蚀金属。本品组分中含有脂类、烷烃类，可以快速溶解积炭变成可以燃烧的可燃液体，无需二次清洁，直接、简单、无风险，减小了清洗操作难度，节约了维修保养工时。

配方11　发动机润滑系统不解体清洗剂

原料配比

原料	配比（质量份）		原料	配比（质量份）	
	1#	2#		1#	2#
低黏度环烷基基础油	65	60	三乙醇胺	4.4	2.4
煤油	17	4	硫化异丁烯	2.7	12.7
单烯基丁二酰亚胺	3.2	12.2	环氧乙烷	3.8	6.8
油酸	3.9	1.9			

制备方法

（1）将反应釜加热，保持温度在45℃；

（2）依次加入配比原料，搅拌；

（3）每种原料添加间隔15min；

（4）原料添加完毕后搅拌8h。

产品应用　本品是一种发动机润滑系统不解体清洗剂。

产品特性

（1）该清洗剂可实现快速、安全和无腐蚀清洗。

（2）快速清洗：在5~10min内完成清洗；

（3）效果好：一次清洗能够解决5000~10000km内形成的积炭和油泥。

（4）清洗时不会对金属部件产生磨损。

（5）对橡胶和塑料部件不产生腐蚀。

（6）对金属部件不产生腐蚀。

（7）与润滑油能够完全融合，不析出。

（8）能够补偿被破坏的油膜，避免过度摩擦与磨损。

配方12　发动机炭垢洗涤剂

原料配比

原料	配比（质量份）			原料	配比（质量份）		
	1#	2#	3#		1#	2#	3#
脱臭煤油	1	2	3	正丁醇	15	17.5	20
烷基苯磺酸钠	6	7	8	对苯二胺	2	4	6
辣椒酊	1	2	3	亚硫酸钠	5	6	7
乙二醇单丁醚	20	23	26	水	30	40	50

制备方法　将各组分混合均匀即可。

产品特性　本品能够清除掉发动机内部的积炭，且无毒，气味轻微，满足了人们的需求。

配方13　发动机外部清洗剂

原料配比

原料		配比（质量份）					
		1#	2#	3#	4#	5#	6#
三乙醇胺		0.2	0.2	0.4	0.8	1	1
ST 分散剂		0.01	0.01	0.02	0.02	0.03	0.05
螯合型表面活性剂	月桂酰基 ED3A	0.5	1	0.8	—	—	—
	棕榈酰基 ED3A	—	—	—	0.5	1	0.8
非离子表面活性剂	APG-0810	0.6	—	0.5	0.5	—	—
	APG-1214	—	0.7	—	—	0.5	0.5
阴离子表面活性剂	烷基醇醚羧酸盐（烷基 R 的碳数为12,聚合度 n 为5）	0.5	0.6	0.6	—	—	1
	烷基醇醚羧酸盐（烷基 R 的碳数为15,聚合度 n 为5）	—	—	—	0.8	—	—
	烷基醇醚羧酸盐（烷基 R 的碳数为10,聚合度 n 为3）	—	—	—	—	1	—
醇醚	二乙二醇单乙醚	1.0	—	4	1	—	5
	二乙二醇单丁醚	—	3.0	—	—	5	—
D-柠檬烯		1.0	1.0	3	3	5	1
异丙醇		3.0	4.0	4	3	3	5
去离子水		80	80	90	100	100	050

制备方法　将各成分按配比进行混合，并搅拌均匀。

原料介绍

所述非离子表面活性剂为烷基糖苷，如 APG-1214 或 APG-0810。

所述螯合型表面活性剂为月桂酰基 ED3A 或棕榈酰基 ED3A。

所述烷基醇醚羧酸盐 R（OCH_2CH_2）$_n$ OCH_2COONa 作为阴离子表面活性剂，烷基 R 的碳数为 10~15，聚合度 n 为 2~5。

所述 D-柠檬烯又名橙油。

所述醇醚为二乙二醇单乙醚或者二乙二醇单丁醚。

产品特性

（1）所述 ST 分散剂主要提高润湿、分散性，并避免产生沉积、硬结现象。所述非离子表面活性剂具有极佳的润湿性、分散性，可降低表面张力。所述螯合型表面活性剂与烷基糖苷和烷基醇醚羧酸盐具有很好的协同作用。所述 D-柠檬烯具有良好的去油污能力，可以去除黏胶、不干胶等物质的高分子树脂类物质。

（2）本品的 pH 值 7~9，呈中性至弱碱性，可保证产品更加稳定。

（3）本品去污能力强，无腐蚀作用，符合安全环保的要求；

（4）本品将螯合型表面活性剂与阴离子表面活性剂和非离子表面活性剂进行复配，可以将 D-柠檬烯均匀地分散在水基基液中，具有良好的乳化效果。高、低温稳定性测

6

试表明该溶液具有良好的稳定性，去污力试验表明该清洗剂具有优异的去污效果。

配方14　高铁、动车专用清洗剂

原料配比

原料		配比（质量份）				
		1#	2#	3#	4#	5#
护液	纳米钛白粉	13	18	15	16	15
	无水乙醇	18	23	20	22	21
	硫酸盐	8	12	11	9	9
洗液	十二烷基磺酸钠	8	5	7	6	6
	EDTA二钠盐	6	8	7	7	8
	磺酸	9	12	11	10	10
	松节油	15	18	17	16	16
	水	38	45	42	40	44
纳米钛白粉	钛酸丁酯或者钛酸丙酯	5（体积份）	3（体积份）	4（体积份）	6（体积份）	4（体积份）
	无水乙醇	10（体积份）	10（体积份）	10（体积份）	10（体积份）	10（体积份）
	硫酸铁、硫酸钛或者硅酸	0.07	0.1	0.09	0.08	0.06

制备方法　将各组分原料混合均匀即可。

原料介绍

所述纳米钛白粉的制备步骤为：

（1）将钛酸丁酯或者钛酸丙酯与无水乙醇混合搅拌均匀；所述钛酸丁酯或者钛酸丙酯与无水乙醇的体积比为（3～6）∶10。

（2）将硫酸铁、硫酸钛或者硅酸中的一种或者多种加入步骤（1）的混合物中，搅拌0.5～1h，然后放置5～10h后得到胶体；所述硫酸铁、硫酸钛或者硅酸与钛酸丁酯或者钛酸丙酯的质量比为（0.03～0.1）。

产品应用　先用洗液对动车表面进行清洗，待干燥后再将护液涂在玻璃表面或者陶瓷表面，涂膜厚度为220～300nm，然后干燥0.5～1h。

产品特性　特殊钛白粉中硅酸和金属盐在玻璃等表面，包被形成一层钛白粉保护层，能够与玻璃等相黏合，大大减少了洗液对玻璃等造成的腐蚀，而且保护层在紫外线的作用下能够使膜表面吸附的污染物发生氧化还原分解而除去并杀死表面微菌，达到自洁的目的。

配方15　高铁轮对及齿轮箱清洗剂

原料配比

原料	配比（质量份）			
	1#	2#	3#	4#
三乙醇胺	4	5	5	3
十二碳二元羧酸	2	2	3	2

原料		配比(质量份)			
		1#	2#	3#	4#
	异构醇聚氧乙烯醚	4	5	3	4
络合剂	乙二胺四乙酸二钠(EDTA-2Na)	1	3	—	—
	氨基三乙酸(NTA)	—	—	1	2
泥土分散剂	2-丙烯酸钠均聚物	1	—	2	—
	聚丙烯酸	—	2	—	3
	水	加至100	加至100	加至100	加至100

制备方法 将各组分原料混合均匀即可。

产品应用 本品是一种专用于高铁检修时轮对及齿轮箱清洗的清洗剂。

将上述清洗剂用水稀释10~20倍使用。稀释后清洗剂的pH值为9~10。清洗方法：配制好工作液，使用高压喷枪直接喷洗轮对。

产品特性

(1) 本品清洁度高，且清洗操作简单，有利于对轮对进行探伤，此外还能满足探伤至组装期间的短期防锈。

(2) 本品可稀释10~20倍使用，大大地节约了成本。本品采用表面活性剂与两种防锈剂复配，并加入泥土分散剂和络合剂，可有效分散钙、镁离子，抑制固体的结块与再沉积，增强清洗性能，同时与金属表面紧密地结合形成致密的防锈膜，清洗后可防锈5~7天，省去清洗后探伤至组装期间的防锈步骤，节约成本，简化维护操作。本品不腐蚀橡胶、密封材料，消除了使用以往的清洗剂对高铁轮对进行清洗后在维护过程中存在的各种隐患。本品为水基清洗剂，为弱碱性溶液，增强了对高铁轮对的清洗效果，并解决了传统清洗剂在清洗过程中存在的污染环境、危害健康的问题。

配方16 高铁外表面清洗剂

原料配比

原料		配比(质量份)			
		1#	2#	3#	4#
表面活性剂	乙氧基化烷基硫酸钠	2	3	3	2
	异构醇聚氧乙烯醚	3	4	5	2
络合剂	乙二胺四乙酸二钠(EDTA-2Na)	2	3	—	2
	羟基亚乙基二膦酸二钠(HEDP-2Na)	2	—	4	—
	羟基亚乙基二膦酸二钾(HEDP-2K)	—	4	2	2
	碳酸氢钠	3	2	3	2
	水	加至100	加至100	加至100	加至100

制备方法 将各组分原料混合均匀即可。

产品应用 高铁外表面清洗剂在使用时优选稀释 4～6 倍。稀释后的 pH 值优选 8～9。可在常温下使用。

清洗方法：将上述工作液喷在列车外表面润洗 2～3min 后，用软毛刷刷洗或用抹布擦洗，最后用清水漂洗多遍。

产品特性

（1）本品除尘、除油效果显著，不损害油漆、玻璃，能够有效去除车身黄斑，达到增亮增白的效果。

（2）本品呈弱碱性，不含任何酸类物质以及有机溶剂，不会损害列车油漆表面与列车玻璃。在漆膜无破损的情况下，车身上黄斑的主要成分是金属的氧化物、灰尘及其他污物等，通过清洗剂中乙氧基化烷基硫酸钠与异构醇聚氧乙烯醚两种表面活性剂相互配合，加强了对粉尘、油污以及其他污物的清洗作用；多种络合剂混合扩大络合范围，与黄斑中的金属离子发生螯合作用形成稳定可溶的络合物，从而将黄斑去除。此外，本品为水基清洗剂，可稀释 4～6 倍后使用，不仅能够增强清洗效果，而且能在很大程度上节约成本，且气味小，健康、环保，消除了以往的清洗剂清洗之后给维护工作所带来的隐患。

配方17　高效环保的汽车用清洗剂

原料配比

原料	配比（质量份）		原料	配比（质量份）	
	1#	2#		1#	2#
D-柠檬烯	10	20	天然脂肪醇聚氧乙烯醚	5	8
天然蔗糖酯	20	30	去离子水	65	42

制备方法

（1）将 D-柠檬烯、天然蔗糖酯、天然脂肪醇聚氧乙烯醚和去离子水在 60～70℃条件下混合，得到原料混合液；

（2）使用高速乳化剪切机对原料混合液进行搅拌使油水增溶乳化，搅拌时间为 1～2h。

（3）搅拌后降至常温即得汽车用清洗剂。

原料介绍

所述的 D-柠檬烯是使用橙皮、柑橘皮榨汁萃取、蒸馏得到的一种以柠烯为主要成分的天然溶剂。

所述的天然蔗糖酯是使用一定摩尔比的原品精致蔗糖经与食品级丁二酸按一定比例在一定温度条件下进行酯化反应制得的产品。

所述的天然脂肪醇聚氧乙烯醚是动、植物脂肪酸通过加氢得到的脂肪醇与 8～

10mol 环氧乙烷进行加成反应得到的一种非离子型表面活性剂 AEO-N。

产品应用 本品是一种高效环保的汽车用清洗剂。

产品特性 本品具有对人体无毒害、安全环保的优点。D-柠檬烯对各种油溶性污垢有极强的溶解、清洗力，天然蔗糖酯及脂肪醇聚氧乙烯醚可有效地降低表面张力，对亲油、亲水污垢有极强的乳化、清洗能力，并以大量的水为清洗剂载体，因而具有去污力强、成本低的优势。

配方18　高效环保型汽车高泡洗涤剂

原料配比

原料	配比（质量份）					原料	配比（质量份）				
	1#	2#	3#	4#	5#		1#	2#	3#	4#	5#
十二烷基苯磺酸	10	5	15	6	13	氯化钠	1.6	3.2	0.3	2.5	0.9
十二烷基硫酸钠（K12）	3.5	6.5	1	6	2.3	尼泊金甲酯	1.5	0.26	0.04	0.2	0.08
月桂酸二乙醇酰胺	2.5	5.5	1	4.5	1.7	菠萝香精	0.4	0.5	0.1	0.35	0.15
六偏磷酸钠	3	5	0.5	3.6	0.5	去离子水	88	95	80	90	85

制备方法 按配方配比先将去离子水投入反应釜中，加热至 $60\sim70℃$，不断搅拌后加入十二烷基苯磺酸、十二烷基硫酸钠（K12）、月桂酸二乙醇酰胺，保温并搅拌 $1\sim2h$，直到完全溶解，待用；

把上述待用的原料降温至 $45\sim50℃$，加入六偏磷酸钠、氯化钠、尼泊金甲酯、菠萝香精，同时进行充分搅拌，溶解，混合均匀，继续降温至 $35\sim40℃$ 即可得到成品。

产品特性 本品适用于高压泡沫机使用，配方科学，性能优异，泡沫丰富而稳定，能附在车身表面，发挥强力去污效果，对各种汽车漆面安全无腐蚀，成本低廉。本品高效、环保、配合大型专用免擦拭无划痕洗车机使用，无需擦洗，不伤及物体表面，对车漆起到了保护作用，是理想的汽车清洁、养护清洗剂。

配方19　环保安全型发动机润滑系统在线清洗剂

原料配比

原料		配比（质量份）		
		1#	2#	3#
基础油	$C_{11\sim14}$ 烷烃：黏度为 $15\sim20mm^2/s$（40℃）	49.7995	—	—
	$C_{14\sim16}$ 烷烃：黏度 $8\sim10mm^2/s$（40℃）	—	50	—
	$C_{12\sim14}$ 烷烃	—	—	46
	合成酯：黏度 $70\sim80mm^2/s$（40℃）	—	—	3
油溶性聚醚	油溶性聚醚：黏度为 $30\sim32mm^2/s$（40℃）	50	50	50
非离子表面活性剂	脂肪醇聚氧乙烯四醚（含量99%）	0.2		
稳定剂	2,6-二叔丁基对甲酚（含量99.8%）	0.0005		
	二辛胺			1

制备方法 将各组分原料混合均匀即可形成环保安全型发动机润滑系统在线清洗剂成品。

原料介绍

所述基础油为 $C_{11}\sim C_{16}$ 烷烃、合成酯中的一种或它们的混合物。

所述油溶性聚醚是以环氧丙烷和环氧丁烷为原料合成的聚醚，其运动黏度在 $40\,℃$ 时为 $28\sim 32\,mm^2/s$。

所述非离子表面活性剂为脂肪醇聚氧乙烯四醚、失水山梨醇单油酸酯中的一种或两种的混合物。

所述稳定剂为 2,6-二叔丁基对甲酚、二辛胺中的一种或两种的混合物。

产品应用 本品是一种环保安全型发动机润滑系统在线清洗剂。

实施例 1 汽车发动机润滑油系统在线清洗。使用方法：

(1) 换油前清洗，原润滑油倒出 20%，补加本品后运行 72h 后，换油。系统内的油泥、蜡、积炭 90% 以上溶解下来。

(2) 按 5%～10% 的比例添加在新换润滑油中，可提高润滑油的润滑性能，延长润滑油使用寿命。

实施例 2 导热油系统在线清洗。使用方法：

一般按系统油量的 20%～25% 添加，正常运行 48h 以上，换新油。

实施例 3 高档发动机在线清洗。使用方法：

(1) 换油前清洗，原润滑油倒出 20%，补加本品后运行 72h 后，换油。系统内的油泥、蜡、积炭 90% 以上溶解下来。

(2) 按 5%～10% 的比例添加在新换润滑油中，可提高润滑油的润滑性能，延长润滑油使用寿命。

产品特性

(1) 本清洗剂使用方便，在预防润滑系统结焦、结油泥、积炭时，只需添加 5%～10% 的本品于润滑系统中，不但起预防结焦、结油泥、积炭的作用，而且可以提高系统的润滑性能，延长润滑油的使用寿命；在进行换油前的清洗时，只需添加 15%～20% 的本品，运行 72h 后更换新油即可，换下的旧油可以作为燃料或再生处理，环保性能好。

(2) 本清洗剂不含氯代烃，没有 ODS 破坏臭氧的物质，对臭氧破坏系数为 0，对人体无害，闪点 $100\,℃$ 以上，安全性更好。

(3) 本清洗剂可节省燃油消耗、节省维修费用、减少零件更换成本，清洗无需停车，节约时间，成本低廉，对油路系统无任何不良影响，清洗污垢的同时，对润滑系统有一定的润滑、保护作用。

(4) 本品原料来源广泛，利于大批量生产。

配方20　环保型浓缩汽车清洗剂

原料配比

原料	配比（质量份） 1#	配比（质量份） 2#	配比（质量份） 3#	原料	配比（质量份） 1#	配比（质量份） 2#	配比（质量份） 3#
失水山梨醇单油酸酯聚氧乙烯醚	25	20	28	聚丙烯酰胺	8	4	11
脂肪醇聚氧乙烯醚硫酸钠	28	22	34	甘油	7	5	7
正十二醇	13	10	15	橙油	8	3	15
马来酸酐	6	3	7	甲酚	3	2	5
羧甲基纤维素钠	8	4	11	氯仿	48	20	70

制备方法

（1）按配方量将失水山梨醇单油酸酯聚氧乙烯醚、脂肪醇聚氧乙烯醚硫酸钠及正十二醇混合，搅拌 10～20min；

（2）按配方量将马来酸酐、羧甲基纤维素钠、聚丙烯酰胺、甘油、橙油及甲酚混合，搅拌均匀后加入步骤（1）的混合液中，继续搅拌，直至搅拌均匀；

（3）按配方量将氯仿加入步骤（2）中，搅拌均匀。

原料介绍　本品中的失水山梨醇单油酸酯聚氧乙烯醚在清洗剂中作为非表面活性剂，具有很好的去油除垢效果；脂肪醇聚氧乙烯醚硫酸钠为阴离子表面活性剂，与失水山梨醇单油酸酯聚氧乙烯醚结合使用能增强去油除垢效果；马来酸酐为腐蚀抑制剂，能够结合甘油对车辆表面进行保护；羧甲基纤维素钠和聚丙烯酰胺均为稳定剂，能够使环保型浓缩汽车清洗剂更加稳定、易于存放；甘油和橙油均具有湿润的效果，不伤手；甲酚具有杀菌消毒的效果。

产品应用　本品是一种既能将车辆表面清洗干净又能保护车辆表面的环保型浓缩汽车清洗剂。

使用方法：取 20g 上述环保型浓缩汽车清洗剂涂于汽车专用刷子上，用汽车专用刷子全面将汽车表面刷一遍，停留 2min 后，用水冲洗干净即可。

产品特性

（1）本品具有加工成本低、生产方便及除垢效率高等优点。

（2）用本清洗剂清洗车辆表面，灰尘去除率能够达到 99.0%，细菌去除率能够达到 98.7%，油垢去除率能够达到 99.1%，对车辆表面的损害较小。

配方21　环保型汽车用羊毛重垢清洗剂

原料配比

原料	配比（质量份） 1#	配比（质量份） 2#	配比（质量份） 3#	原料	配比（质量份） 1#	配比（质量份） 2#	配比（质量份） 3#
聚乙烯吡咯烷酮	22	11	33	淀粉	18	5	28
油酸钠	16	6	24	马来酸酐	3	2	4

原料	配比(质量份)			原料	配比(质量份)		
	1#	2#	3#		1#	2#	3#
脂肪酸咪唑啉硼酸酯	5	2	8	油酸	10	6	14
硼砂	5	3	9	橙油	6	4	9
二烯丙基三硫醚	4	2	7	草莓粉	3	2	3
二硫氰基甲烷	4	2	6	柠檬酸	3	2	4
氢氧化钾	8	6	9	水	75	32	110
硅油	10	8	11				

制备方法

(1) 按配方量将淀粉、硅油、油酸、橙油、草莓粉及柠檬酸混合，搅拌均匀，加热到 53～60℃，恒温 5～20min；

(2) 按配方量将聚乙烯吡咯烷酮、油酸钠、马来酸酐、脂肪酸咪唑啉硼酸酯、硼砂、二烯丙基三硫醚、二硫氰基甲烷及氢氧化钾混合，搅拌 5～10min，加入步骤（1）中，继续搅拌至均匀；

(3) 按配方量将水加入步骤（2）中，搅拌至均匀。

原料介绍 聚乙烯吡咯烷酮有抗污垢再沉淀性能，而且具有防转色效果，能够去污保持羊毛织物的完整性；油酸钠具有良好的乳化力、渗透力及去污力，与聚乙烯吡咯烷酮同时使用能够增强去污效果；淀粉具有大量亲水基团，容易与微尘颗粒作用，增强清洗剂的去污效果；马来酸酐及脂肪酸咪唑啉硼酸酯为腐蚀抑制剂；硼砂、二烯丙基三硫醚及二硫氰基甲烷为杀菌剂，三者结合使用能够增强杀菌效果，此外，硼砂与聚乙烯吡咯烷酮结合使用能够增强漂白、杀菌效果；硅油能够提高清洗后织物的手感及光滑度；油酸具有分散效果；橙油、草莓粉及柠檬酸具有除臭效果，使清洗剂具有清新的水果味。

产品特性 本品能够直接在清水中清洗羊毛织物，更加方便；除油除垢效果比传统的干洗效果好；具有超强的杀菌、除臭效果。

配方22 环保型石蜡清洗剂

原料配比

原料	配比(质量份)				原料	配比(质量份)			
	1#	2#	3#	4#		1#	2#	3#	4#
松节油	25	30	28	26	壬基酚聚氧乙烯醚	5	3	4	4
柠檬油	30	25	27	28	十二烷基苯磺酸钠	5	3	4	4
松节油基阴离子表面活性剂	5	10	8	6	柑橘油	3	1	2	2

制备方法 将松节油、柠檬油、表面活性剂、壬基酚聚氧乙烯醚、十二烷基苯磺酸钠和柑橘油按配比加入反应器中，加热到 45～50℃并不断搅拌，让液体混合均匀并乳化，最终形成颜色均匀、无分层的混合液体，自然冷却至室温即可得到本清洗剂。

原料介绍

所述表面活性剂为松节油基阴离子表面活性剂。

所述的松节油基阴离子表面活性剂是一种利用天然可再生资源合成的表面活性剂，其制备过程为：

（1）在催化剂存在下，将松节油和马来酸酐进行 D-A 加成反应，制备萜烯-马来酸酐加成物 TMA；

（2）TMA 与环氧乙烷进行酯化反应和加成反应，生成松节油基聚氧乙烯酯（TMEE）；

（3）TMEE 与马来酸酐合成 TMEE 的马来酸单酯；

（4）马来酸单酯与亚硫酸钠进行磺化反应，生成松节油基阴离子表面活性剂。

产品应用　本品是一种采用天然植物制备的环保型石蜡清洗剂。

使用方法：取本品配制成质量分数为 5% 的工作液，在汽车表面进行除蜡试验，5~10min，汽车表面即呈现连续清亮的水膜。

产品特性

（1）本品的主要成分为直接从植物中提取的烃类有机物松节油和柠檬油，不含对人体有害的苯类化合物，残留物可以生物降解，且对被清洗物的表面不会造成腐蚀；采用松节油基阴离子表面活性剂代替传统的表面活性剂，清洗剂具有很好的去污、扩散、渗透等能力。

（2）本品所用松节油是一种比较有代表性的植物系烃类溶剂，存在于天然的松脂中，将松脂蒸馏，馏出物就是松节油，其主要成分是蒎烯，其溶解能力介于石油醚和苯之间，沸点和燃点较高，使用安全性较好。

（3）本品所用柠檬油是从柚子、柠檬类水果皮中蒸馏提炼得到的一种烃类溶剂，主要化学成分是苎烯（甲基丙烯基环己烯）的单环萜烯，沸点为 175.5~176℃，物理性能与松节油相似，具有柠檬水果香味。柠檬油本身不溶于水，添加活性剂后与水以任意比例混配。它的去油脱污能力很强。

（4）本品所用柑橘油与油脂的相溶性很强，通过棉纱过滤，可以将油污分离，重复使用，废液可以生物降解，不会造成污染，环保费用低。

（5）本品的闪点在 60℃ 以上，燃点在 200℃ 以上，可以带电清洗，耐电压 25kV，使用安全可靠。

配方23　火车空调清洗剂

原料配比

原料	配比（质量份）	原料	配比（质量份）
耐碱渗透剂 AEP	8~24	二元酸酯	0.5~5
烷基磺酸钠	12~35	氢氧化钠	7~30
烷基脂肪酸酯	5~18	防变色光亮剂	0.5~12

制备方法 将耐碱渗透剂 AEP、烷基磺酸钠、烷基脂肪酸酯加入反应釜中，升温至 $100 \sim 125 \, ^\circ\text{C}$，真空度为 -0.04MPa，搅拌 $10 \sim 20\text{min}$ 后，降温至 $90 \sim 100 \, ^\circ\text{C}$ 并保持恒温，再加入二元酸酯、氢氧化钠、防变色光亮剂搅拌至全部组分互溶，降温至 $50 \, ^\circ\text{C}$ 以下，经检测过滤后包装。

产品特性 本品成本低廉、性能稳定，可有效地把火车空调表面及内部工件的油污、尘土等清洗掉，同时能防止火车空调表面及内部工件变色，是集清洗、防变色于一体的火车空调清洗剂。

配方24 货运船舶外体表面清洗剂

原料配比

原料	配比（质量份）		
	1#	2#	3#
阴离子表面活性剂月桂醇硫酸钠	3	4	5
阴离子表面活性剂十二烷基苯磺酸钠	3	4	5
非离子表面活性剂月桂醇聚氧乙烯醚	2	3	4
金属表面消毒防腐剂硼酸钠	40	45	36
氯化磷酸三钠	49	40	45
金属防锈剂亚硝酸钠	3	4	5

制备方法 在配料罐中计量分别加入阴离子表面活性剂月桂醇硫酸钠、阴离子表面活性剂十二烷基苯磺酸钠、非离子表面活性剂月桂醇聚氧乙烯醚、金属表面消毒防腐剂硼酸钠、氯化磷酸三钠、金属防锈剂亚硝酸钠，搅拌 $30 \sim 40\text{min}$ ［配料罐温度保持在（40 ± 2）$^\circ\text{C}$］，制备完成后过滤、包装。

产品应用 本品是一种货运船舶外体表面清洗剂。使用方法：可用自来水稀释成 $0.1\% \sim 0.3\%$（质量分数）的溶液，对货运船舶外体表面进行喷射清洗。

产品特性

（1）本品是白色粉末，溶于水，pH 值 $8 \sim 10$，对货运船舶外体无任何腐蚀性。

（2）本品制造过程中，无废气、废水、固体废弃物产生，符合国家环保生产标准。

配方25 客车清洗剂

原料配比

原料	配比（体积份）	原料	配比（体积份）
酵乳素	0.5	薄荷脑	0.25
氧化锌	3	三氯异氰尿酸	15
碘酊	4	环氯丙烷	6
锌钡白	4	尿素	3
十二烷基苯磺酸钠	13.5	去离子水	加至 1000

制备方法 将各组分原料混合均匀即可。

产品特性 本品配方合理、成本低廉、低温去油污效果好。

配方26　客车用清洗剂

原料配比

原料	配比(质量份)	原料	配比(质量份)
羊毛脂	3	三氯异氰尿酸	15
氯化钠	4	环氧丙烷	6
聚氧乙烯	4	尿素	3
烷基醇酰胺	5	去离子水	加至100
薄荷脑	0.5		

制备方法 将各组分原料混合均匀即可。

产品特性 本品配方合理、成本低廉、低温去油污效果好。

配方27　快速除油除灰垢清洗剂

原料配比

原料	配比(质量份)			原料	配比(质量份)		
	1#	2#	3#		1#	2#	3#
偏硅酸钠	5	7	8	氧化剂亚硝酸盐	0.1	0.3	0.2
氢氧化钠	6	10	2	表面活性剂RQ-139	3	1	5
碳酸钠	5	4	2	水	加至100	加至100	加至100
柠檬酸钠	0.2	0.3	0.1				

制备方法 将各组分原料混合均匀即可。

原料介绍 所述清洗剂的组分中，偏硅酸钠、氢氧化钠和碳酸钠起乳化除油作用。柠檬酸钠为络合剂，起分散、悬浮作用，能软化硬垢，阻止沉淀物产生，达到阻垢化垢的目的。氧化剂能够使金属表面钝化，形成氧化膜层，有防锈作用；氧化剂还能催化皂化物质和乳化物质对油脂的皂化和乳化作用，加快皂化和乳化的速度，当油污被处理干净后，灰垢的黏性下降，更容易和工件分离，同时氧化剂能氧化灰垢中的金属成分，使灰垢更容易脱离工件表面，达到快速除油和灰垢的目的。

产品应用 本品主要用于清洗汽车、工程机械、农用机械部件。清洗工件的方法如下：

（1）将所述清洗剂用水稀释至5%～10%（体积分数），获得清洗液；

（2）在40～50℃条件下，用所述清洗液清洗工件，清洗时间为5～7min。

产品特性 本品呈无色或乳白色，无气味，能快速去除工件表面的油渍和灰垢，对油脂种类多且灰垢大的工件有很强的清洗能力；添加的氧化剂具有快速除油和灰垢以及防锈的作用。本品和清洗工件的方法适用于汽车、工程机械、农用机械等领域，尤其当工件附带大量液压油和浮灰时，使用本品清洗效果更佳。

配方28　冷却系统不解体清洗剂

原料配比

原料	配比（质量份）		原料	配比（质量份）	
	1#	2#		1#	2#
水	60	75	硼酸	5.1	5.9
乙二醇	16		乙二胺四乙酸四钠	2.6	1.9
磷酸三钠	6.7	6.9	苯并三氮唑	5.7	6.2
聚氧丙烯氧化乙烯甘油醚	3.9	4.1	染色剂	0.0004	0.0004

制备方法

（1）将反应釜加热，保持温度在25℃；

（2）在金属桶内依次加入固体配比原料，搅拌均匀；

（3）在混合容器内先加水，再加固体混合物，最后加入乙二醇；

（4）原料添加完毕后搅拌8h。

产品特性

（1）该清洗剂可在发动机冷却系统不解体的情况下清洗水锈和水垢。

（2）快速清洗：在30min内完成清洗。

（3）效果好：一次清洗能够解决20000km·h内形成的积炭。

（4）能够实现产品酸碱性与车厂指定冷却液的匹配。

（5）对橡胶和塑料部件不产生腐蚀。

（6）对金属部件不产生腐蚀。

（7）保证不降低原有冷却液的冰点和沸点。

（8）本清洗剂借助化学品中的有效成分分解附着在水箱水道栅板表层的污垢，使之均匀地悬浮在冷却液中，被清洗下来的水锈和水垢与旧冷却液一起排出系统。

配方29　列车表面油污清洗剂

原料配比

原料	配比（质量份）				原料	配比（质量份）			
	1#	2#	3#	4#		1#	2#	3#	4#
二十碳烷烃	18	16	19	19	乙二醇单丁醚	4	3	5	6
柠檬烯	8	9	7	9	NP-8.6	1.6	1.4	2	0.9
十氟戊烷	60	63	58	55	苯并三氮唑	0.6	0.9	0.5	1.1
N-甲基吡咯烷酮	7	6	8	8	JFC	0.8	0.7	0.5	1

制备方法　在常温下，先将苯并三氮唑、NP-8.6、JFC溶于乙二醇单丁醚中，再依次加入其他原料，待溶解搅拌均匀即可。

产品应用 本品主要用于各种轨道交通列车上各类检修记号笔划线的清洗，各类轮毂表面密封油漆、油污的清洗，及其机械零部件表面固化污渍等表面油污的清洗。

产品特性

（1）本品清洗后的车体表面不会整体或局部变黄，也不会出现条状流痕，不会腐蚀列车机械零部件。本品为中性产品，性能温和，对列车车体外表面上的油漆、密封条等无损害，不含铬酸盐、亚硝酸盐、磷酸盐，无气味，对人体无伤害。

（2）本产品清洗力强，对环境友好，不会对大气臭氧层产生破坏作用，泡沫少，不易燃等。

配方30　内燃机车车厢外体表面清洗剂

原料配比

原料	配比（质量份）		
	1#	2#	3#
阴离子表面活性剂烷基苯磺酸钠	5	7	9
阴离子表面活性剂月桂醇聚氧乙烯醚硫酸钠	2	3	4
非离子表面活性剂烷基酚聚氧乙烯醚	2	3	4
非离子表面活性剂月桂基醇酰胺	1	2	3
无机净洗剂	5	7	8
金属防锈剂三乙醇胺	1	1	2
去离子水	84	77	70

制备方法 在反应釜中计量加入去离子水，搅拌，再依次将阴离子表面活性剂烷基苯磺酸钠、阴离子表面活性剂月桂醇聚氧乙烯醚硫酸钠、非离子表面活性剂烷基酚聚氧乙烯醚、非离子表面活性剂月桂基醇酰胺、无机净洗剂、金属防锈剂计量、缓慢加入，搅拌30～40min（反应釜温度保持在30～40℃），制备完成后测定相关技术指标，合格后过滤包装。

产品应用 使用时需要稀释成0.1%～0.4%（质量分数），可对火车车厢外体进行喷射，稀释剂可用自来水。

产品特性

（1）本品是无色透明液体，溶于水、酒精溶剂，振荡有泡沫，对火车车厢外体无任何腐蚀性。

（2）本品毒性极低，原液对人体皮肤刺激性很低，稀释液对人体皮肤无刺激性。

（3）本品制造过程中，无废气、废水、固体废弃物产生，符合国家环保生产标准。

配方31　发动机积炭清洗剂

原料配比

原料		配比（质量份）		
		1#	2#	3#
聚异丁烯丁二酰亚胺	分子量850,乙烯基摩尔分数0.75	6	—	—
	分子量900,乙烯基摩尔分数0.75	—	10	—
	分子量1000,乙烯基摩尔分数0.8	—	—	8
表面活性剂	聚醚胺,分子量1500	93.89	—	—
	聚醚胺,分子量2000	—	—	41.83
	苯甲酰聚异丁烯二甲氨基吡啶	—	89.78	50
	纳米 CeO_2	0.01	0.02	0.02
防沉降剂	N,N-双羟乙基烷基酰胺	0.1	—	0.1
	BYK-410(低分子量、含脲/氨基甲酸酯官能团的聚合物溶液)	—	0.2	0.05

制备方法　将聚异丁烯丁二酰亚胺、表面活性剂、纳米 CeO_2、防沉降剂用高速分散机分散，然后用超声波振荡即得。所称的高速分散机具有 $2000\sim3000r/min$ 的转速，为了保证分散效果，分散时间为 $1\sim2h$。超声处理的参数是超声波频率：$30kHz$，振荡时间：$0.5\sim1h$。

原料介绍

所述的聚异丁烯丁二酰亚胺优选低分子量、高活性的聚异丁烯丁二酰亚胺，更优选分子量为 $800\sim1000$ 的聚异丁烯丁二酰亚胺，其中乙烯基摩尔分数为 $0.75\sim0.8$。

本品中聚异丁烯丁二酰亚胺结构的主要部分由重复单元—CH_2—$C(CH_3)_2$—构成，头基是 CH_3—，尾基是—CH_2—$C(CH_3)$=CH 或—CH=$C(CH_3)$—CH_3，具有良好的烟灰油泥分散作用，能有效抑制发动机油黏度增长，防止或抑制积炭形成。

所述的表面活性剂选自聚链烯基取代的单羧酸或二羧酸、酸酐或酯，聚醚胺，苯甲酰聚异丁烯二甲氨基吡啶中的一种和/或一种以上的混合物。

表面活性剂对积炭具有很强的吸附能力，能够使得积炭等变得疏松，并以微小颗粒的形式被清洗掉。表面活性剂与聚异丁烯丁二酰亚胺共同使用，具有显著的协同作用，能够有效清洗积炭等。当所用的表面活性剂为聚链烯基取代的单羧酸或二羧酸、酸酐或酯时，优选其分子量为 1800 左右；当所用的表面活性剂为聚醚胺时，优选其分子量为 $1000\sim2000$；当所用表面活性剂为苯甲酰聚异丁烯二甲氨基吡啶时，该化合物分子结构具有极性基团和非极性基团两部分，极性基团能够包覆微小颗粒，非极性基团能够增强清洗剂在汽油中的溶解性能，从而改善产品清洗效果。

在本品中，所用的纳米 CeO_2 粒径优选 $30\sim50nm$，纳米 CeO_2 具有良好的催化活性和清洗效果，能够将积炭中的油腻部分和极性物质有效分散到油中，有效除污；同时在燃烧状态下纳米 CeO_2 能够极大降低积炭的燃点，将其燃烧掉，从而加快积炭清除速度。

所述防沉降剂为 N,N-双羟乙基烷基酰胺、BYK-410（低分子量、含脲/氨基甲酸酯官能团的聚合物溶液）中的一种或二者的混合物。

产品应用　将 $200mL$ 清洗剂兑入装有 $40\sim50L$ 汽油的油箱中即可。

产品特性

（1）本品能够有效清洗油路、节气门等燃油系统各部分的沉积物，消除发动机怠速抖动，降低噪音，提高动力，提高发动机的工作稳定性。

（2）本品稳定性好，可以有效地将发动机燃油系统中各个位置的沉积物清洗干净，消除胶质、积炭等杂质，并且清洗速度快，使用方便，不需要拆除配件，加入油箱即可。

（3）本品使用纳米 CeO_2 作催化剂，清除发动机积炭效果更强、更给力；能明显提高发动机动力，降低燃油消耗量；无毒无味，可溶于油也可溶于水，不腐蚀金属、橡胶、塑料配件。

（4）对于行驶 10 万千米以上且没有清洗过发动机积炭的汽车，连续使用 $2\sim3$ 次本品，动力增强效果明显，相同行驶工况下至少能降低油耗 $2\%\sim3\%$。

配方32　泡沫型发动机燃烧室气雾清洗剂

原料配比

原料	配比（质量份）	原料	配比（质量份）
水	40	聚异丁烯胺	8.6
油酸	2.9	发泡剂	21.8
三乙醇胺	2.2	芳烃	7.1
聚醚胺	9.9	异丙醇	7.5

制备方法

（1）将反应釜温度保持在 $25℃$；

（2）依次加入配比原料，搅拌；

（3）每种原料间隔 $15min$ 添加；

（4）原料添加完毕后搅拌 $8h$；

（5）流水线生产时先灌装产品液体；

（6）抽空后按配比灌入 LPG 气体。

产品特性

（1）该清洗剂可在发动机不解体情况下清洗整个燃烧室的积炭。

（2）快速清洗：在30min内完成清洗。

（3）效果好：一次清洗能够解决40000km内形成的积炭。

（4）适合所有车型，不需要考虑接头适配性。

（5）对橡胶和塑料部件不产生腐蚀。

（6）对金属部件不产生腐蚀。

配方33 汽车玻璃清洗剂

原料配比

原料		配比（质量份）	
		1#	2#
表面活性剂	丙烯酸	400	300
	$CH_3O(CH_2CH_2O)_{11}CH\!=\!CH_2$	410	—
	$CH_3O(CH_2CH_2O)_{15}CH\!=\!CH_2$	—	600
	链引发剂过硫酸铵	10	10
去离子水		700	1000
共聚表面活性剂		50	80
［HBIm］［BF₄］离子液体（1-丁基咪唑四氟硼酸盐）		8	8
稳定剂	乙醇	200	200
消泡剂	聚醚类消泡剂PPG-1000	5	—
	聚醚类消泡剂PPG-2400	—	6

制备方法 将各组分原料混合均匀即可。

原料介绍

所述［HBIm］［BF₄］，即1-丁基咪唑四氟硼酸盐为水溶性离子液体。

所述的表面活性剂为丙烯酸与乙烯基聚乙二醇单甲醚共聚而成，其中，乙烯基聚乙二醇单甲醚化学式为：$CH_3O(CH_2CH_2O)_nCH\!=\!CH_2$，其中 $n=11\sim15$。

所述的丙烯酸与乙烯基聚乙二醇单甲醚共聚条件是：丙烯酸与乙烯基聚乙二醇单甲醚摩尔比为（1∶1）～（1∶2）；聚合温度为70～80℃；聚合时间为6h。

所述消泡剂为聚醚类消泡剂，例如市售商品PPG-1000、PPG-2400。

产品应用 本品是一种汽车玻璃清洗剂，特别适合汽车前挡风及大灯玻璃的清洗。

使用温度为-20～50℃。

产品特性 本品用水溶性离子液体作为清洗剂的润滑剂与缓蚀组分，该离子液体能够在挡风玻璃、雨刮器表面形成一层保护性膜，使雨水在挡风玻璃上聚集、滑落，同时又起到保护玻璃及雨刮器的功效。另外，它还能高效、快速除去汽车前挡风以及大灯玻璃表面的灰尘、鸟粪以及鸟类、昆虫与其碰撞后所形成的顽固污渍。

配方34 汽车玻璃无痕洗涤剂

原料配比

原料	配比(质量份)				
	1#	2#	3#	4#	5#
脂肪醇聚氧乙烯醚硫酸盐(AES)	4	2	8	3	5
聚乙烯二醇辛基苯基醚(X-100)	18	25	12	20	15
尿素	2.5	3.5	1	3	1.5
甲壳低聚糖	1.2	2	0.8	1.6	1
氢氧化钠水溶液	0.19	0.3	0.05	0.28	0.1
菠萝香精	0.25	0.4	0.1	0.34	0.12
去离子水	86	90	80	87	83

制备方法

（1）按配方配比先将去离子水投入反应釜中，加热至 48～52℃，加入脂肪醇聚氧乙烯醚硫酸盐（AES）、聚乙烯二醇辛基苯基醚（X-100）、尿素，保温直至完全溶解，待用；

（2）在上述待用的原料中加入甲壳低聚糖，保温搅拌均匀；

（3）最后在上述原料中加入剩余原料，保温搅拌均匀，降温至室温即可得到成品。

产品特性 本品配方科学、清洗快速、挥发快速、不留痕迹，改变了传统玻璃清洁剂大多为液态，喷于玻璃后容易流到车漆等部位，使用不方便的缺点，化解了玻璃上的雾膜，清晰明亮，不影响视线，极大限度地满足驾驶者的需求。

配方35 汽车玻璃无痕清洗剂

原料配比

原料	配比(质量份)		原料	配比(质量份)	
	1#	2#		1#	2#
壬基酚聚氧乙烯醚	5	10	聚乙烯醇	20	25
十二烷基硫酸钠	10	15	高锰酸钾	20	30
椰油酸二乙醇酰胺	10	15	松香	40～45	45
苯甲酸钠	10	25	甘油	45	50
甲基纤维素	30	35	去离子水	200	250
聚丙烯酸钠	15	20			

制备方法 将各组分溶于水混合均匀即可。

产品特性 本品具有快速渗透，化解玻璃上的雾膜，清晰明亮，不留任何痕迹，不影响视线等优点，克服了传统玻璃清洁剂喷于玻璃后容易流到车漆等部位，使用不方便等缺点。

配方36　汽车玻璃洗涤剂

原料配比

原料	配比（质量份）			原料	配比（质量份）		
	1#	2#	3#		1#	2#	3#
十八酸钠	0.1	0.5	0.3	环乙醇	2	3	2.5
柠檬酸钠	0.1	0.3	0.2	氢氧化钾	1	2	1.5
月桂酸	0.3	0.5	0.4	香精	0.1	0.2	0.15
硅酸钠	2	3	2.5	去离子水	70	80	75

制备方法　将各组分溶于水混合均匀即可。

产品特性　本品清洗效果好，去油脂力较强，可去除各类汽车玻璃上黏附的污垢，清洗后玻璃清亮且无水痕残留，对玻璃表面无损伤。

配方37　汽车玻璃用洗涤剂

原料配比

原料	配比（质量份）			原料	配比（质量份）		
	1#	2#	3#		1#	2#	3#
碳酸盐	12	10	14	甲苯酸苯酯	4	3	5
脂肪醇聚氧乙烯醚	9	8	10	甘油	14	12	16
皂荚粉	12	10	14	去离子水	13	12	15
脂肪酸二乙醇酰胺	1.5	1	2.5	异丙醇	12	10	14

制备方法　将各组分溶于水混合均匀即可。

原料介绍　碳酸盐由1.2份碳酸钠、1.5份碳酸钙和2份碳酸镁混合而成。

产品应用　本品包装、运输方便，减少了运输能量、人力的浪费和包装瓶子的使用；可在汽车挡风玻璃上形成一层二氧化钛膜，可实现自清洁，冬季不容易结冰霜，夏季不容易受雨雾影响；绿色环保，无刺激性成分，能延缓雨刮器橡胶老化；成本低廉，使用后无残留。

配方38　汽车车体洗涤剂

原料配比

原料	配比（质量份）			原料	配比（质量份）		
	1#	2#	3#		1#	2#	3#
油酸	4	5	6	水杨酸钠	15	17.5	20
磷酸三钠	10	13	16	硬脂酸二乙醇酰胺	2	4	6
焦磷酸四钠	1	2	3	甲醛	5	6	7
单硬脂酸甘油酯	15	16	17	水	30	35	40

制备方法　将各组分溶于水混合均匀即可。

产品特性　本品能够清洗汽车表面各种污垢，而且可以提高汽车抛光区的光泽，满足了人们的需求。

配方39　汽车挡风玻璃固体洗涤剂

原料配比

原料	配比(质量份)					原料	配比(质量份)				
	1#	2#	3#	4#	5#		1#	2#	3#	4#	5#
α-烯基磺酸钠	30	60	45	30	60	异丙醇钛	0.1	0.5	0.3	0.1	0.5
十二烷基磺酸钠	15	5	10	5	15	聚乙烯醇	0.2	1	0.6	0.2	1
碳酸氢钠	20	30	25	20	30	靛蓝	0.01	0.05	0.03	0.01	0.05
柠檬酸	5	15	10	5	15						

制备方法　将上述质量份的异丙醇钛加入聚乙烯醇中后搅拌 1~5min，依次加入相应质量份的 α-烯基磺酸钠、十二烷基磺酸钠、碳酸氢钠、柠檬酸、靛蓝，继续搅拌 5~10min 后，用模具冲压即可。

产品特性

（1）本品为固体，包装、运输方便，减少了运输能量、人力的浪费和包装瓶子的使用。

（2）本品含有异丙醇钛，在柠檬酸的作用下可以分解为二氧化钛，可在汽车挡风玻璃上形成一层二氧化钛膜，可实现自清洁，冬季不容易结冰霜，夏季不容易受雨雾影响。

（3）本品绿色环保，无刺激性成分，能延缓雨刮器橡胶老化。

（4）本品成本低廉，使用后无固体残留。

配方40　汽车挡风玻璃清洗剂

原料配比

原料	配比(质量份)			原料	配比(质量份)		
	1#	2#	3#		1#	2#	3#
甘油	10	14	12	异丙酮	4	8	6
甲氧基脂肪酰胺基苯磺酸钠	6	2	4	乙二醇单丁醚	4	2	3
				三乙醇胺	2	4	3
十二烷基二乙醇酰胺	2	4	3	水	加至100	加至100	加至100
辛基酚聚氧乙烯醚	10	6	8				

制备方法　将上述各组分按配比，在 40~60℃下搅拌混合均匀，即可制得汽车挡风玻璃清洗剂。

产品特性　本品为多种表面活性剂的复合物，为淡黄色透明液体，呈弱碱性，具有良好的扩散、乳化、去污等性能，能够使汽车挡风玻璃清晰光亮，提高汽车挡风玻璃的透明度。

配方41　汽车挡风玻璃清洗剂（二）

原料配比

原料	配比（质量份）			原料		配比（质量份）		
	1#	2#	3#			1#	2#	3#
乙醇	14	16	14	硅酸钠		6	9	7
乙二醇	7	8	7	柠檬酸钠		3	4	5
碳酸钠	15	18	16	纳米 SiO_2	粒径为70nm	0.6	—	0.5
碳酸氢钠	1.5	1.8	1.6		粒径为80nm	—	0.8	—
硫酸镁	—	—	0.3	硫酸铜		0.3	0.5	0.4
硼酸	5	8	6	去离子水		加至100	加至100	加至100

制备方法

（1）首先将四分之一的去离子水与复配的乙醇和乙二醇混合，加热至70～80℃搅拌10～15min；

（2）随后保温并加入碳酸钠、硼酸和四分之一的去离子水，持续搅拌30～45min；

（3）随后加入硫酸镁、硫酸铜、纳米 SiO_2、硅酸钠、柠檬酸钠和四分之一的去离子水，持续搅拌30～40min；

（4）将经上述混合得到的溶液自然冷却至室温，再将碳酸氢钠和剩余的四分之一去离子水全部加入，搅拌15～20min，最终得到清澈透明、无悬浮且呈鲜艳蓝色的本清洗剂。

原料介绍

所述的乙醇和乙二醇的比例为2∶1，碳酸钠和碳酸氢钠的比例为10∶1；

所述的纳米 SiO_2 的粒径为70～80nm。

所述清洗剂的配方中，基本不含污染环境的有机物，可以说是一种环保的清洗剂，同时由于其不含具有刺激性气味的有机物，因此无须特别添加香精，再者也没有添加表面活性剂等，废水处理的压力也很小。硼酸能够同时起到缓蚀和缓冲的作用，与硅酸钠、柠檬酸钠协同发挥了非常好的缓蚀作用，同时硼酸是配方中主要的pH缓冲成分，能够最大限度地避免清洗剂的碱性太强而损伤玻璃。硅酸钠很大程度上与柠檬酸钠协同发挥缓蚀作用，同时硅酸钠还起到稳定和分散的作用，能够保证清洗剂中不含有较大比例的无机物结晶沉淀析出，以及保证纳米氧化硅不会过多团聚而影响使用效果。柠檬酸钠一方面作为缓蚀的复配成分，另一方面也保证了本配方中大量无机盐离子的稳定性和分散性，正是柠檬酸钠的络合、稳定作用，保证了清洗剂整体的稳定性。纳米SiO_2能够增强去污效果并减少水痕形成，还能影响体系的黏度，被广泛用于清洗剂中。硫酸铜首先起到了着色剂的作用，使得本清洗剂满足汽车挡风玻璃呈蓝色的要求，再者硫酸铜与硫酸镁一样起到了一定的助洗和催干作用。

产品应用　本品是一种新型汽车挡风玻璃的清洗剂。

产品特性　本品不含有机有毒有害物质，也不含重金属，以简单无机物组成了汽车挡风玻璃清洗剂，不但具有较为优异的清洗效果，满足了汽车挡风玻璃清洗剂的标准要求，而且非常经济环保，只需简单处理即可实现无污染排放。

配方42　汽车空调机专用清洗剂

原料配比

原料	配比（质量份）			原料	配比（质量份）		
	1#	2#	3#		1#	2#	3#
氨基磺酸	2	6	4	三乙醇胺	1	3	2
壬基酚聚氧乙烯醚	8	6	7	2,6-二叔丁基对甲酚	4	2	3
乌洛托品	2	4	3	聚异丁烯琥珀酰亚胺	4	6	5
硅酸钠	4	2	3	水	20	10	15

制备方法　将上述各组分按配比称量，在室温下搅拌混合均匀，即可制得汽车空调机专用清洗剂。

产品特性　本品能够有效清除汽车空调机的污垢，特别是风扇叶片、通风管道和散热翅片上的沉积污垢。

配方43　汽车冷却水系统清洗剂

原料配比

原料	配比（质量份）			原料	配比（质量份）		
	1#	2#	3#		1#	2#	3#
水	100	100	100	磺酸	4	6	5
氨基三亚甲基膦酸	0.2	0.8	0.5	铬酸钾	0.8	0.4	0.6
乙二胺四亚甲基膦酸	0.8	0.2	0.5	N,N-油酰甲基牛磺酸钠	4	8	6
氨基次乙基二膦酸	0.2	0.8	0.5	甲基硅油	0.06	0.02	0.04
羟基乙酸	12	10	11	偏硼酸钠	2	4	3

制备方法　将上述各组分按配比称量，在室温下搅拌混合均匀，即可制得汽车冷却水系统清洗剂。

产品特性　本品性能温和，能够无损高效地清除汽车冷却水系统中的各种污垢，同时具有延缓汽车冷却水系统被氧化腐蚀的作用，可以在发动机正常运行中完成清洗，使用方便、安全可靠。

配方44　汽车轮胎清洗剂

原料配比

原料	配比（质量份）			原料	配比（质量份）		
	1#	2#	3#		1#	2#	3#
单十二烷基磷酸酯钾	15	25	18	异丙醇	10	15	13
柠檬酸钠	6	10	8	清香剂	1	3	2
偏硅酸钠	10	15	13	水	43	7	28
含氟表面活性剂	15	25	18				

制备方法

（1）将单十二烷基磷酸酯钾与柠檬酸钠和水进行混合，彻底搅拌后，静置0.5h，形成 A 溶液。

（2）将偏硅酸钠和含氟表面活性剂、异丙醇混合搅拌，形成 B 溶液。

（3）将 A、B 两种溶液混合，在50℃的水中加热，加入清香剂。

（4）冷却，然后进行灌装。

原料介绍　本品中的单十二烷基磷酸酯钾具有低刺激性，类似天然磷脂；具有优良的乳化、增溶、分散性能；具有较低的表面张力，泡沫丰富细腻，易冲洗；耐盐、耐碱性能优异；其 pH 为 6.5～7.5，具有低刺激性，能降低对橡胶制品的刺激，减小对车轮的损害。

柠檬酸钠具有优良的洗涤性能，可以作为清洗剂的添加成分，用含柠檬酸钠的专用洗涤剂清洗金属后，金属表面光亮。其对车轮的金属部分能进行良好的修饰，恢复其亮度与光泽。

偏硅酸钠可用作防腐剂、洗涤剂、黏合剂，偏硅酸钠的活性碱度和 pH 缓冲指数最高，有较强的润湿、乳化和皂化油脂的作用，在去除、分散和悬浮污垢方面具有优秀的表现，并能阻止污垢再沉积。偏硅酸钠拥有良好的润湿与乳化能力，能够更好地对橡胶轮胎制品进行优化，使轮胎恢复较好的弹性。

含氟表面活性剂在非常低的浓度下可将水溶液表面张力降到很低水平；具有高的热力学和化学稳定性，可用于高温、强酸、强碱、强氧化介质等体系中稳定有效地发挥其表面活性剂作用，不会与体系发生反应或分解；具有极好的相容性，可广泛用于各种 pH 值范围、各类水性、溶剂型、粉末或辐射固化体系，并能与体系中其他表面活性剂以及橡胶组分很好地相容；能够降低水溶液对橡胶制品的损害。

异丙醇是良好的溶剂，用途广，能和水自由混合，对油性物质具有较强的溶解力，同时也是良好的脱水剂，在车轮洗涤完成后能使水溶液尽快脱离轮胎，使轮胎干燥。

将清洗剂与水混合，然后用布或刷子蘸着清洗剂混合液对轮胎进行擦拭，利用清洗剂的有效成分，可以有效地清除轮胎以及钢圈上的污物，减少去洗车行的费用，并节约了时间。

产品特性 本品具有高强度的去除污垢能力，而且表面活性剂还能有效地溶解固体污渍。

配方45 汽车轮胎用清洗剂

原料配比

原料	配比（质量份）			原料	配比（质量份）		
	1#	2#	3#		1#	2#	3#
甲氧基脂肪酰胺基苯磺酸钠	4	8	6	辛基酚聚氧乙烯醚	6	10	8
				偏硼酸钠	4	2	3
十二烷基二乙醇酰胺	4	2	3	水	加至100	加至100	加至100

制备方法 将上述各组分按配比称量，在40～60℃下搅拌混合均匀，即可制得汽车轮胎清洗剂。

产品特性 本品为多种表面活性剂的复合物，为淡黄色透明液体，稍有芳香味，呈微碱性，具有扩散、乳化、渗透、耐酸、耐碱、抗硬水等性能，还具有良好的发泡力，对轻垢、重垢都有较佳的携污力，特别适合汽车轮胎的清洗。

配方46 汽车轮胎洗涤剂

原料配比

原料	配比（质量份）			原料	配比（质量份）		
	1#	2#	3#		1#	2#	3#
脂肪醇聚氧乙烯醚	4	5	6	咪唑啉型甜菜碱	15	17.5	20
异丙醇	10	13	16	脱乙酰壳多糖	2	4	6
芳基磺酸盐	1	2	3	棕榈酸异丙酯	5	6	7
水解蛋白	15	16	117	水	30	35	40

制备方法 将上述各组分按配比称量，在室温下搅拌混合均匀即可。

产品特性 本品去污性和抛光性好，且不会腐蚀轮胎，满足了人们的需求。

配方47 汽车清洗剂

原料配比

原料	配比（质量份）				
	1#	2#	3#	4#	6#
乙二胺四乙酸二钠	10	12	13	14	15
磷酸钠	5	6	7	8	10
十二烷基苯磺酸钠	1	2	2	3	3
碳酸氢钠	30	32	35	36	40

原料	配比（质量份）				
	1#	2#	3#	4#	6#
硅烷酮乳化液	5	6	7	7	10
聚甘油酯肪酸酯	1	2	3	4	5
十二醇硫酸钠	2	3	4	5	6
甘油单月桂酸硫酸钠	3	4	5	5	6
水	40	45	46	48	50

制备方法

（1）按照质量份称取各组分；

（2）将乙二胺四乙酸二钠、磷酸钠、十二烷基苯磺酸钠、碳酸氢钠、十二醇硫酸钠、甘油单月桂酸硫酸钠与水混合，于50～60℃的条件下搅拌均匀；

（3）将硅烷酮乳化液与聚甘油酯肪酸酯混合，在50～60℃条件下搅拌均匀；

（4）将步骤（2）与步骤（3）得到的液体混合，搅拌均匀即可得到汽车清洗剂。

产品应用　本清洗剂可以机洗用也可以手洗用，使用时加入10倍量的水，机洗时常温喷淋25s，40℃时喷淋15s即可使汽车表面光亮如新；手洗时加水稀释后用布擦拭车身，再用清水冲洗干净即可。

产品特性　本清洗剂不含有强酸及强碱，对车体没有腐蚀作用，清洗用量少、效率高；清洗剂中含有硅烷酮乳化液，清洗后在车体表面形成一层很薄的保护层，能够达到上光、护漆的作用。

配方48　汽车燃油系统清洗剂

原料配比

原料	配比（质量份）			原料	配比（质量份）		
	1#	2#	3#		1#	2#	3#
3-叔丁基-对羟基茴香醚	2	6	4	液体石蜡	40	20	30
2,6-二叔丁基对甲酚	4	2	3	乙二醇单丁醚	40	60	50
聚异丁烯琥珀酰亚胺	15	25	20				

制备方法　将上述各组分按配比称量，在室温下搅拌混合均匀，即可制得汽车燃油系统清洗剂。

产品应用　将本品按0.4%～0.8%（质量分数）直接加入油箱中，就能达到清洁的理想效果。

产品特性　本品能够有效清除汽车燃油系统的污垢，减少喷油嘴及发动机积炭，降低油耗并减少尾气排放，并且对金属无腐蚀。

配方49   汽车三元催化器专用清洗剂

原料配比

原料	配比(质量份)			原料	配比(质量份)		
	1#	2#	3#		1#	2#	3#
3-叔丁基-对羟基茴香醚	2	6	4	柠檬酸	1	3	2
酒石酸	8	6	7	2,6-二叔丁基对甲酚	4	2	3
乌洛托品	2	4	3	聚异丁烯琥珀酰亚胺	4	6	5
氢氟酸	4	2	3	水	20	10	15

制备方法   将上述各组分按配比称量，在室温下搅拌混合均匀，即可制得汽车三元催化器专用清洗剂。

产品特性   本品能够有效清除汽车三元催化器的污垢，特别是沉积碳化物，进而提高车辆动力、降低油耗并减少尾气排放，并且对金属无腐蚀，能够延长三元催化器的使用寿命。

配方50   汽车散热器清洗剂

原料配比

原料	配比(质量份)			原料	配比(质量份)		
	1#	2#	3#		1#	2#	3#
盐酸	15	18	14	十二烷基苯磺酸钠	2	5	3
柠檬酸	6	4	8	香精	0.3	0.5	0.4
乌洛托品	7	10	7	水	69.7	62.5	67.6

制备方法

(1) 将所述柠檬酸、乌洛托品、十二烷基苯磺酸钠、香精、水加入溶解槽中，混合、搅拌至完全溶解后加入盐酸，再搅拌 $5\sim10min$，得到清洗剂初品；溶解温度为 $5\sim20℃$。

(2) 将所述清洗剂初品过滤，得到澄清透明的清洗剂；过滤精度为 $10\mu m$，过滤流速为 $2\sim3m^3/h$，过滤设备为机械过滤器或袋式过滤器。

(3) 将所述澄清透明的清洗剂按包装规格灌装，即得成品。

原料介绍

所述的盐酸作为清洗剂的主剂，采用工业级盐酸，HCl 的质量分数为 31%。

所述柠檬酸为工业级柠檬酸，含量≥99%，兼有清洗和缓蚀的功能。

所述乌洛托品作为清洗剂的缓蚀剂，可有效抑制清洗剂可能对散热片金属造成的不良反应，为工业级乌洛托品，其中氯化物（以 Cl 计）含量≤0.015%。

所述十二烷基苯磺酸钠为工业级十二烷基苯磺酸钠，作为清洗剂的表面活性剂，目的是使清洗剂与污渍充分接触，起到润湿和渗透作用，其 pH 值 6～8（25℃，0.1％水溶液）。

所述香精为工业级香精，用于调和清洗剂的气味。

所述水的含盐量为 1～5mg/L。

产品应用 将清洗剂直接喷淋在汽车散热器上，随着清洗剂与金属氧化物反应，散热器表面的气泡增多，清洗剂喷淋 2min 后，用清水冲去，也可用高压水枪冲洗，效果更好。此清洗剂水溶性极好，水冲洗后完全无残留。清洗后的汽车散热器干净清洁，具有金属光泽。

产品特性

（1）该清洗剂的特点在于成本较低，能直接喷洒在汽车散热片上，能迅速有效地清洁其上的脏污及已氧化的金属，恢复散热片原始的金属光泽。本品清洗的关键在于分解汽车散热器表层主要由水溶性盐类、含碳物质、尘土物质、金属氧化物构成的脏污。针对这些脏污特点选择酸洗液并配有缓蚀剂进行清洗，将表层脏污彻底从散热片金属表面剥落下来，且对金属腐蚀性较小，解决了以往用高压水柱冲洗、毛刷刷洗等都不能有效清洁散热器表层脏污的难题。

（2）本品中的盐酸能迅速与尘土中所含有的化学物质反应，如与碳酸钙反应形成水溶性钙离子及二氧化碳；能与金属氧化物反应形成可溶性的金属离子及水，如氧化铁、氧化铜、氧化铝与酸反应后形成铁离子、铜离子、铝离子及水。反应过程中产生的大量气体经适当的界面活性剂包覆后可产生大量气泡。本品中的缓蚀剂可以控制酸性物质对汽车散热器、汽车金属零件、烤漆、电线等的腐蚀，及避免操作人员误触时可能造成的灼伤。

（3）本品可在汽车散热器上放心使用，水溶性佳，无残留。

配方51 汽车散热器洗涤剂

原料配比

原料	配比（质量份）			原料	配比（质量份）		
	1#	2#	3#		1#	2#	3#
重铬酸钾	2	4	6	环丙烷	15	17.5	20
乙二胺四乙酸	6	9	12	对氨基苯甲酸	2	4	6
丙酸	1	2	3	过硼酸钠	5	6	7
红矾钠	20	23	26	水	30	40	50

制备方法 将各组分混合均匀即可。

产品特性 本洗涤剂能够清除掉散热器内部的焊霜和铁锈，且不会腐蚀散热器，满足了人们的需求。

配方52　汽车水箱快速除垢清洗剂

原料配比

原料	配比（质量份）			原料	配比（质量份）		
	1#	2#	3#		1#	2#	3#
氨基三亚甲基膦酸	10	16	13	柠檬酸	6	4	5
三聚磷酸钠	8	4	6	铬酸钾	0.4	0.8	0.6
水解马来酸酐	8	12	10	葡萄糖酸钠	3	1	2
N,N-油酰甲基牛磺酸钠	8	4	6	乌洛托品	0.15	0.5	0.3
磷酸	4	6	5	水	60	40	50

制备方法　将上述各组分按配比称量，在 40～60℃ 下搅拌混合均匀，即可制得汽车水箱快速除垢清洗剂。

产品应用　将其直接加入水箱中，汽车正常行驶 2～3h，水垢即可完全溶解。

产品特性　本品具有配方设计合理、原料易得、工艺简单、使用方便、对设备无腐蚀、对环境无污染、成本低并且除垢效果显著等特点。

配方53　汽车外壳清洗剂

原料配比

原料	配比（质量份）			原料	配比（质量份）		
	1#	2#	3#		1#	2#	3#
水	100	100	100	N,N-油酰甲基牛磺酸钠	4	8	6
十二烷基苯磺酸钠	5	15	10	葡萄糖酸钠	8	4	6
氨基三亚甲基膦酸	0.8	0.2	0.5	甲基硅油	0.02	0.06	0.04
羟基乙酸	10	12	11	偏硼酸钠	4	2	3
铬酸钾	0.8	0.4	0.6				

制备方法　将上述各组分按配比称量，在 40～60℃ 下搅拌混合均匀，即可制得汽车外壳清洗剂。

产品应用　加入清洗剂质量 20～40 倍的水，稀释成溶液，清洗汽车外壳，清洗后再用清水冲洗干净，清洗的同时具有上光的效果。

产品特性

(1) 本品对轻垢、重垢都有较佳的去污力，清洗的同时具有上光的效果，成本低，用量少，节约资源。

(2) 本品为多种表面活性剂的复合物，为淡黄色透明液体，稍有芳香味，呈微碱性，具有扩散、乳化、渗透、耐酸、耐碱、抗硬水等性能，还具有良好的发泡力。

配方54　汽车外壳洗涤剂

原料配比

原料	配比（质量份）					原料	配比（质量份）				
	1#	2#	3#	4#	5#		1#	2#	3#	4#	5#
柠檬酸钠	2	3	4	5	6	焦磷酸钾	10	12	17	18	20
玫瑰香精	2	3	4	5	6	二甲苯磺酸钠	10	12	13	14	15
烷基醚磷酸酯	2	3	4	5	6	丁醇	0.01	0.02	0.03	0.04	0.05
丁氧基乙醇	1	2	3	4	5	硬脂酸盐	1	2	3	4	5
含氟表面活性剂	0.05	0.08	0.06	0.09	0.1	水	50	52	55	58	60
铬酸钠	0.05	0.08	0.06	0.09	0.1						

制备方法　将上述各组分按配比称量，在 40～60℃下搅拌混合均匀，即可制得产品。

原料介绍

所述的含氟表面活性剂为氟素表面活性剂。

所述的氟素表面活性剂是一种非离子聚合型含氟表面活性剂，该表面活性剂具有很低的表面张力，很小的气味，很低的黏稠度，能够有效降低水相/有机相之间的界面张力，并且在聚合物体系的有机相中保持表面活性。

所述的硬脂酸盐为硬脂酸钙、硬脂酸镁、硬脂酸钾或者硬脂酸钠。

所用的原料中焦磷酸钾溶解度大，具有较强的溶解能力，对车外壳表面的污渍分散效果好。

所用的原料中丁醇是一种无色液体，有酒味，与乙醇、乙醚及其他多种有机溶剂混溶，溶解性很好，附着在车外壳表面的油污能够有效溶解，去污能力强。

所用的原料中柠檬酸钠具有生物降解性和极好的溶解性能，并且溶解性随水温升高而增强。

产品特性　本品使用方便、环保卫生、适合大规模生产。

配方55　汽油发动机喷射系统不解体清洗剂

原料配比

原料	配比（质量份）	原料	配比（质量份）
芳香溶剂	9.6	异丙醇	15.6
油酸	6.9	丙酮	12.7
三乙醇胺	5.2	乙醇	14.6
丙二醇甲醚	7.8	聚醚胺	8.8
苯类化合物	10.9	聚异丁烯胺	7.9

制备方法

（1）将反应釜温度保持在 25℃；

(2) 依次加入配比原料，搅拌；

(3) 每种原料添加间隔 15min；

(4) 原料添加完毕后搅拌 8h。

原料介绍　所述的苯类化合物是甲苯和二甲苯中的至少一种。

产品特性

(1) 快速清洗：在 30min 内完成清洗；

(2) 效果好：一次清洗能够解决 20000km 内形成的积炭；

(3) 能够平稳着车清洗：不因外界天气变化和车型变化而不稳定；

(4) 对橡胶和塑料部件不产生腐蚀；

(5) 对金属部件不产生腐蚀；

(6) 没有副作用。

配方56　清洗上蜡二合一汽车洗涤剂

原料配比

原料	配比（质量份）			原料	配比（质量份）		
	1#	2#	3#		1#	2#	3#
E 蜡	0.5	3	2	斯盘-80	2	9	5
棕榈蜡	0.1	2	1	AEO-3	2	9	5
OP 蜡	0.5	3	2	单硬脂酸甘油酯	0.1	2	1
亚麻籽油	3	20	10	AEO-9	2	10	5
硅油	1	5	2	EDTA-2Na	0.1	1	0.5
高岭土	5	25	15	吐温-60	0.1	2	1.2
三氧化二铝	1	9	5	十二烷基二甲基苄基氯化铵	1	4	2.5
D-30 溶剂	6	28	15	防腐剂	0.2	1	0.6
D-柠檬烯	1	5	2.5	水	20	50	35
斯盘-60	1	6	3				

制备方法

(1) 将计量好的 E 蜡、棕榈蜡、OP 蜡、亚麻籽油、硅油、高岭土、三氧化二铝、D-30 溶剂、D-柠檬烯、斯盘-60、斯盘-80、AEO-3 和单硬脂酸甘油酯置于带有搅拌器和连通有均质机的反应釜 A 中，开动搅拌，升温至 60～90℃，保温搅拌 0.5～2h 至混合均匀。

(2) 在带有搅拌器的另一反应釜 B 中，加入计量好的 AEO-9、EDTA-2Na、吐温-60、十二烷基二甲基苄基氯化铵和水，开动搅拌，升温至 60～90℃，保温搅拌 0.5～2h 至混合均匀，然后将反应釜 B 中的物料加入反应釜 A 中，开动均质机，于 60～90℃保温乳化 0.5～1h，降温至 40℃以下，加入防腐剂，搅拌均匀出料，即得到清洗上蜡二合一汽车洗涤剂。

原料介绍

本品中，E蜡、棕榈蜡、OP蜡作为上蜡剂和光亮剂；亚麻籽油、硅油作为光亮剂；D-30溶剂、D-柠檬烯、亚麻籽油、AEO-9起去污作用；斯盘-60、斯盘-80、吐温-60、AEO-3、单硬脂酸甘油酯、AEO-9、十二烷基二甲基苄基氯化铵起乳化作用；三氧化二铝和高岭土作为摩擦剂，有助于汽车表面污垢去除和上蜡均匀。上述配方成分相互协同，分别发挥去污和上光作用，实现了清洗上蜡一步完成。

产品应用 按1:(60～120)的比例用水将所述清洗上蜡二合一汽车洗涤剂稀释成为洗涤液。

电脑洗车：直接与电脑洗车房的洗涤液管连接，同时调节洗涤液阀门。洗完用超精细纤维擦巾将车擦干。

机械洗车：将所述洗涤液加入泡沫机或打沫桶中，用气压或水压将其变为泡沫后，喷涂于车体，用海绵或毛巾擦拭均匀，再用超精细纤维擦巾将车擦干。

人工洗车：将汽车表面润湿后，涂抹一层洗涤液，用海绵或毛巾擦拭均匀，再用超精细纤维擦巾将车擦干。

产品特性 本品生产工艺简单，成本低，使用方便，缩短了护理汽车的时间，而且节约用水。

配方57 去顽固污渍的汽车玻璃清洗剂

原料配比

原料		配比(质量份)	
		1#	2#
去离子水		700	1000
表面活性剂	$CH_3O(CH_2CH_2CH_2O)_{16}(CH_2CH_2O)_6CH_3O$	50	—
	$CH_3O(CH_2CH_2CH_2O)_{18}(CH_2CH_2O)_8CH_3O$	—	80
[HBIm][BF_4]离子液体(1-丁基咪唑四氟硼酸盐)		8	8
稳定剂	乙醇	200	200
消泡剂	聚醚类消泡剂PPG-1000	5	—
	聚醚类消泡剂PPG-2400	—	6

制备方法 将各组分原料混合均匀即可。

原料介绍

所述[HBIm][BF_4]为水溶性离子液体。

所述的表面活性剂为$CH_3O(CH_2CH_2CH_2O)_n(CH_2CH_2O)_mCH_3O$，$n=16～20$，$m=5～10$。

所述稳定剂为乙醇或乙二醇。

所述消泡剂为聚醚类消泡剂，例如市售商品PPG-1000，PPG-2400。

产品应用 本品是一种去顽固污渍的汽车玻璃清洗剂，特别适合汽车前风挡及大灯玻璃的清洗。

使用温度为－20～50℃。

产品特性 本品用水溶性离子液体作为清洗剂的润滑剂与缓蚀组分，该离子液体能够在挡风玻璃雨刮器表面形成一层保护性膜，使雨水在挡风玻璃上聚集、滑落，同时又起到保护玻璃及雨刮器的功效。另外，它还能高效快速除去汽车前风挡以及大灯玻璃表面的灰尘、鸟粪以及鸟类、昆虫与其碰撞后所形成的顽固污渍。

配方58 全铝发动机的燃烧室高温积炭清洗剂

原料配比

原料		配比（质量份）		原料		配比（质量份）	
		1#	2#			1#	2#
防锈剂	油酸二乙醇酰胺硼酸酯	20	25	无机碱	氢氧化钾	2	—
乳化剂	烷基糖苷（牌号0810）	1	—		氢氧化钠	—	1.5
	烷基糖苷（牌号0814）	—	1.5		去离子水	77	72

制备方法 将各组分在常温条件下溶于水中，搅拌混合均匀即可。

原料介绍 所述的防锈剂由油酸二乙醇酰胺硼酸酯、蓖麻油酸二乙醇酰胺硼酸酯、椰子油脂肪酸二乙醇酰胺硼酸酯中的一种或多种混合组成；

烷基糖苷选择牌号0810、0814；

所述无机碱为氢氧化钠、氢氧化钾中的一种或两种。

产品特性 本品使用有机硼酰胺作为pH缓冲剂，它是一种非离子型表面活性剂，含有多个酰氨键和多个羟基，不但具有脂肪酸烷基醇酰胺的乳化、润滑性能，而且具有更强的亲水性和防锈性，可将体系的pH值稳定在9～11之间。缓冲剂可释放出更多碱性离子，不会降低清洗效果。该清洗剂具有稳定性高、不浑浊、不絮凝等特点。

配方59 水基型甲板清洗剂

原料配比

原料		配比（质量份）					
		1#	2#	3#	4#	5#	6#
水		89.25	93.59	91.2	89.97	87.775	87.74
碱金属碱	无水偏硅酸钠	3	—	2.5	3.5	2.8	2
	氢氧化钠	0.5	1.5	—	—	—	—
	碳酸钠	—	1	—	—	—	—
络合剂	乙二胺四乙酸	0.2	—	1	0.5	0.8	0.25
	乙二胺四乙酸二钠	—	0.33	—	—	—	—
表面活性剂	十二烷基苯磺酸	1	0.5	1.26	2	0.8	1.5
	壬基酚聚氧乙烯醚	2	1	0.5	1	3	2.5
二乙二醇单丁醚		4	2	3.5	3	4.82	6
荧光素		0.05	0.08	0.04	0.03	0.005	0.01

制备方法 将水、碱金属碱、乙二胺四乙酸和/或乙二胺四乙酸二钠、十二烷基苯磺酸和壬基酚聚氧乙烯醚、二乙二醇单丁醚、荧光素按顺序放入反应釜中，每放一种原料分别搅拌 20min，搅拌混合均匀即可。

产品应用 所述的水基型甲板清洗剂稀释 6～20 倍使用，根据实际情况（油污轻重）将清洗剂稀释适当倍数，稀释后的清洗剂用量约为 0.1～0.2kg/m²。

本品使用注意事项是：

（1）避免结冰，贮存在低温或冰点以下时，可能会析出或变稠，但对产品性能没有影响，使用前可加热至室温并充分搅拌；

（2）本品长期存放可能因光照而褪色，但不影响使用效果；

（3）本品呈碱性，使用时请戴橡胶手套。

产品特性

（1）该清洗剂渗透性和分散性强，能有效去除甲板上油污和灰尘等污垢，且低泡、易漂洗、安全无毒。

（2）本品原料廉价，可以稀释多倍使用，清洗能力强，用量少，大大降低了清洗剂的成本；本品脱除油污和灰尘污垢效果好，洁净度高达 98.6%，并且具有低泡的特点，免去了高泡带来的漂洗不便，其泡沫高度为 1mL/10min（标准值为≤2mL/10min），完全能满足喷淋清洗、浸洗、擦洗要求，避免了机械清除污渍对甲板表面防锈层的破坏。此外，该清洗剂安全、环保，不含亚硝酸钠等致癌物质，同时保存时间长达两年之久。

配方60 无残留洗涤剂

原料配比

原料	配比（质量份）			原料	配比（质量份）		
	1#	2#	3#		1#	2#	3#
柠檬精油和贝壳粉的混合物	11	10	12	玫瑰提取液	6	4	8
无水硫酸钠	3	2	4	硅酮消泡剂	5	4	6
柠檬酸	11	10	12	甘油	13	12	15
食用碱	13	12	15	乙醇	13	12	14

制备方法 将各组分混合均匀即可。

原料介绍 柠檬精油和贝壳粉的混合物由 1.3 份柠檬精油和 4 份贝壳粉混合而成。

产品应用 本品主要用于汽车玻璃的清洗。

产品特性 本品包装、运输方便，可在汽车挡风玻璃上形成一层二氧化钛膜，可实现自清洁，冬季不容易结冰霜，夏季不容易受雨雾影响；绿色环保，无刺激性成分，能延缓雨刮器橡胶老化；成本低廉。

配方61　发动机内部清洗剂

原料配比

原料		配比（质量份）	原料		配比（质量份）
表面活性剂	十二烷基硫酸钠	1.2	洗涤助剂	硅酸钠	1.2
碱	氢氧化钠	1.2		硫酸钠	1.2
螯合剂	三聚磷酸钠	1.5	金属腐蚀抑制剂	肼	0.1
			水		93.6

制备方法　按照配方称取各成分，放入装有搅拌装置的不锈钢或搪瓷、塑料容器内，搅拌混合均匀，静置48h以上，将底部沉淀物分离作为重垢洗涤剂，上层清液即作为高效车辆发动机清洗剂。

原料介绍

所述的表面活性剂可从阴离子表面活性剂如烷基硫酸钠、脂肪醇（$C_{12\sim18}$烷基醇）硫酸钠、十二烷基苯磺酸钠，非离子表面活性剂如烷基酚聚氧乙烯醚（OP-7～OP-11）、烷基醇聚氧乙烯醚（AEO-7～AEO-11）、椰油酸烷醇酰胺，阳离子表面活性剂如匀染剂1227或两性离子表面活性剂如BS12中任选一种或在相容情况下几种组合使用。

所述的碱可从苛性碱、碳酸钠、碳酸氢钠中选取一种或几种组合使用。

所述的螯合剂可从三聚磷酸钠、磷酸钠、乙二胺四乙酸中选取一种。

所述的洗涤助剂可增加表面活性剂的去污力及减少碱对皮肤的刺激性，对织物的破坏性和对金属的腐蚀性，由硅酸钠及硫酸钠组成。

所述的金属腐蚀抑制剂可从肼、乌洛托品、亚硝酸钠、2-巯基苯并噻唑中任选一种。

产品应用　本品主要用以清洗车辆发动机的油污，也可用以清洗其他金属机件。

产品特性　本品成本低，制备工艺简单，无挥发性，对人体无刺激性，对金属无腐蚀性。

配方62　自动变速箱不解体清洗剂

原料配比

原料	配比（质量份）		原料	配比（质量份）	
	1#	2#		1#	2#
Ⅱ代基础油N150	68	62	磷酸酯	4.2	7.2
聚异丁烯双丁二酰亚胺	11.9	14.9	苯并三氮唑	1.6	2.3
石油磺酸钡	8.7	4.7	二烷基二硫代磷酸钙盐	5.6	8.9

制备方法

（1）将反应釜加热，保持温度在 45℃；

（2）依次加入配比原料，搅拌；

（3）每种原料添加间隔 15min；

（4）原料添加完毕后搅拌 8h。

产品特性

（1）本品可在自动变速箱不解体的情况下安全、快速、无腐蚀地清洗油泥等污垢。

（2）快速清洗：在 15～30min 内完成清洗。

（3）效果好：一次清洗能够解决 60000km 内形成的积炭和油泥。

（4）清洗时不会对金属部件产生磨损。

（5）对橡胶和塑料部件不产生腐蚀。

7 电子工业清洗剂

配方1 除脂电路板清洗剂

原料配比

原料	配比（质量份）	原料		配比（质量份）
三乙醇胺	3		硅烷偶联剂 KH-570	2.5
顺丁烯二酸二仲辛酯磺酸钠	3		植酸	1.5
次氯酸钠	2	助剂	甲基丙烯酸甲酯	3.5
二丙二醇正丁醚	11		2-氨乙基十七烯基咪唑啉	1.5
助剂	4.6		抗氧剂 1035	1.5
去离子水	110		乙醇	16

制备方法 将去离子水、三乙醇胺、顺丁烯二酸二仲辛酯磺酸钠、次氯酸钠、二丙二醇正丁醚混合，以 $1000\sim1200r/min$ 的速度搅拌，以 $6\sim8℃/min$ 的速率加热到 $60\sim70℃$，加入其他剩余成分，继续搅拌 $15\sim20min$，即得。

原料介绍 所述助剂制备方法是将硅烷偶联剂 KH-570、植酸、乙醇混合，加热至 $60\sim70℃$，搅拌 $20\sim30min$ 后，再加入其他剩余成分，升温至 $80\sim85℃$，搅拌 $30\sim40min$，即得。

产品特性

(1) 该清洗剂具有清洁效率高、除脂彻底等优点。

(2) 本品渗透性好，能全方位无死角清除灰尘、有机物、无机物、金属离子等，尤其对脂类杂质有高效的清除效果，腐蚀性小。

(3) 本品的助剂能够在电路板表面形成保护膜，隔绝空气，防止大气中水及其他分子腐蚀电路板，抗氧化，防短路，方便下一步制作工艺进行。

(4) 该清洗剂用于清洗铜印刷电路板，经过检测，表面洁净，无明显松香、焊锡、油污、指纹等污染物，清洗溶液电阻率大于 $2\times10^6\Omega\cdot cm$，一次通过率达到 83%，优于正常水平。

配方2　低表面能印刷电路板清洗剂

原料配比

原料	配比(质量份)	原料		配比(质量份)
柠檬酸钠	2		去离子水	110
异丙醇	26		硅烷偶联剂 KH-570	2.5
月桂醇硫酸钠	3		植酸	1.5
壬基酚聚氧乙烯醚	4	助剂	丙烯酸甲酯	3.5
乙二醇单硬脂酸酯	2		聚四氢呋喃醚二醇	2.5
马来酸单钠	2		双乙酸钠	1.5
全氟聚醚	5		抗氧剂 1035	1.5
助剂	4		乙醇	14

制备方法　将去离子水、柠檬酸钠、异丙醇、月桂醇硫酸钠、壬基酚聚氧乙烯醚、乙二醇单硬脂酸酯、马来酸单钠、全氟聚醚混合，以 800~1100r/min 的速度搅拌，以 6~8℃/min 的速率加热到 60~70℃，加入其他剩余成分，继续搅拌 15~20min，即得。

原料介绍　所述助剂制备方法是将硅烷偶联剂 KH-570、植酸、乙醇混合，加热至 60~70℃，搅拌 20~30min 后，再加入其他剩余成分，升温至 80~85℃，搅拌 30~40min，即得。

产品特性

(1) 本品表面能很低、溶解能力强、渗透性好，对有机物、无机物、颗粒物都有极强的清洗效果，清洗速度快，清洁彻底，提高了清洗效率，润滑性好，适用于高精密的电路板清洗。

(2) 本品的助剂能够在电路板表面形成保护膜，隔绝空气，防止大气中水及其他分子腐蚀电路板，抗氧化，防短路，方便下一步制作工艺进行。

(3) 该清洗剂用于清洗铜印刷电路板，经过检测，表面洁净，无明显松香、焊锡、油污、指纹等污染物，清洗溶液电阻率大于 $2×10^6 Ω·cm$，一次通过率达到 86%，优于正常水平。

配方3　电路板焊药清洗剂

原料配比

原料	配比(质量份)	原料		配比(质量份)
1,1,2-三氯三氟乙烷	11		去离子水	110
甲醇	22		硅烷偶联剂 KH-570	2.5
硝基甲烷	32		柠檬酸	2.5
氯丙烷	11		二正辛基-4-异噻唑啉-3-酮	1.5
脂肪醇聚氧乙烯醚硫酸钠	9	助剂	甲基丙烯酸-2-羟基乙酯	2.5
乙二胺四乙酸四钠	2.5		苯甲酸钠	1.5
月桂醇聚氧乙烯醚	3.5		抗氧剂 1035	1.5
助剂	4.5		乙醇	17

制备方法 将去离子水、甲醇、硝基甲烷、氯丙烷、脂肪醇聚氧乙烯醚硫酸钠、乙二胺四乙酸四钠、月桂醇聚氧乙烯醚混合，以 $800\sim1000r/min$ 的速度搅拌，以 $6\sim8℃/min$ 的速率加热到 $50\sim60℃$，加入其他剩余成分，继续搅拌 $15\sim20min$，即得。

原料介绍 所述助剂制备方法是将硅烷偶联剂 KH-570、柠檬酸、乙醇混合，加热至 $60\sim70℃$，搅拌 $20\sim30min$ 后，再加入其他剩余成分，升温至 $80\sim85℃$，搅拌 $30\sim40min$，即得。

产品特性

（1）该清洗剂具有清洁彻底、清洁速度快等优点。

（2）本品对松香、焊药、有机化合物有优异的溶解能力，清洗效果好；易从电路板上清除，清洗次数减少，无腐蚀性，适用于高精密的电路板清洗。

（3）本品的助剂能够在电路板表面形成保护膜，隔绝空气，防止大气中水及其他分子腐蚀电路板，抗氧化，防短路，方便下一步制作工艺进行。

（4）该清洗剂用于清洗铜印刷电路板，经过检测，表面洁净，无明显松香、焊锡、油污、指纹等污染物，清洗溶液电阻率大于 $2\times10^{6}\ \Omega\cdot cm$，一次通过率达到 85%。

配方4　电路板清洗剂

原料配比

原料	配比（质量份）	原料		配比（质量份）
乙酸丁酯	32	乙醇		55
丙酮	13		硅烷偶联剂 KH-570	2.5
丙二醇丁醚	13		柠檬酸	2.5
脂肪酸甲酯磺酸钠	4.5		二正辛基-4-异噻唑啉-3-酮	1.5
苯并三氮唑	1.5	助剂	甲基丙烯酸-2-羟基乙酯	2.5
太古油	1.5		苯甲酸钠	1.5
乙二醇	33		抗氧剂 1035	1.5
二乙二醇单丁基醚乙酸酯	11		乙醇	17
助剂	4.5			

制备方法 将乙酸丁酯、丙酮、丙二醇丁醚、乙二醇、乙醇混合，以 $1000\sim1300r/min$ 的速度搅拌，以 $6\sim8℃/min$ 的速率加热到 $60\sim70℃$，加入二乙二醇单丁基醚乙酸酯、脂肪酸甲酯磺酸钠、太古油，搅拌 $10\sim15min$，加入其他剩余成分，继续搅拌 $10\sim20min$，即得。

原料介绍 所述助剂制备方法是将硅烷偶联剂 KH-570、柠檬酸、乙醇混合，加热至 $60\sim70℃$，搅拌 $20\sim30min$ 后，再加入其他剩余成分，升温至 $80\sim85℃$，搅拌 $30\sim40min$，即得。

产品特性

（1）本品对金属无腐蚀，低毒，对人体皮肤刺激性低，清洁效果彻底，焊药、松香、有机污染物均能快速清除；对环境污染小，成本低。

（2）本品的助剂能够在电路板表面形成保护膜，隔绝空气，防止大气中水及其他分子腐蚀电路板，抗氧化，防短路，方便下一步制作工艺进行，并延长电路板使用寿命。

（3）该清洗剂用于清洗铜印刷电路板，经过检测，表面洁净，无明显松香、焊锡、油污、指纹等污染物，清洗溶液电阻率大于 $2 \times 10^6 \Omega \cdot cm$，一次通过率达到 81%，优于正常水平。

配方5 电子清洗剂

原料配比

原料		配比（质量份）				
		1#	2#	3#	4#	5#
低分子醇类	乙醇	20	10	—	15	10
	甲醇	—	—	20	—	10
	异丙醇	—	—	—	15	10
甲基硅氧烷	六甲基二硅氧烷	70	50	—	15	10
	六甲基环三硅氧烷	—	—	40	—	10
	二甲基硅氧烷	—	—	—	20	10
	八甲基环四硅氧烷	—	20	—	—	10
低分子酮类	丙酮	10	5	40	—	15
	环己酮	—	5	—	35	15

制备方法 将低分子醇类、甲基硅氧烷和低分子酮类混合，搅拌均匀，再添加到带有搅拌器的反应釜中，在65℃下以60r/min的速度搅拌反应30min，经减压蒸馏，收集50～60℃组分得到产品。

原料介绍

所述低分子醇类采用甲醇、乙醇、异丙醇中的一种或者几种；

所述甲基硅氧烷采用二甲基硅氧烷、六甲基二硅氧烷、六甲基环三硅氧烷、八甲基环四硅氧烷中的一种或者几种；

所述低分子酮类采用丙酮、环己酮中的一种或者两种。

产品特性

（1）本品可以提高无铅焊接残留清洗效率，且符合环境友好要求，可安全通过多种检验应用。

（2）本品较溶剂型清洗剂清洗效果好，清洗后板面无明显残留。

（3）本品气味、电性能测试均能达到标准要求，属于环保产品。

配方6　电子水基清洗剂

原料配比

原料		配比（质量份）				
		1#	2#	3#	4#	5#
乙二醇醚	乙二醇单丁醚	50	—	—	—	—
	乙二醇单乙醚	—	30	—	—	—
	二乙二醇单乙醚	—	20	25	30	30
	二乙二醇单丁醚	—	—	25	—	10
丙二醇醚	丙二醇单甲醚	29.5	19.5	20	30	30
	二丙二醇单甲醚	—	10	20	—	—
醇胺	单乙醇胺	10	6	1	—	—
	三乙醇胺	—	4	1	—	20
	二乙醇胺	—	—	1	—	—
	羟乙基乙二胺	—	—	1	25	—
缓蚀剂	石油磺酸钡	—	—	—	—	0.5
	苯并三氮唑	0.5	0.3	—	—	—
表面活性剂	AEO-9	10	4	—	—	—
	AEO	—	—	1	15	—
	NP	—	—	1	—	9.5
	OP-10	—	6	—	—	—
	T701	—	0.2	—	—	—
	OP	—	—	1	—	—
	TX	—	—	1	—	—
	LAS	—	—	2	—	—

制备方法　将所述乙二醇醚、丙二醇醚、醇胺、缓蚀剂和表面活性剂混合，搅拌均匀，添加至带有搅拌器的反应釜中，在45℃下以60r/min的速度搅拌反应30min，静止、冷却、过滤，得该产品。

原料介绍

所述乙二醇醚采用乙二醇单丁醚、乙二醇单乙醚、二乙二醇单丁醚、二乙二醇单乙醚中的一种或几种；

所述丙二醇醚采用丙二醇单甲醚、二丙二醇单甲醚中的一种或两种；

所述醇胺采用单乙醇胺、二乙醇胺、三乙醇胺和羟乙基乙二胺中的一种或几种；

所述缓蚀剂采用苯并三氮唑、石油磺酸钡、葡聚糖和乌洛托品中的一种或几种；

所述的表面活性剂采用AEO、NP、OP、TX、LAS和T701中的一种或几种。

产品应用　将该清洗剂与水按质量比（1∶3）～（1∶4）混合后加热至60～70℃，进行清洗。

产品特性

（1）本品可以提高无铅焊接残留清洗效率，且符合环境友好要求，可安全通过多种检验应用。

（2）本品清洗效果好，清洗后板面无明显残留。

（3）用本品清洗电脑主机板后表面离子残留可以达到国家标准要求。

配方7　电子元器件清洗剂

原料配比

原料	配比（质量份）	原料	配比（质量份）
石油烃	3	苯甲酸二乙醇胺	5
乳化剂	1	钼酸二乙醇胺	1
二丙二醇单丁醚	2	表面活性剂	5
3-甲氧基-3-甲基-1-丁醇	3	硅酸钠	5
2-羟基乙胺	2	乙醇胺	1
硼酸 MEA 酯	6	去离子水	15

制备方法　将各组分原料混合均匀即可。

产品特性　本品能够快速去除钢网和印板上残留的锡膏和胶，无异味和腐蚀性，没有发生爆炸和燃烧的危险，不会使钢网和线路板损坏，是一种价格合理且性价比高的高性能环保型清洗剂。添加了苯甲酸二乙醇胺或钼酸二乙醇胺等除锈剂，在清洗金属零件油污的基础上，还可以除锈防锈。

配方8　防蚀印刷电路板清洗剂

原料配比

原料	配比（质量份）		原料	配比（质量份）
甘油	5		乌洛托品	2
尼泊金乙酯	5		助剂	4
3-甲基-3-甲氧基丁醇	8		去离子水	200～220
脂肪酸烷醇酰胺	1	助剂	硅烷偶联剂 KH-570	2.5
脂肪醇聚氧乙烯醚	3		植酸	1.5
异丙基苯磺酸钠	3		甲基丙烯酸甲酯	3.5
乙醇	40		2-氨乙基十七烯基咪唑啉	1.5
烷基多苷	3		抗氧剂 1035	1.5
吐温-80	3		乙醇	16
月桂醇	4			

制备方法　将各原料混合，以 1000～1200r/min 的速度搅拌，加热到 60～70℃，搅拌 45～60min，即得。

原料介绍　所述助剂制备方法是将硅烷偶联剂 KH-570、植酸、乙醇混合，加热至 60～70℃，搅拌 20～30min 后，再加入其他剩余成分，升温至 80～85℃，搅拌 30～40min，即得。

产品特性

（1）该清洗剂具有清洁彻底、清洁速度快、抗静电的优点。

（2）本品适用于高精密电路板清洗，干净快捷。

（3）本品的助剂能够在电路板表面形成保护膜，隔绝空气，防止大气中水及其他分子腐蚀电路板，抗氧化，防短路。

（4）该清洗剂用于清洗铜印刷电路板，经过检测，表面洁净，无明显松香、焊锡、油污、指纹等污染物，清洗溶液电阻率大于 $2 \times 10^6 \Omega \cdot cm$，一次通过率达到87%，优于正常水平。

配方9　防锈抗菌电路板清洗剂

原料配比

原料	配比（质量份）		原料	配比（质量份）
磷酸三钠	4		丙二醇	12
椰油基烷醇酰胺	3		助剂	4
乙醇	30		水	320
三乙醇胺	2	助剂	硅烷偶联剂 KH-570	2.5
顺丁烯二酸二仲辛酯磺酸钠	4		植酸	1.5
次氯酸钠	1		甲基丙烯酸甲酯	3.5
脂肪醇聚氧乙烯醚硫酸钠	1		2-氨乙基十七烯基咪唑啉	1.5
草酸	1		抗氧剂 1035	1.5
苯甲酸钠	5		乙醇	16

制备方法　将各原料混合，以 1000～1200r/min 的速度搅拌，加热到 60～70℃，搅拌 30～45min，即得。

原料介绍　所述助剂制备方法是将硅烷偶联剂 KH-570、植酸、乙醇混合，加热至 60～70℃，搅拌 20～30min 后，再加入其他剩余成分，升温至 80～85℃，搅拌 30～40min，即得。

产品特性

（1）该清洗剂具有清洁彻底、清洁速度快、抗菌的优点。

（2）本品溶解能力强，对松香、有机化合物有优异的溶解能力，且防腐蚀性好，只需进行一次清洗即可达到清洗要求，提高了生产效率。

配方10　非离子型印刷电路板清洗剂

原料配比

原料	配比（质量份）		原料	配比（质量份）
氢氧化钠	2		十二烷基硫酸钠	2
甘油	5		椰油基烷醇酰胺	4
尼泊金乙酯	6		3-甲基-3-甲氧基丁醇	9

原料	配比(质量份)		原料	配比(质量份)
脂肪酸烷醇酰胺	1.5		甲基丙烯酸甲酯	3.5
助剂	4.5	助剂	2-氨乙基十七烯基咪唑啉	1.5
去离子水	110		抗氧剂1035	1.5
助剂	硅烷偶联剂 KH-570	2.5		乙醇	16
	植酸	1.5			

制备方法 将去离子水、氢氧化钠、甘油、尼泊金乙酯、十二烷基硫酸钠、椰油基烷醇酰胺、3-甲基-3-甲氧基丁醇、脂肪酸烷醇酰胺混合，以 $1000\sim1200r/min$ 的速度搅拌，以 $6\sim8℃/min$ 的速率加热到 $60\sim70℃$，加入其他剩余成分，继续搅拌 $15\sim20min$，即得。

原料介绍 所述助剂制备方法是将硅烷偶联剂 KH-570、植酸、乙醇混合，加热至 $60\sim70℃$，搅拌 $20\sim30min$ 后，再加入其他剩余成分，升温至 $80\sim85℃$，搅拌 $30\sim40min$，即得。

产品特性

(1) 本品使用非离子表面活性剂，配伍性好，清洗彻底、速度快，抗静电，不易短路；使用有机溶剂与水形成乳液，对松香、有机化合物有优异的溶解能力，无残留；本品适用于高精密电路板清洗。

(2) 本品的助剂能够在电路板表面形成保护膜，隔绝空气，防止大气中水及其他分子腐蚀电路板，抗氧化，防短路，方便下一步制作工艺进行。

配方11 高溶解性印刷电路板清洗剂

原料配比

原料	配比(质量份)		原料	配比(质量份)
二异丙基胺锂	1		去离子水	110
烷基醚磷酸酯	4		硅烷偶联剂 KH-570	2.6
丁氧基乙醇	23		植酸	1.6
乙醇	38		甲基丙烯酸正丁酯	3.6
硅酸钠	3	助剂	2,4,6-三(二甲氨基甲基)苯酚	1.6
乙二胺四乙酸	5			
甘胆酸钠	3		苯甲酸单乙醇胺	2.6
硝基乙烷	11		抗氧剂1035	1.6
助剂	4		乙醇	16

制备方法 将去离子水、二异丙基胺锂、烷基醚磷酸酯、丁氧基乙醇、乙醇、硅酸钠、乙二胺四乙酸、甘胆酸钠混合，以 $800\sim1100r/min$ 的速度搅拌，以 $6\sim8℃/min$ 的速率加热到 $50\sim60℃$，加入其他剩余成分，继续搅拌 $15\sim20min$，即得。

原料介绍 所述助剂制备方法是将硅烷偶联剂 KH-570、植酸、乙醇混合，加热至 60～70℃，搅拌 20～30min 后，再加入其他剩余成分，升温至 80～85℃，搅拌 30～40min，即得。

产品应用　本品主要应用于集成电路、PCB 线路板和液晶显示屏等制造过程中的清洗。

产品特性

(1) 该清洗剂具有清洁彻底、清洁速度快的优点。

(2) 本清洗剂溶解能力强，可有效去除金属离子、有机物、焊药等污渍，不会对电子元件的完整性造成损害，也不会影响其光电特性、电磁特性、通透性、器件表面物理特性等性能，环保无污染。

(3) 本品的助剂能够在电路板表面形成保护膜，隔绝空气，防止大气中水及其他分子腐蚀电路板，抗氧化，防短路，方便下一步制作工艺进行。

配方12　光伏电池硅片清洗剂

原料配比

原料	配比（质量份）		原料	配比（质量份）
碳酸钠	2.5		助剂	4.5
硼酸钠	1.6		去离子水	110
十二烷基苯磺酸钠	3.5		硅烷偶联剂 KH-570	2.5
四甲基氢氧化铵	1.5		植酸	1.5
三乙醇胺油酸皂	1.5	助剂	吗啉	3.5
脂肪酸二乙醇酰胺	1.5		甲基丙烯酸-2-羟基乙酯	3.5
氯化磷酸钠	1.5		抗氧剂 1035	1.5
异鲸蜡醇聚醚硬脂酸酯	4		乙醇	14
乙醇	35			

制备方法　将去离子水、碳酸钠、硼酸钠、十二烷基苯磺酸钠、四甲基氢氧化铵、三乙醇胺油酸皂、脂肪酸二乙醇酰胺、氯化磷酸钠、异鲸蜡醇聚醚硬脂酸酯、乙醇混合，以 1000～1200r/min 的速度搅拌，以 6～8℃/min 的速率加热到 60～70℃，加入其他剩余成分，继续搅拌 15～20min，即得。

原料介绍　所述助剂制备方法是将硅烷偶联剂 KH-570、植酸、乙醇混合，加热至 60～70℃，搅拌 20～30min 后，再加入其他剩余成分，升温至 80～85℃，搅拌 30～40min，即得。

产品特性

(1) 该清洗剂具有清洁彻底、清洁速度快、节约成本的优点。

(2) 本清洗剂呈碱性，具有良好的去污、清洗性能，无任何刺激性气味，工作液的 pH 值为 9～11，清洗率高达 99％，使用周期长，能有效去除硅片内部金属杂质和黏附在硅片表面的尘埃和其他颗粒，对硅片腐蚀小，清洗工艺简单。

(3) 本品的助剂能够在硅片表面形成保护膜，隔绝空气，防止大气中水及其他分子腐蚀硅片，抗氧化，方便下一步制作工艺进行。

（4）该光伏电池硅片清洗剂用于清洗光伏电池硅片，洗净率为 99%，洗净的硅片表面不会残留不溶物，不产生新污染，不影响产品的质量，表面干净，色泽一致，无花斑。

配方13　光伏焊带清洗剂

原料配比

原料		配比（质量份）				
		1#	2#	3#	4#	5#
有机酸活化剂	柠檬酸	0.05	0.3	—	—	—
	苹果酸	—	—	0.1	—	—
	草酸	—	—	—	0.2	—
	戊二酸	—	—	—	—	0.2
非离子表面活性剂	脂肪醇聚氧乙烯醚	0.005	—	—	—	—
	烷基酚聚氧乙烯醚	—	0.2	—	—	—
	季戊四醇脂肪酸酯	—	—	0.01	—	—
	蔗糖脂肪酸酯	—	—	—	0.1	—
	脂肪酸聚氧乙烯酯	—	—	—	—	0.05
阴离子表面活性剂	十二烷基硫酸钠	0.1	—	—	0.01	—
	十二烷基苯磺酸钠	—	0.005	0.1	—	0.1
无机表面活性剂	三聚磷酸钠	0.2	—	—	—	—
	二聚磷酸钠	—	0.005	0.01	0.15	0.06
螯合剂	EDTA 二钠盐	0.05	—	0.05	—	—
	EDTA	—	0.15	—	0.1	0.08
增溶剂	三乙醇胺	0.01	—	0.15	0.01	0.08
	二乙醇胺	—	0.2	—	—	—
去离子水		加至 100	加至 100	加至 100	加至 100	加至 100

制备方法

（1）将有机酸活化剂溶解于去离子水中，得到无色透明的溶液 A；

（2）将非离子表面活性剂、阴离子表面活性剂、无机表面活性剂、螯合剂和增溶剂依次加入去离子水中，搅拌均匀得到无色透明的溶液 B；

（3）将溶液 A 与溶液 B 混合后搅拌均匀，得到光伏焊带清洗剂。

原料介绍

所述有机酸活化剂为柠檬酸、戊二酸、衣康酸、癸二酸、草酸、苹果酸和琥珀酸中的一种或几种。

所述非离子表面活性剂为聚氧乙烯型非离子表面活性剂和/或多元醇型非离子表面活性剂。

所述聚氧乙烯型非离子表面活性剂为脂肪醇聚氧乙烯醚、烷基酚聚氧乙烯醚和脂肪酸聚氧乙烯酯中的一种或几种；所述多元醇型非离子表面活性剂为季戊四醇脂肪酸酯、蔗糖脂肪酸酯和失水山梨醇脂肪酸酯中的一种或几种。

所述阴离子表面活性剂为十二烷基苯磺酸钠和/或十二烷基硫酸钠。

所述无机表面活性剂为二聚磷酸钠和/或三聚磷酸钠。

所述螯合剂为 EDTA 二钠盐和/或 EDTA。

所述增溶剂为三乙醇胺和/或二乙醇胺。

产品特性

（1）本品无需稀释，可直接使用，不含重金属，无残留，清洗均匀，对锡渣等金属氧化物等有良好的清洗作用，同时对焊带表面有很好的保护作用，使得焊带清洗以后光亮洁净，可同时满足机焊、手工焊的要求。

（2）本品中加入有机酸活化剂可以减少金属氧化物的残留，同时降低酸性物质对环境的破坏。

（3）本品中加入非离子表面活性剂，可增加清洗剂与焊带的接触面积，增强表面润湿力，增强有机酸活化剂的渗透力。

（4）本品采用低毒、无强刺激性气味的有机酸活化剂，对金属没有强腐蚀性，也不会挥发在空气中，对在线生产设备侵蚀较小，对生产的操作工人身体也无伤害。

配方14　含氟清洗剂

原料配比

原料		配比（质量份）					
		1#	2#	3#	4#	5#	6#
氟碳溶剂	十六氟庚烷	20	60	—	—	—	—
	2,2,3,3,4,4,5-七氟四氢-5-(九氟丁基)呋喃	—	10	73	30	—	—
	2,2,3,3,4,4,5,5,6-九氟-6-(七氟丙基)四氢-1H 呋喃	—	—	—	—	60	70
氢氟醚	九氟丁基甲醚	44	—	15	—	—	20
	九氟丁基乙醚	—	—	—	60	—	—
	六氟丙基甲醚	30	10	—	—	—	—
	六氟丙基三氟乙醚	—	—	—	—	28	—
醇	乙醇	2	4	—	4	3	—
	异丙醇	—	—	4	—	3	4
烷烃	正戊烷	3	—	2	2	—	—
	异戊烷	—	2	—	—	—	—
	正己烷	—	—	2	—	—	—
	正庚烷	—	—	—	—	2	—

原料		配比（质量份）					
		1#	2#	3#	4#	5#	6#
稳定剂	三氟乙醇	1	—	4	2	—	—
	四氟丙醇	—	4	—	1	—	5
	五氟丙醇	—	—	—	1	4	—

制备方法 将氟碳溶剂、氢氟醚、醇、烷烃、稳定剂加入密闭容器内，在常温常压下混合 30～60min，最后得到所需清洗剂产品。

原料介绍

所述的氟碳溶剂为氟化烷烃、氟化杂环化合物、部分氟化的烷烃或部分氟化的杂环化合物。

所述的氟碳溶剂优选十六氟庚烷、2,2,3,3,4,4,5-七氟四氢-5-（九氟丁基）呋喃或 2,2,3,3,4,4,5,5,6-九氟-6-（七氟丙基）四氢-1H 呋喃之中的一种或多种。

所述的氟碳溶剂是一类结构中只有氟和碳的化合物或混合物，如果是混合物，优选共沸物，各成分的结构和沸点都相近。

所述的氢氟醚优选九氟丁基甲醚、九氟丁基乙醚、六氟丙基甲醚或六氟丙基三氟乙醚中的一种或多种。

所述的氢氟醚是一类分子结构中含有醚键的氢氟碳化合物，通式为 $CF_2(X)[CF(X)]_n CF_2—O—CH_2—A$，式中 X 是氢原子或氟原子，A 是氢原子或氟原子或甲基或三氟甲基，n 是 0～2 的整数。

所述的醇为乙醇和异丙醇中的一种或两种。

所述的烷烃为碳原子个数为 5～10 的正构烷烃或异构烷烃。

所述的烷烃优选正戊烷、异戊烷、正己烷、异己烷、正庚烷、异庚烷、环庚烷、正辛烷、异辛烷或壬烷中的一种或多种。

所述的稳定剂为含氟醇，含氟醇是一种氟代醇，不消耗臭氧。

所述的稳定剂优选三氟乙醇、四氟丙醇或五氟丙醇中的一种或多种。

产品应用 本品是一种含氟清洗剂，适用于电子元件的清洗，尤其是有残留胶痕的电子元件和助焊剂残留物污染的印刷电路板。

产品特性

（1）本品不易燃、挥发速率快，不含破坏大气环境的物质，对电子设备污垢具有较好的溶解性能。

（2）本品中的氟碳溶剂为清洗溶剂，挥发速率相对较快；无闪点，不燃；储存稳定性好。氢氟醚的大气臭氧消耗值为零，大气滞留时间很短，温室效应值不高；不易燃，毒性低，溶解性良好，表面张力低、黏度低、润湿性低，无腐蚀性，不产生烟尘。氢氟醚的组成元素与氟碳溶剂较为接近，可与氟碳溶剂组成稳定的混合物。氢氟醚与氟碳溶剂混合后可以得到溶解能力较强的含氟混合物，该混合物不仅具有含氟化合物的优点，而且可溶解除污力强的溶剂。两种醇加入混合溶剂中有助于提高组合物的清洗能力，醇类溶剂的溶解力极强，挥发速率适中，对胶痕和电路板助焊剂残留污物具有较好的清洗能力，并且不消耗臭氧。烷烃类物质对胶痕有较好的溶解能力，可增强含氟清洗剂的溶胶能力。含氟醇与本品中其他的原料都具有一定的溶解性，并且是一种极性溶剂，增加了含氟清洗剂对极性污物的溶解能力。

（3）本品不仅能有效地去除材料表面所黏附的胶痕、助焊剂残留物、油污等中、重度污垢，而且可去除材料表面的粉尘、手指印等轻度污垢。适合的清洗方法包括手工擦拭、液体溶剂喷淋、超声波清洗。

（4）在保证清洁能力的前提下，本品避免使用可破坏大气臭氧层及温室效应高、大气寿命长、不易降解的含氯的物质，并且成分中包含的含氟化合物不易燃。对金属、玻璃、陶瓷、聚碳酸酯、聚苯醚、尼龙、环氧树脂、聚乙烯无腐蚀，是绿色、环保、安全的高效含氟清洗剂。

配方15　环保安全型溶剂清洗剂

原料配比

原料		配比（质量份）		
		1#	2#	3#
$C_{10\sim12}$ 烷烃	碳十正构烷烃	97	—	—
	碳十异构烷烃(馏程161～167℃)	—	79.99	—
醇醚溶剂	3-甲基-3-甲氧基-1-丁醇	3	20	97
	3-甲基-3-甲氧基-1-丁醇乙酸酯	—	—	3
抗氧剂	2,6-二叔丁基对甲酚	—	0.005	—
缓蚀剂	苯并三氮唑	—	0.005	—

制备方法　将各组分原料混合均匀即可。

原料介绍

所述 $C_{10\sim12}$ 烷烃包括 $C_{10\sim12}$ 的正构烷烃和异构烷烃。

所述醇醚溶剂为 3-甲基-3-甲氧基-1-丁醇、3-甲基-3-甲氧基-1-丁醇乙酸酯、丙二醇甲醚乙酸酯、丙二醇丁醚、乙二醇乙醚乙酸酯、丙酮缩甘油中的一种或几种的混合物。

所述抗氧剂为 2,6-二叔丁基对甲酚、β-(3,5-二叔丁基-4-羟基苯基）丙酸正十八碳醇酯中的一种或两种的混合物。

所述缓蚀剂为苯并三氮唑。

产品应用　本品是一种环保安全型溶剂清洗剂。

实施例 1　主要清洗对象：精密电子零件上冲压油、切削油、切削液、润滑油、防锈油、焊渍、尘埃等。适用于各类碳氢清洗干燥设备和手工清洗，可蒸馏再生使用。

使用方法：

以清洗高档轿车零件为例，零件为不锈钢，清洗前道工序为切削加工，用该产品清洗不锈钢零件上的加工液。清洗设备为两槽碳氢清洗机。第一槽为真空超声波（带摇动）清洗，清洗条件：真空度−88.0kPa，温度40℃，清洗时间为12min，超声波功率为1200W，摇动次数为35次/min。第二槽为蒸汽清洗加真空干燥，蒸汽清洗真空度为−97.0kPa，温度87℃，清洗时间3min；真空干燥真空度−101.0kPa，时间3min。

实施例2 主要清洗对象：精密零件表面上含有的切削油、润滑油、冲压油、拉伸油等。适用于各类清洗干燥机，高度精制、无气味，干燥性和蒸馏再生性好。

使用方法：

清洗工件为手机壳，材质为不锈钢，前道工序为冲压成型，清洗对象是零件上的冲压油；第一槽真空超声清洗（同时清洗框滚动），清洗时间为12min，清洗温度≤40℃，第一槽液体定时抽取进行蒸馏再生，再生后的液体补充给第二槽；第二槽真空超声波清洗，清洗时间3～6min；第三槽蒸汽清洗加真空干燥。清洗后不锈钢表面肉眼看不到油。

实施例3 主要清洗对象：一些精密零件上附着的微乳化金属加工液、研磨膏、润滑油、尘埃等。适用于各类清洗干燥机。

使用方法：

电子仪器零件材质为铝合金。经过切削液加工处理后，用该产品清洗精密零件上的切削液。使用的设备为四槽真空超声波清洗剂。一槽真空超声粗清洗，二槽真空超声漂洗，三槽热风干燥，四槽蒸汽清洗加真空干燥。

本环保安全型溶剂清洗剂的使用浓度：原液；清洗温度25～60℃；清洗液一般不需要更换，可反复使用，每天定时补液即可；使用设备为通用超声波碳氢清洗机。

产品特性

（1）本产品馏程窄、蒸馏回收率高达95％以上、洗净能力强，对极性污垢和非极性污垢都有强的清洗能力，特别是对各种金属加工液、油性和水性切削液，克服了以往碳氢类清洗剂馏程宽，只能溶解、清洗非极性污垢的缺点。该清洗剂的清洗力、安全性、干燥性和再生性达到最完美的平衡。

（2）本品不含氯代烃，没有ODS破坏臭氧物质，对臭氧破坏系数为0，对人体无害；该清洗剂对各种材料安全、无腐蚀，可用于各种精密零件的清洗；该清洗剂沸点为152～176℃，在此沸点范围内清洗效果最好，挥发损失又少，其可完全挥发，无任何残留；本品是替代对环境和人类危害极大的氟利昂、卤代烃产品的最佳选择。

（3）本品使用方便、成本低廉。

配方16　环保电路板清洗剂

原料配比

原料	配比(质量份)	原料		配比(质量份)
柠檬酸钠	3	去离子水		110
月桂醇聚醚硫酸酯钠	8	助剂	硅烷偶联剂 KH-570	2.6
椰油酸二乙醇酰胺	3		植酸	1.6
乙醇	36		甲基丙烯酸正丁酯	3.6
聚乙二醇	4		2,4,6-三(二甲氨基甲基)苯酚	1.6
石油磺酸钠	3		苯甲酸单乙醇胺	2.6
木质素磺酸盐	2		抗氧剂 1035	1.6
助剂	5		乙醇	16

制备方法　将去离子水、柠檬酸钠、月桂醇聚醚硫酸酯钠、椰油酸二乙醇酰胺、乙醇、石油磺酸钠混合，以 $800\sim1100r/min$ 的速度搅拌，以 $6\sim8℃/min$ 的速率加热到 $50\sim60℃$，加入其他剩余成分，继续搅拌 $15\sim20min$，即得。

原料介绍　所述助剂制备方法是将硅烷偶联剂 KH-570、植酸、乙醇混合，加热至 $60\sim70℃$，搅拌 $20\sim30min$ 后，再加入其他剩余成分，升温至 $80\sim85℃$，搅拌 $30\sim40min$，即得。

产品特性

（1）本品使用了水及各种低毒试剂，不危及工人健康、环保、清洁彻底，而且不可燃、不爆炸，安全性好；该清洗剂呈弱酸性，各种表面活性剂的配伍效果好，大大提高了去污效果，提高了生产效率，降低了成本。

（2）本品的助剂能够在电路板表面形成保护膜，隔绝空气，防止大气中水及其他分子腐蚀电路板，抗氧化，防短路，方便下一步制作工艺进行。

（3）该清洗剂用于清洗铜印刷电路板，经过检测，表面洁净，无明显松香、焊锡、油污、指纹等污染物，清洗溶液电阻率大于 $2\times10^{6}\Omega\cdot cm$，一次通过率达到 78%，优于正常水平。

配方17　环保水溶性电子产品清洗剂

原料配比

原料		配比(质量份)			
		1#	2#	3#	4#
氢氧化钠		0.1	0.3	0.2	0.2
胺类	一乙醇胺	0.5	—	—	—
	二甘醇胺	0.5	—	0.4	0.5
	三异丙醇胺	—	0.5	—	—
	乙醇胺	—	—	0.4	—
维生素 C		0.3	1	0.7	0.5

原料		配比（质量份）			
		1#	2#	3#	4#
醇类溶剂	丙三醇	1	—	2	2
	无水乙醇	2	—	—	—
	异丙醇	—	1	—	—
中和剂	硅酸钠	0.05	—	0.04	—
	二水磷酸二氢钠	—	0.1	0.04	0.05
渗透剂	顺丁烯二酸二仲辛酯磺酸钠	0.15	0.1	0.12	0.1
消泡剂	聚氧丙烯聚氧乙烯甘油醚	0.2	—	0.05	0.3
	聚氧丙烯聚氧乙烯单丁基醚	—	0.5	0.05	—
分散剂	聚乙烯醇	0.3	0.1	0.2	0.3
乙二胺四乙酸二钠		0.1	0.3	0.2	0.2
纯水		99	93	96	97

制备方法

（1）将胺类、氢氧化钠、纯水加入反应釜中并加热到 45～60℃，搅拌直到完全溶解；

（2）维持温度在 40～60℃ 静置 1h；

（3）冷却到室温（20～30℃）时加入剩余原料并搅拌直到完全溶解；

（4）过滤后得到本品。

原料介绍

所述胺类为一乙醇胺、二甘醇胺、三异丙醇胺、乙醇胺中一种或任意组合。

所述醇类溶剂为丙三醇、无水乙醇、异丙醇中一种或任意组合。

所述的中和剂为硅酸钠、二水磷酸二氢钠中一种或组合。

所述渗透剂为顺丁烯二酸二仲辛酯磺酸钠。

所述消泡剂为聚氧丙烯聚氧乙烯甘油醚、聚氧丙烯聚氧乙烯单丁基醚中一种或组合。

产品应用　本品是一种环保水溶性电子产品清洗剂，适合全自动清洗机和手动清洗电子产品残留的胶水，如贴片红胶、UV 胶等。

产品特性　本品使用纯水作为主体溶剂，具有清洗能力强、安全可靠、成本低廉及废弃物容易处理的特点，符合无卤环保要求。

配方18　缓蚀电路板清洗剂

原料配比

原料	配比（质量份）	原料	配比（质量份）
棕榈油脂肪酸甲酯磺酸钠	2.5	苯并三氮唑	1.5
椰油酰胺丙基甜菜碱	1.5	乙醇	43
三乙醇胺	1.5	丙二醇甲醚①	14

原料	配比(质量份)		原料	配比(质量份)
柠檬酸钠	3.5		硅烷偶联剂 KH-570	2.5
丙二醇甲醚②	22		柠檬酸	2.5
过硼酸钠	2.5		二正辛基-4-异噻唑啉-3-酮	1.5
二甲基苯并噁唑	1.5	助剂	甲基丙烯酸-2-羟基乙酯	2.5
助剂	4.5		苯甲酸钠	1.5
去离子水	110		抗氧剂1035	1.5
			乙醇	17

制备方法 将去离子水、棕榈油脂肪酸甲酯磺酸钠、椰油酰胺丙基甜菜碱、三乙醇胺、乙醇、丙二醇甲醚①、柠檬酸钠、丙二醇甲醚②、过硼酸钠混合，以800～1100r/min的速度搅拌，以6～8℃/min的速率加热到50～60℃，加入其他剩余成分，继续搅拌15～20min，即得。

原料介绍 所述助剂制备方法是将硅烷偶联剂 KH-570、柠檬酸、乙醇混合，加热至60～70℃，搅拌20～30min后，再加入其他剩余成分，升温至80～85℃，搅拌30～40min，即得。

产品特性

（1）该清洗剂具有清洁彻底、耐腐蚀的优点。

（2）本品使用多种表面活性剂、丙二醇甲醚溶剂与水形成乳液，对松香、焊药、有机化合物有优异的溶解能力，清洗效果好；使用苯并三氮唑等具有缓蚀效果的药剂，有效保护电路板不被腐蚀；成本低、对环境友好、无污染，可直接排放。

（3）本品的助剂能够在电路板表面形成保护膜，隔绝空气，防止大气中水及其他分子腐蚀电路板，抗氧化，防短路，方便下一步制作工艺进行。

配方19 计算机电路板清洗剂

原料配比

原料	配比(质量份)		原料	配比(质量份)
椰油酰胺丙基甜菜碱	4		去离子水	110
三乙醇胺	2		硅烷偶联剂 KH-570	2.6
苯并三氮唑	2		植酸	1.6
乙二醇甲醚	26		甲基丙烯酸正丁酯	3.6
乙醇	33	助剂	2,4,6-三(二甲氨基甲基)苯酚	1.6
脂肪醇醚硫酸钠	2		苯甲酸单乙醇胺	2.6
椰油酸二乙醇酰胺	3		抗氧剂1035	1.6
苹果酸	4		乙醇	16
助剂	5			

制备方法 将去离子水、椰油酰胺丙基甜菜碱、乙二醇甲醚、乙醇、脂肪醇醚硫酸钠、椰油酸二乙醇酰胺、苹果酸混合，以800～1100r/min 的速度搅拌，以

$6 \sim 8℃/min$ 的速率加热到 $50 \sim 60℃$，加入其他剩余成分，继续搅拌 $15 \sim 20min$，即得。

原料介绍 所述助剂制备方法是将硅烷偶联剂 KH-570、植酸、乙醇混合，加热至 $60 \sim 70℃$，搅拌 $20 \sim 30min$ 后，再加入其他剩余成分，升温至 $80 \sim 85℃$，搅拌 $30 \sim 40min$，即得。

产品特性

(1) 该清洗剂具有清洁彻底、清洁速度快、缓蚀效果好的优点。

(2) 本品使用阴离子和非离子等多种表面活性剂，与水形成乳液，对松香、有机物、焊药、指纹等有优异的清洁能力，清洗效果好；对臭氧层无损害，低毒，对人体皮肤无刺激性，对金属无腐蚀性，非常适用于集成电路板的清洗。

(3) 本品的助剂能够在电路板表面形成保护膜，隔绝空气，防止大气中水及其他分子腐蚀电路板，抗氧化，防短路，方便下一步制作工艺进行。

配方20 抗腐蚀杀菌印刷电路板清洗剂

原料配比

原料	配比(质量份)		原料	配比(质量份)
氢氧化钠	2		助剂	4
双氧水	11		去离子水	110
脂肪醇聚氧乙烯醚	4		硅烷偶联剂 KH-570	2.6
EDTA-4Na	2		植酸	1.6
乙醇	33		甲基丙烯酸正丁酯	3.6
丙酮	224	助剂	2,4,6-三(二甲氨基甲基)苯酚	1.6
四硼酸钠	2		苯甲酸单乙醇胺	2.6
尼泊金甲酯	3		抗氧剂 1035	1.6
偏硼酸钠	2		乙醇	16

制备方法 将去离子水、氢氧化钠、脂肪醇聚氧乙烯醚、EDTA-4Na、乙醇、丙酮混合，以 $800 \sim 1100r/min$ 的速度搅拌，以 $6 \sim 8℃/min$ 的速率加热到 $50 \sim 60℃$，加入其他剩余成分，继续搅拌 $15 \sim 20min$，即得。

原料介绍 所述助剂制备方法是将硅烷偶联剂 KH-570、植酸、乙醇混合，加热至 $60 \sim 70℃$，搅拌 $20 \sim 30min$ 后，再加入其他剩余成分，升温至 $80 \sim 85℃$，搅拌 $30 \sim 40min$，即得。

产品特性

(1) 该清洗剂具有清洁彻底、抗菌、防腐蚀的优点。

(2) 本品对松香、有机化合物有优异的溶解能力，对无机物具有快速清除效果，对电路板有保护作用，适用于高精密电路板清洗。

(3) 本品的助剂能够在电路板表面形成保护膜，隔绝空气，防止大气中水及其他分子腐蚀电路板，抗氧化，防短路，方便下一步制作工艺进行。

（4）本品用于清洗铜印刷电路板，经过检测，表面洁净，无明显松香、焊锡、油污、指纹等污染物，清洗溶液电阻率大于 $2 \times 10^6 \Omega \cdot cm$，一次通过率达到 85%，优于正常水平。

配方21 抗静电印刷电路板清洗剂

原料配比

原料	配比(质量份)		原料	配比(质量份)
十二烷基苯磺酸钠	4.6		去离子水	110
烷基多苷	3	助剂	硅烷偶联剂 KH-570	2.5
氯化铵	4		植酸	1.5
硬脂酸	1.5		甲基丙烯酸甲酯	3.5
丙二醇	1.5		2-氨乙基十七烯基咪唑啉	1.5
脂肪醇聚氧乙烯醚（AEO-3）	1.4		抗氧剂 1035	1.5
乙醇	36		乙醇	16
助剂	4.6			

制备方法 将去离子水、十二烷基苯磺酸钠、烷基多苷、氯化铵、硬脂酸、丙二醇、脂肪醇聚氧乙烯醚（AEO-3）、乙醇混合，以 1000～1200r/min 的速度搅拌，以 6～8℃/min 的速率加热到 60～70℃，加入其他剩余成分，继续搅拌 15～20min，即得。

原料介绍 所述助剂制备方法是将硅烷偶联剂 KH-570、植酸、乙醇混合，加热至 60～70℃，搅拌 20～30min 后，再加入其他剩余成分，升温至 80～85℃，搅拌 30～40min，即得。

产品特性

（1）该清洗剂具有清洁彻底、清洁速度快、耐细菌腐蚀的优点。

（2）本品对松香、有机化合物有优异的溶解能力，对无机物也有优异的清洗能力；烷基多苷使得清洗剂表面张力低、无浊点、HLB 值可调、润湿力强、去污力强、无毒、无害、生物降解迅速彻底、协同效应明显、具有较强的广谱抗菌活性，因此电路板抗细菌腐蚀。

（3）本品的助剂能够在电路板表面形成保护膜，隔绝空气，防止大气中水及其他分子腐蚀电路板，抗氧化，防短路，方便下一步制作工艺进行。

配方22 抗静电印刷线路板清洗剂

原料配比

原料	配比(质量份)		原料	配比(质量份)
烷基苯磺酸锂	2.5		异丙醇	23
十二烷基二甲基氧化胺	4.5		烯基丁二酸	1.5
丙二醇丁醚	14		丙二醇	23

原料	配比(质量份)		原料	配比(质量份)
磷酸氢二钠	2.6		硅烷偶联剂 KH-570	2.5
乙酸乙酯	11		柠檬酸	2.5
异丙基苯磺酸钠	3.4	助剂	二正辛基-4-异噻唑啉-3-酮	1.5
乙二醇单硬脂酸酯	11		苯甲酸钠	1.5
助剂	4.5		甲基丙烯酸-2-羟基乙酯	2.5
去离子水	110		抗氧剂 1035	1.5
			乙醇	17

制备方法 将去离子水、烷基苯磺酸锂、丙二醇丁醚、异丙醇、烯基丁二酸、丙二醇、磷酸氢二钠、异丙基苯磺酸钠混合，以 1000～1300r/min 的速度搅拌，以 6～8℃/min 的速率加热到 60～70℃，加入其他剩余成分，继续搅拌 20～25min，即得。

原料介绍 所述助剂制备方法是将硅烷偶联剂 KH-570、柠檬酸、乙醇混合，加热至 60～70℃，搅拌 20～30min 后，再加入其他剩余成分，升温至 80～85℃，搅拌 30～40min，即得。

产品特性

(1) 该清洗剂具有清洁彻底、清洁速度快、抗静电的优点。

(2) 本品使用阴离子和非离子等多种表面活性剂，与水形成乳液，对松香、有机化合物有优异的溶解能力，清洗效果好；乙二醇单硬脂酸酯使清洗剂具有抗静电效果和珠光效应，对电路板有保护作用；成本低、对环境友好、无污染，可直接排放；适用于高精密电路板清洗。

(3) 本品的助剂能够在电路板表面形成保护膜，隔绝空气，防止大气中水及其他分子腐蚀电路板，抗氧化，防短路，方便下一步制作工艺进行。

配方23 快速电路板清洗剂

原料配比

原料	配比(质量份)		原料	配比(质量份)
1,1,2-三氯三氟乙烷	17		助剂	4.5
薄荷醇	14		去离子水	110
乙醇	35		硅烷偶联剂 KH-570	2.5
聚丙烯酸钠	2.5		柠檬酸	2.5
烯基丁二酸	1.5		二正辛基-4-异噻唑啉-3-酮	1.5
丙二醇	22	助剂	甲基丙烯酸-2-羟基乙酯	2.5
丙二醇丁醚	23		苯甲酸钠	1.5
扩散剂 NNO	2.5		抗氧剂 1035	1.5
丁二酸二辛酯磺酸钠	3.5		乙醇	17

制备方法 将去离子水、1,1,2-三氯三氟乙烷、薄荷醇、乙醇、聚丙烯酸钠、烯基丁二酸、丙二醇、丙二醇丁醚、扩散剂 NNO、丁二酸二辛酯磺酸钠混合，以

$1000 \sim 1300 r/min$ 的速度搅拌，以 $6 \sim 8℃/min$ 的速率加热到 $55 \sim 60℃$，加入其他剩余成分，继续搅拌 $15 \sim 20min$，即得。

原料介绍　所述助剂制备方法是将硅烷偶联剂 KH-570、柠檬酸、乙醇混合，加热至 $60 \sim 70℃$，搅拌 $20 \sim 30min$ 后，再加入其他剩余成分，升温至 $80 \sim 85℃$，搅拌 $30 \sim 40min$，即得。

产品特性

(1) 该清洗剂具有清洁彻底、清洁速度快的优点。

(2) 本品对印刷电路板上残存污染物的清洗效果很好，无腐蚀性，不易损坏印刷电路板上的电子器件，符合环境保护的要求，而且制备工艺简单、成本低。

(3) 本品的助剂能够在电路板表面形成保护膜，隔绝空气，防止大气中水及其他分子腐蚀电路板，抗氧化，防短路，方便下一步制作工艺进行。

配方24　残留助焊剂和锡膏清洗剂

原料配比

原料	配比(质量份)			原料	配比(质量份)		
	1#	2#	3#		1#	2#	3#
三氯乙烯	70	72	67	异丙醇	20	18	22
乙酸丁酯	5	6	5	二丙二醇乙醚	5	4	6

制备方法　将各组分原料混合均匀即可。

产品特性　本品各组分复配能够实现对锡膏和助焊剂的快速溶解；有效去除残留；中性配方对印刷电路板和钢网无腐蚀性，挥发快、无残留、无异味且无毒性，清洗效果显著，是一种价格合理且性价比高的环保型清洗剂。

配方25　残留助焊剂、松香和油污清洗剂

原料配比

原料	配比(质量份)			原料	配比(质量份)		
	1#	2#	3#		1#	2#	3#
硅酸钾	2	4	6	葡萄糖酸钠	2	2	2
三聚硅酸钠	3	5	6	乙二胺四乙酸四钠	1	1	1
碳酸钠	4	3	2	消泡剂硅油	1	1	1
油酸钾	2	1	0.5	缓蚀剂苯并三唑	1	1	1
烷基芳基聚醚	2	2	2	工业纯水	加至100	加至100	加至100

制备方法　将各组分原料混合均匀即可。

产品应用　将清洗剂与水按体积比 $1:3$ 混合使用。

产品特性

(1) 本品采用无异味、无毒性成分，能够持久分解、脱落助焊剂残留、松香残

留，溶解去除油污残留，有效消除泡沫，清洗效果显著且具有防腐蚀效果，经久耐用，是一种价格合理且性价比高的环保型清洗剂。

（2）本品通过复配技术降低清洗剂表面张力，使活性剂吸附能力增强，降低沉淀物的形成，有效消除泡沫，以免在清洗过程中对设备产生不良影响，实现对金属物表面的防腐蚀保护。

配方26　全方位清洗印刷电路板清洗剂

原料配比

原料	配比（质量份）		原料	配比（质量份）
硅酸钠	3		去离子水	110
吐温-85	4	助剂	硅烷偶联剂 KH-570	2.5
三聚磷酸钠	2		植酸	1.5
2-丁氧基乙醇	14		丙烯酸甲酯	3.5
苯扎氯铵	1		聚四氢呋喃醚二醇	2.5
肉豆蔻酸异丙酯	5		双乙酸钠	1.5
氢氧化钠	1		抗氧剂 1035	1.5
肌醇六磷酸酯	5		乙醇	14
助剂	5			

制备方法　将去离子水、硅酸钠、吐温-85、三聚磷酸钠、2-丁氧基乙醇、苯扎氯铵、肉豆蔻酸异丙酯、氢氧化钠、肌醇六磷酸酯混合，以 $800\sim1100r/min$ 的速度搅拌，以 $6\sim8℃/min$ 的速率加热到 $60\sim70℃$，加入其他剩余成分，继续搅拌 $15\sim20min$，即得。

原料介绍　所述助剂制备方法是将硅烷偶联剂 KH-570、植酸、乙醇混合，加热至 $60\sim70℃$，搅拌 $20\sim30min$ 后，再加入其他剩余成分，升温至 $80\sim85℃$，搅拌 $30\sim40min$，即得。

产品特性

（1）该清洗剂具有清洁彻底、清洁速度快的优点。

（2）本品的表面活性剂复配性能好，pH 缓冲能力强，全方位渗透，清洗效果好，且腐蚀性小，适用于多种高精密电路板清洗。

（3）本品的助剂能够在电路板表面形成保护膜，隔绝空气，防止大气中水及其他分子腐蚀电路板，抗氧化，防短路，方便下一步制作工艺进行。

配方27　弱碱性杀菌印刷电路板清洗剂

原料配比

原料	配比（质量份）	原料	配比（质量份）
聚氧丙烯聚氧乙烯聚醚	3	十二烷基二甲基苄基氯化铵	1.5
氢氧化钠	2	烷基酚聚氧乙烯	5
洋甘菊精油	2	助剂	4.6

原料		配比(质量份)	原料		配比(质量份)
	去离子水	110		2-氨乙基十七烯基咪唑啉	1.5
助剂	硅烷偶联剂 KH-570	2.5	助剂	抗氧剂 1035	1.5
	植酸	1.5		乙醇	16
	甲基丙烯酸甲酯	3.5			

制备方法 将去离子水、聚氧丙烯聚氧乙烯聚醚、氢氧化钠、洋甘菊精油、十二烷基二甲基苄基氯化铵、烷基酚聚氧乙烯混合，以 1000～1200r/min 的速度搅拌，以 6～8℃/min 的速率加热到 60～70℃，加入其他剩余成分，继续搅拌 15～20min，即得。

原料介绍 所述助剂制备方法是将硅烷偶联剂 KH-570、植酸、乙醇混合，加热至 60～70℃，搅拌 20～30min 后，再加入其他剩余成分，升温至 80～85℃，搅拌 30～40min，即得。

产品特性

（1）该清洗剂具有清洁彻底、清洁速度快、杀菌的优点。

（2）本品具有优异的润湿、渗透、乳化、分散、增溶作用，无机物粉尘颗粒、有机物都能被快速清除，而且具有杀菌效果和缓蚀性能，对电路板有保护作用；成本低、对环境友好、无污染。

（3）本品的助剂能够在电路板表面形成保护膜，隔绝空气，防止大气中水及其他分子腐蚀电路板，抗氧化，防短路，方便下一步制作工艺进行。

配方28 弱碱性水基电路板清洗剂

原料配比

原料	配比(质量份)	原料		配比(质量份)
磷酸钠	2.5		去离子水	108
烷基酚聚氧乙烯醚	5		硅烷偶联剂 KH-570	2.6
辛酸甘油酯	7		植酸	1.6
丙二醇单甲醚乙酸酯	5		甲基丙烯酸正丁酯	3.6
斯盘-80	1.5	助剂	2,4,6-三(二甲氨基甲基)苯酚	1.6
壬基酚聚氧乙烯醚	4.5		苯甲酸单乙醇胺	2.6
乙醇	37		抗氧剂 1035	1.6
脂肪醇聚氧乙烯醚硫酸铵	4		乙醇	16
助剂	5			

制备方法 将去离子水、磷酸钠、烷基酚聚氧乙烯醚、丙二醇单甲醚乙酸酯、斯盘-80、壬基酚聚氧乙烯醚、乙醇、脂肪醇聚氧乙烯醚硫酸铵混合，以 800～1100r/min 的速度搅拌，以 6～8℃/min 的速率加热到 50～60℃，加入其他剩余成分，继续搅拌 15～20min，即得。

原料介绍 所述助剂制备方法是将硅烷偶联剂 KH-570、植酸、乙醇混合，加

7

热至 60～70℃，搅拌 20～30min 后，再加入其他剩余成分，升温至 80～85℃，搅拌 30～40min，即得。

产品特性

（1）本品呈弱碱性，表面张力低；适用于电路板和零件的清洗，能够有效去除焊药、松香、有机物、灰尘等，并可以消除静电，具有腐蚀性小、使用安全可靠、废弃清洗剂便于处理和排放、不破坏臭氧层等优点。

（2）本品的助剂能够在电路板表面形成保护膜，隔绝空气，防止大气中水及其他分子腐蚀电路板，抗氧化，防短路，方便下一步制作工艺进行。

配方29　弱碱性印刷电路板清洗剂

原料配比

原料	配比（质量份）		原料	配比（质量份）
聚氧丙烯聚氧乙烯聚醚	4		助剂	4
氢氧化钠	2		去离子水	100～120
洋甘菊精油	1	助剂	硅烷偶联剂 KH-570	2.5
十二烷基二甲基苄基氯化铵	1		植酸	1.5
椰油酸烷醇酰胺	2		甲基丙烯酸甲酯	3.5
吐温-80	3		2-氨乙基十七烯基咪唑啉	1.5
乙醇	30		抗氧剂 1035	1.5
油醇聚氧乙烯醚硫酸钠	5		乙醇	16

制备方法　将各原料混合，以 1000～1200r/min 的速度搅拌，加热到 60～70℃，搅拌 45～60min，即得。

原料介绍　所述助剂制备方法是将硅烷偶联剂 KH-570、植酸、乙醇混合，加热至 60～70℃，搅拌 20～30min 后，再加入其他剩余成分，升温至 80～85℃，搅拌 30～40min，即得。

产品特性

（1）该清洗剂具有清洁彻底、清洁速度快等优点。

（2）本品具有优异的润湿、渗透、乳化、分散、增溶作用，无机物粉尘颗粒、有机物都能被快速清除。

（3）本品的助剂能够在电路板表面形成保护膜，隔绝空气，防止大气中水及其他分子腐蚀电路板，抗氧化，防短路，方便下一步制作工艺进行。

配方30　弱酸性印刷线路板清洗剂

原料配比

原料	配比（质量份）	原料	配比（质量份）
氢氟酸	3	白油	3
芥酸	4	硬脂酸	6

原料	配比(质量份)		原料	配比(质量份)
十二烷基甜菜碱	4	助剂	硅烷偶联剂 KH-570	2.5
磷酸三钠	3		植酸	1.5
脂肪醇聚氧乙烯醚	5		丙烯酸甲酯	3.5
苯甲酸钠	3		聚四氢呋喃醚二醇	2.5
助剂	5		双乙酸钠	1.5
去离子水	110		抗氧剂 1035	1.5
			乙醇	14

制备方法 将去离子水、芥酸、白油、硬脂酸、十二烷基甜菜碱、磷酸三钠、脂肪醇聚氧乙烯醚混合，以 1000～1200r/min 的速度搅拌，以 6～8℃/min 的速率加热到 60～70℃，加入其他剩余成分，继续搅拌 15～20min，即得。

原料介绍 所述助剂制备方法是将硅烷偶联剂 KH-570、植酸、乙醇混合，加热至 60～70℃，搅拌 20～30min 后，再加入其他剩余成分，升温至 80～85℃，搅拌 30～40min，即得。

产品特性

（1）该清洗剂具有清洁彻底、清洁速度快的优点。

（2）本品使用了氢氟酸，具有高效、彻底清洗的功效，配合使用多种表面活性剂，配伍性好，清洁效果大大增强，加快了清洗效率，节约了清洗成本，增加了经济效益。

（3）本品的助剂能够在电路板表面形成保护膜，隔绝空气，防止大气中水及其他分子腐蚀电路板，抗氧化，防短路，方便下一步制作工艺进行。

配方31 水基 LED 芯片清洗剂

原料配比

原料	配比(质量份)		原料	配比(质量份)
异构脂肪醇聚氧乙烯醚	3.5		助剂	4.5
单硬脂酸甘油酯	1.5		去离子水	110
水杨酸钠	2.5	助剂	硅烷偶联剂 KH-570	2.5
丙二醇	23		植酸	1.5
1,3-二氧戊环	11		吗啉	3.5
松香	3.5		甲基丙烯酸-2-羟基乙酯	3.5
乙醇	32		抗氧剂 1035	1.5
叔丁基-4-羟基苯甲醚	7		乙醇	14
三丙二醇甲醚	4.5			

制备方法 将去离子水、异构脂肪醇聚氧乙烯醚、单硬脂酸甘油酯、水杨酸钠、丙二醇、1,3-二氧戊环、松香、乙醇、叔丁基-4-羟基苯甲醚、三丙二醇甲醚混合，以 1000～1200r/min 的速度搅拌，以 6～8℃/min 的速率加热到 60～70℃，加

入其他剩余成分，继续搅拌 15～20min，即得。

原料介绍　所述助剂制备方法是将硅烷偶联剂 KH-570、植酸、乙醇混合，加热至 60～70℃，搅拌 20～30min 后，再加入其他剩余成分，升温至 80～85℃，搅拌 30～40min，即得。

产品特性

（1）该清洗剂具有清洁彻底、清洗效率高、无腐蚀性的优点。

（2）本品使用非离子表面活性剂，协同效应好，对有机物、金属离子、颗粒等有快速的清除能力，不产生新的离子污染，对芯片无腐蚀；损耗更少，降低了成本、节约了时间，从而大大提高了芯片的成品率。

（3）本品的助剂能够在芯片表面形成保护膜，隔绝空气，防止大气中水及其他分子腐蚀芯片，抗氧化，方便下一步制作工艺进行。

（4）该水基 LED 芯片清洗剂用于清洗 LED 灯芯片，洗净率为 99.5%，洗净后硅片表面不会残留不溶物，不产生新污染，不影响产品的质量，表面干净，色泽一致，无花斑。

配方32　水基 PCB 电路板清洗剂

原料配比

原料	配比（质量份）	原料		配比（质量份）
硼酸钠	2.5	去离子水		110
焦磷酸钾	2		硅烷偶联剂 KH-570	2.5
椰油酸烷醇酰胺磷酸酯	3.5		植酸	1.5
脂肪醇聚氧乙烯醚硫酸钠	5	助剂	甲基丙烯酸甲酯	3.5
柠檬酸	3		2-氨乙基十七烯基咪唑啉	1.5
乙醇	36		抗氧剂 1035	1.5
助剂	4.4		乙醇	6

制备方法　将去离子水、硼酸钠、焦磷酸钾、椰油酸烷醇酰胺磷酸酯、脂肪醇聚氧乙烯醚硫酸钠、柠檬酸、乙醇混合，以 1000～1200r/min 的速度搅拌，以 6～8℃/min 的速率加热到 60～70℃，加入其他剩余成分，继续搅拌 15～20min，即得。

原料介绍　所述助剂制备方法是将硅烷偶联剂 KH-570、植酸、乙醇混合，加热至 60～70℃，搅拌 20～30min 后，再加入其他剩余成分，升温至 80～85℃，搅拌 30～40min，即得。

产品特性

（1）该清洗剂具有清洁彻底、清洁速度快的优点。

（2）本品对松香、焊锡、金属离子、指纹等有快速的清除能力，不易造成短路；损耗更少，印刷质量更好，降低了成本、节约了时间，从而大大减小废品率，以及更快地制造出数量更多的、质量更好的印刷电路板。

（3）本品的助剂能够在电路板表面形成保护膜，隔绝空气，防止大气中水及其他分子腐蚀电路板，抗氧化，方便下一步制作工艺进行。

配方33　水基除油印刷电路板清洗剂

原料配比

原料	配比（质量份）		原料	配比（质量份）
环己烷	23		助剂	4.5
丙酮	12		去离子水	110
丁二醇	25	助剂	硅烷偶联剂 KH-570	2.6
乙醇	26		植酸	1.6
单硬脂酸甘油酯	5		甲基丙烯酸正丁酯	3.6
月桂醇硫酸钠	3.5		2,4,6-三（二甲氨基甲基）苯酚	1.6
琥珀酸	3.5		苯甲酸单乙醇胺	2.6
椰油酸烷醇酰胺	3.5		抗氧剂 1035	1.6
异丙醇	11		乙醇	16

制备方法　将去离子水、丙酮、丁二醇、乙醇、单硬脂酸甘油酯、月桂醇硫酸钠、椰油酸烷醇酰胺、异丙醇混合，以 600～800r/min 的速度搅拌，以 6～8℃/min 的速率加热到 50～60℃，加入其他剩余成分，继续搅拌 15～20min，即得。

原料介绍　所述助剂制备方法是将硅烷偶联剂 KH-570、植酸、乙醇混合，加热至 60～70℃，搅拌 20～30min 后，再加入其他剩余成分，升温至 80～85℃，搅拌 30～40min，即得。

产品特性

（1）该清洗剂具有清洁速度快等优点。

（2）本品中环己烷有除油作用，丙酮有清洁作用，异丙醇具有柔软金属表面油污作用，乙醇具有辅助除油污作用，结合多种表面活性剂，与水形成乳液，不仅除油效果好，而且能够彻底清洁死角，且成本低。

（3）本清洗剂可广泛用于电子工业产品的表面油污清洗，特别是精密电路板。

（4）本品的助剂能够在电路板表面形成保护膜，隔绝空气，防止大气中水及其他分子腐蚀电路板，抗氧化，防短路，方便下一步制作工艺进行。

配方34　水基计算机印刷电路板清洗剂

原料配比

原料	配比（质量份）	原料	配比（质量份）
乙二醇	16	乙醇	33
丙酮	23	三氯羟基二苯醚	2
硅酸钠	3	磷酸钠	3
柠檬酸钾	3	单硬脂酸甘油酯	4

原料	配比（质量份）		原料	配比（质量份）
椰油酸烷醇酰胺	2		丙烯酸甲酯	3.5
助剂	5	助剂	聚四氢呋喃醚二醇	2.5
去离子水	110		双乙酸钠	1.5
助剂	硅烷偶联剂 KH-570	2.5		抗氧剂 1035	1.5
	植酸	1.5		乙醇	14

制备方法 将去离子水、乙二醇、丙酮、硅酸钠、柠檬酸钾、乙醇、三氯羟基二苯醚、磷酸钠、单硬脂酸甘油酯、椰油酸烷醇酰胺混合，以 800～1100r/min 的速度搅拌，以 6～8℃/min 的速率加热到 60～70℃，加入其他剩余成分，继续搅拌 15～20min，即得。

原料介绍 所述助剂制备方法是将硅烷偶联剂 KH-570、植酸、乙醇混合，加热至 60～70℃，搅拌 20～30min 后，再加入其他剩余成分，升温至 80～85℃，搅拌 30～40min，即得。

产品特性

（1）该清洗剂具有清洁速度快等优点。

（2）本清洗剂溶解性好，对有机物有优异的清洗能力；渗透性好，清洗死角污垢能力强，pH 缓冲效果好，可持久保持优异的清洗效果。

（3）本品的助剂能够在电路板表面形成保护膜，隔绝空气，防止大气中水及其他分子腐蚀电路板，抗氧化，防短路，方便下一步制作工艺进行。

配方35 水基抗菌电路板清洗剂

原料配比

原料	配比（质量份）		原料	配比（质量份）
磷酸三钠	3.6		硅烷偶联剂 KH-570	2.5
椰油基超级烷醇酰胺	3.4		植酸	1.5
乙醇	36		甲基丙烯酸甲酯	3.5
二氯异氰尿酸钠	1.6	助剂	2-氨乙基十七烯基咪唑啉	1.5
棕榈酸	2		抗氧剂 1035	1.5
助剂	5		乙醇	16
去离子水	110			

制备方法 将去离子水、磷酸三钠、椰油基超级烷醇酰胺、乙醇、棕榈酸混合，以 1000～1200r/min 的速度搅拌，以 6～8℃/min 的速率加热到 60～70℃，加入其他剩余成分，继续搅拌 15～20min，即得。

原料介绍 所述助剂制备方法是将硅烷偶联剂 KH-570、植酸、乙醇混合，加热至 60～70℃，搅拌 20～30min 后，再加入其他剩余成分，升温至 80～85℃，搅拌 30～40min，即得。

产品特性

（1）该清洗剂具有清洁彻底、清洁速度快、抗菌的优点。

（2）本品溶解能力强，对松香、有机化合物有优异的溶解能力；增强电路板防腐蚀性，提高了电路板成品率；只需进行一次清洗即可达到清洗要求，提高了生产效率。

（3）本品的助剂能够在电路板表面形成保护膜，隔绝空气，防止大气中水及其他分子腐蚀电路板，抗氧化，防短路，方便下一步制作工艺进行。

配方36 水基强溶解型电路板清洗剂

原料配比

原料	配比（质量份）		原料	配比（质量份）
1,1,2-三氯三氟乙烷	32		助剂	4.5
硝基甲烷	23		去离子水	110
正丁醇	23		硅烷偶联剂 KH-570	2.5
十二烷基二甲基氧化胺	2.5		柠檬酸	2.5
三乙醇胺	2.5		二正辛基-4-异噻唑啉-3-酮	1.5
1,4-丁二酸磺酸钠	1.5	助剂	甲基丙烯酸-2-羟基乙酯	2.5
草酸	2.5		苯甲酸钠	1.5
肌醇六磷酸酯	4.5		抗氧剂 1035	1.5
硅酸钠	1.5		乙醇	17

制备方法 将去离子水、1,1,2-三氯三氟乙烷、硝基甲烷、正丁醇、十二烷基二甲基氧化胺、三乙醇胺、肌醇六磷酸酯、硅酸钠混合，以 800～1100r/min 的速度搅拌，以 6～8℃/min 的速率加热到 50～60℃，加入其他剩余成分，继续搅拌 15～20min，即得。

原料介绍 所述助剂制备方法是将硅烷偶联剂 KH-570、柠檬酸、乙醇混合，加热至 60～70℃，搅拌 20～30min 后，再加入其他剩余成分，升温至 80～85℃，搅拌 30～40min，即得。

产品特性

（1）该清洗剂具有溶解性强、清洁彻底的优点。

（2）本水基清洗剂将 1,1,2-三氯三氟乙烷、硝基甲烷等具有超强溶解力的溶剂与去离子水通过助溶剂和表面活性剂的作用，复合成均一水基清洗剂，既发挥了溶液的溶解特性又体现了无闪点、安全性好的特性，能够有效地应用于电路板上焊药、松香、有机物、指纹的清洗。采用超声波或喷淋的方式能最好地发挥其效果。

（3）本品的助剂能够在电路板表面形成保护膜，隔绝空气，防止大气中水及其他分子腐蚀电路板，抗氧化，防短路，方便下一步制作工艺进行。

配方37 水基清洗剂

原料配比

原料	配比（质量份）			原料	配比（质量份）		
	1#	2#	3#		1#	2#	3#
二丙二醇单丁醚	8	6	8	硼酸 MEA 酯	2	1	3
3-甲氧基-3-甲基-1-丁醇	5	4	6	水	80	83	80
2-羟基乙胺	5	6	3				

制备方法 将各组分原料混合均匀即可。

产品应用 本品是一种用于清洗残留锡膏和胶的水基清洗剂。

产品特性

（1）本品能够快速去除钢网和误印板上残留的锡膏和胶，无异味和腐蚀性，没有发生爆炸和燃烧的危险，不会使钢网和线路板损坏，是一种价格合理且性价比高的高性能环保型清洗剂。

（2）采用水基配方，安全、风险低，性能高效，效果显著。

配方38 水基酸性印刷电路板清洗剂

原料配比

原料	配比（质量份）	原料		配比（质量份）
乙醇	33	助剂		5
氢氟酸	4	去离子水		110
月桂醇聚氧乙烯醚	4	助剂	硅烷偶联剂 KH-570	2.5
正丁醇	33		植酸	1.5
乙醇胺	2		丙烯酸甲酯	3.5
柠檬酸	2		聚四氢呋喃醚二醇	2.5
柠檬酸钠	2		双乙酸钠	1.5
过氧单磺酸钾	2		抗氧剂 1035	1.5
苯扎氯铵	1		乙醇	14

制备方法 将去离子水、乙醇、氢氟酸、月桂醇聚氧乙烯醚、正丁醇、乙醇胺、柠檬酸、柠檬酸钠、过氧单磺酸钾、苯扎氯铵混合，以 800～1100r/min 的速度搅拌，以 6～8℃/min 的速率加热到 60～70℃，加入其他剩余成分，继续搅拌 15～20min，即得。

原料介绍 所述助剂制备方法是将硅烷偶联剂 KH-570、植酸、乙醇混合，加热至 60～70℃，搅拌 20～30min 后，再加入其他剩余成分，升温至 80～85℃，搅拌 30～40min，即得。

产品特性

（1）本品呈弱酸性，表面活性剂复配性能好，缓冲效果好，清洗速度快，清洁彻底，腐蚀性小，提高了清洗效率。

（2）本品的助剂能够在电路板表面形成保护膜，隔绝空气，防止大气中水及其他分子腐蚀电路板，抗氧化，防短路，方便下一步制作工艺进行。

配方39　水基乙醇电路板清洗剂

原料配比

原料	配比（质量份）		原料	配比（质量份）
三聚磷酸钠	4		去离子水	110
椰油酸烷醇酰胺	2		硅烷偶联剂 KH-570	2.5
吐温-80	4		植酸	1.5
山梨酸钙	2	助剂	甲基丙烯酸甲酯	3.5
次氯酸钠	1.5		2-氨乙基十七烯基咪唑啉	1.5
乙醇	35		抗氧剂 1035	1.5
助剂	4.5		乙醇	16

制备方法　将去离子水、三聚磷酸钠、椰油酸烷醇酰胺、吐温-80、山梨酸钙、次氯酸钠、乙醇混合，以 1000～1200r/min 的速度搅拌，以 6～8℃/min 的速率加热到 60～70℃，加入其他剩余成分，继续搅拌 15～20min，即得。

原料介绍　所述助剂制备方法是将硅烷偶联剂 KH-570、植酸、乙醇混合，加热至 60～70℃，搅拌 20～30min 后，再加入其他剩余成分，升温至 80～85℃，搅拌 30～40min，即得。

产品特性

（1）本品增溶效果好，对无机、有机化合物有优异的溶解能力，清洗速度快，清洁彻底，节约清洗剂用量，用后电路板缓蚀效果好，对人体刺激性小，无污染，可直接排放。

（2）本品的助剂能够在电路板表面形成保护膜，隔绝空气，防止大气中水及其他分子腐蚀电路板，抗氧化，防短路，方便下一步制作工艺进行。

配方40　水基印刷电路板焊药清洗剂

原料配比

原料	配比（质量份）		原料	配比（质量份）
乙醇	35		去离子水	110
脂肪醇聚氧乙烯聚氧丙烯醚	3.5		硅烷偶联剂 KH-570	2.5
油醇聚氧乙烯醚硫酸钠	5.6		植酸	1.5
脂肪醇聚氧乙烯醚硫酸钠	1.5		甲基丙烯酸甲酯	3.5
草酸	2	助剂	2-氨乙基十七烯基咪唑啉	1.5
苯甲酸钠	7		抗氧剂 1035	1.5
丙二醇	11		乙醇	16
助剂	5			

制备方法　将去离子水、乙醇、脂肪醇聚氧乙烯聚氧丙烯醚、油醇聚氧乙烯醚硫酸钠、脂肪醇聚氧乙烯醚硫酸钠、苯甲酸钠、丙二醇混合，以 1000～1200r/min 的速度搅拌，以 6～8℃/min 的速率加热到 60～70℃，加入其他剩余成分，继续搅拌 15～20min，即得。

原料介绍　所述助剂制备方法是将硅烷偶联剂 KH-570、植酸、乙醇混合，加热至 60～70℃，搅拌 20～30min 后，再加入其他剩余成分，升温至 80～85℃，搅拌 30～40min，即得。

产品特性

(1) 本品使用多种表面活性剂，协同效应好，配合使用醇类有机溶剂，能够快速、高效去除焊药、松香等有机、无机物，腐蚀性小，提高了电路板的成品率。

(2) 本品的助剂能够在电路板表面形成保护膜，隔绝空气，防止大气中水及其他分子腐蚀电路板，抗氧化，防短路，方便下一步制作工艺进行。

配方41　水基印刷电路板极性物质清洗剂

原料配比

原料	配比（质量份）		原料	配比（质量份）
二氯五氟丙烷	32		助剂	4.5
二甲基硅油	12		去离子水	110
椰油酸钠	13		硅烷偶联剂 KH-570	2.6
烷基苯磺酸钠	2.5		植酸	1.6
肉豆蔻酸异丙酯	3.5		甲基丙烯酸正丁酯	3.6
丙二醇	36	助剂	2,4,6-三（二甲氨基甲基）苯酚	1.6
碳酸钠	3.5		苯甲酸单乙醇胺	2.6
葡糖酸	2.6		抗氧剂 1035	1.6
乙醇	26		乙醇	16

制备方法　将去离子水、二甲基硅油、椰油酸钠、烷基苯磺酸钠、肉豆蔻酸异丙酯、丙二醇、碳酸钠、葡糖酸、乙醇混合，以 800～1100r/min 的速度搅拌，以 6～8℃/min 的速率加热到 50～60℃，加入其他剩余成分，继续搅拌 15～20min，即得。

原料介绍　所述助剂制备方法是将硅烷偶联剂 KH-570、植酸、乙醇混合，加热至 60～70℃，搅拌 20～30min 后，再加入其他剩余成分，升温至 80～85℃，搅拌 30～40min，即得。

产品特性

(1) 本品使用二氯五氟丙烷、丙二醇等，添加多种表面活性剂，与水形成乳液，对松香、有机化合物有优异的溶解能力，而且对极性物质有优异的清洗效果，可以实现无死角清洗，适用于高精密电路板清洗。

(2) 本品的助剂能够在电路板表面形成保护膜，隔绝空气，防止大气中水及其他分子腐蚀电路板，抗氧化，防短路，方便下一步制作工艺进行。

配方42　水基印刷电路板清洗剂

原料配比

原料	配比（质量份）		原料	配比（质量份）
棕榈油脂肪酸甲酯磺酸钠	4		去离子水	110
柠檬酸	4		硅烷偶联剂 KH-570	2.6
月桂醇	7		植酸	1.6
丙二醇	22		甲基丙烯酸正丁酯	3.6
乙醇	33	助剂	2,4,6-三(二甲氨基甲基)苯酚	1.6
N-酰基甲基牛磺酸钠	1.5		苯甲酸单乙醇胺	2.6
烷基硫酸酯	5		抗氧剂 1035	1.6
助剂	4		乙醇	16

制备方法　将去离子水、棕榈油脂肪酸甲酯磺酸钠、月桂醇、丙二醇、乙醇、N-酰基甲基牛磺酸钠、烷基硫酸酯混合，以 800～1100r/min 的速度搅拌，以 6～8℃/min 的速率加热到 50～60℃，加入其他剩余成分，继续搅拌 15～20min，即得。

原料介绍　所述助剂制备方法是将硅烷偶联剂 KH-570、植酸、乙醇混合，加热至 60～70℃，搅拌 20～30min 后，再加入其他剩余成分，升温至 80～85℃，搅拌 30～40min，即得。

产品特性

（1）本清洗剂呈弱酸性，表面活性剂复配性能好，能够实现全方位无死角清洗，且腐蚀小，环保无污染，真正无毒，对人体无刺激，对松香、有机化合物有优异的溶解能力，清洗效果好；而且水基清洗剂成本低，市场前景好。

（2）本品的助剂能够在电路板表面形成保护膜，隔绝空气，防止大气中水及其他分子腐蚀电路板，抗氧化，防短路，方便下一步制作工艺进行。

配方43　水基印刷电路板锡膏清洗剂

原料配比

原料	配比（质量份）		原料	配比（质量份）
脂肪醇聚氧乙烯醚	4		助剂	4.5
异丙基苯磺酸钠	3		去离子水	110
椰子油脂肪酸二乙醇酰胺	5.4		硅烷偶联剂 KH-570	2.5
乙醇	44		植酸	1.5
吐温-80	4		甲基丙烯酸甲酯	3.5
月桂醇	4.6	助剂	2-氨乙基十七烯基咪唑啉	1.5
苹果酸钠	2.5		抗氧剂 1035	1.5
乙酸	2.5		乙醇	16

制备方法 将去离子水、脂肪醇聚氧乙烯醚、异丙基苯磺酸钠、椰子油脂肪酸二乙醇酰胺、乙醇、吐温-80、月桂醇、苹果酸钠、乙酸混合，以 1000～1200r/min 的速度搅拌，以 6～8℃/min 的速率加热到 60～70℃，加入其他剩余成分，继续搅拌 15～20min，即得。

原料介绍 所述助剂制备方法是将硅烷偶联剂 KH-570、植酸、乙醇混合，加热至 60～70℃，搅拌 20～30min 后，再加入其他剩余成分，升温至 80～85℃，搅拌 30～40min，即得。

产品特性

(1) 本品增溶性强，抗静电，防腐蚀，pH 缓冲效果好，表面活性剂复配效果明显，可快速去除印刷电路板上多余的锡膏、黏合剂以及溶剂，损耗更少，印刷质量更好，降低了成本、节约了时间，从而大大减小废品率，以及更快地制造出数量更多的、质量更好的印刷电路板。

(2) 本品的助剂能够在电路板表面形成保护膜，隔绝空气，防止大气中水及其他分子腐蚀电路板，抗氧化，方便下一步制作工艺进行。

配方44 水溶性电路板清洗剂

原料配比

原料	配比(质量份)		原料	配比(质量份)
二乙醇胺	1.5		聚氧丙烯聚氧乙烯丙二醇醚	3.4
葡萄糖酸锌	1.5		助剂	4.5
丁醇	21		去离子水	110
2-乙基己醇	14	助剂	硅烷偶联剂 KH-570	2.5
OP-10	2.5		柠檬酸	2.5
椰子油脂肪酸二乙醇酰胺	5		二正辛基-4-异噻唑啉-3-酮	1.5
蔗糖脂肪酸酯	5		甲基丙烯酸-2-羟基乙酯	2.5
草酸	1.5		苯甲酸钠	1.5
碳酸氢钠	6		抗氧剂 1035	1.5
二乙二醇单甲醚	5		乙醇	17

制备方法 将去离子水、二乙醇胺、葡萄糖酸锌、丁醇、2-乙基己醇、椰子油脂肪酸二乙醇酰胺、蔗糖脂肪酸酯、二乙二醇单甲醚、聚氧丙烯聚氧乙烯丙二醇醚混合，以 1000～1300r/min 的速度搅拌，以 6～8℃/min 的速率加热到 60～70℃，加入其他剩余成分，继续搅拌 20～25min，即得。

原料介绍 所述助剂制备方法是将硅烷偶联剂 KH-570、柠檬酸、乙醇混合，加热至 60～70℃，搅拌 20～30min 后，再加入其他剩余成分，升温至 80～85℃，搅拌 30～40min，即得。

产品特性

(1) 本品具有无腐蚀、环保、清洗速度快、清洁彻底的优点；成本低，对人体皮肤刺激性小，焊药、松香、有机污染物均能被快速清除，不会引起短路。

（2）本品的助剂能够在电路板表面形成保护膜，隔绝空气，防止大气中水及其他分子腐蚀电路板，抗氧化，防短路，方便下一步制作工艺进行，并延长电路板使用寿命。

配方45　水溶性印刷电路板清洗剂

原料配比

原料	配比（质量份）		原料	配比（质量份）
甲醇	32		去离子水	110
丙酮	23		硅烷偶联剂 KH-570	2.6
丁二醇	34		植酸	1.6
蔗糖脂肪酸酯	12		甲基丙烯酸正丁酯	3.6
乙醇	46	助剂	2,4,6-三（二甲氨基甲基）苯酚	1.6
脂肪醇聚氧乙烯醚硫酸钠	3.4			
亚磷酸二正丁酯	4.5		苯甲酸单乙醇胺	2.6
薄荷醇	1.5		抗氧剂 1035	1.6
助剂	4.6		乙醇	16

制备方法　将去离子水、甲醇、丙酮、丁二醇、蔗糖脂肪酸酯、乙醇、脂肪醇聚氧乙烯醚硫酸钠、亚磷酸二正丁酯、薄荷醇混合，以 $800\sim1100r/min$ 的速度搅拌，以 $6\sim8℃/min$ 的速率加热到 $50\sim60℃$，加入其他剩余成分，继续搅拌 $15\sim20min$，即得。

原料介绍　所述助剂制备方法是将硅烷偶联剂 KH-570、植酸、乙醇混合，加热至 $60\sim70℃$，搅拌 $20\sim30min$ 后，再加入其他剩余成分，升温至 $80\sim85℃$，搅拌 $30\sim40min$，即得。

产品特性

（1）本品为弱碱性水溶性清洗剂，对有机物和无机物均有优异的清除效果，腐蚀性小，不腐蚀设备，且不易损坏电路芯片表面，便于废弃清洗剂的处理、排放，符合环境保护的要求。

（2）本品的助剂能够在电路板表面形成保护膜，隔绝空气，防止大气中水及其他分子腐蚀电路板，抗氧化，防短路，方便下一步制作工艺进行。

配方46　水乳型印刷电路板清洗剂

原料配比

原料	配比（质量份）	原料	配比（质量份）
乙酸丁酯	22	十二烷基二甲基苄基氯化铵	4.5
乙醇	32	脂肪醇聚氧乙烯醚硫酸钠	4.5
正辛烷	11	柠檬酸	2.5
丙二醇丁醚	9	二甲苯磺酸钠	1.6

原料	配比(质量份)	原料		配比(质量份)
环己酮	5		二正辛基-4-异噻唑啉-3-酮	1.5
甲基吡咯烷酮	2.5		甲基丙烯酸-2-羟基乙酯	2.5
助剂	4.5	助剂	苯甲酸钠	1.5
去离子水	110		抗氧剂1035	1.5
助剂 硅烷偶联剂 KH-570	2.5		乙醇	17
柠檬酸	2.5			

制备方法 将去离子水、乙醇、十二烷基二甲基苄基氯化铵、脂肪醇聚氧乙烯醚硫酸钠、柠檬酸、二甲苯磺酸钠混合,以1000～1300r/min的速度搅拌,以6～8℃/min的速率加热到60～70℃,加入其他剩余成分,继续搅拌20～25min,即得。

原料介绍 所述助剂制备方法是将硅烷偶联剂KH-570、柠檬酸、乙醇混合,加热至60～70℃,搅拌20～30min后,再加入其他剩余成分,升温至80～85℃,搅拌30～40min,即得。

产品特性

(1) 该清洗剂具有清洁彻底等优点。

(2) 本品使用阴离子、非离子、阳离子等多种表面活性剂,与水形成乳液,对松香、焊药、有机化合物有优异的溶解能力,清洗速度快,成本低,对臭氧层无损害,pH值7～8,低毒,对人体皮肤刺激性很小。

(3) 本品的助剂能够在电路板表面形成保护膜,隔绝空气,防止大气中水及其他分子腐蚀电路板,抗氧化,防短路,方便下一步制作工艺进行。

配方47 水性计算机印刷电路板清洗剂

原料配比

原料	配比(质量份)	原料		配比(质量份)
碳酸钠	2.5		去离子水	110
草酸	2.5		硅烷偶联剂 KH-570	2.5
1,4-丁二酸磺酸钠	3		植酸	1.5
脂肪醇聚氧乙烯醚硫酸钠	3		丙烯酸甲酯	3.5
油酸	2.6	助剂	聚四氢呋喃醚二醇	2.5
二壬基萘磺酸钡	1.4		双乙酸钠	1.5
硫酸铜	1.6		抗氧剂1035	1.5
助剂	5		乙醇	14

制备方法 将去离子水、碳酸钠、1,4-丁二酸磺酸钠、脂肪醇聚氧乙烯醚硫酸钠、油酸、二壬基萘磺酸钡混合,以800～1100r/min的速度搅拌,以6～8℃/min的速率加热到60～70℃,加入其他剩余成分,继续搅拌15～20min,即得。

原料介绍 所述助剂制备方法是将硅烷偶联剂KH-570、植酸、乙醇混合,加热至 60～70℃，搅拌 20～30min 后，再加入其他剩余成分，升温至 80～85℃，搅拌 30～40min，即得。

产品特性

（1）本品的多种表面活性剂复配性好，清洁效果佳，无残留；防腐蚀，对铜电路板有保护作用；成本低，对环境友好，无污染，可直接排放。

（2）本品的助剂能够在电路板表面形成保护膜，隔绝空气，防止大气中水及其他分子腐蚀电路板，抗氧化，防短路，方便下一步制作工艺进行。

配方48　水性线路板清洗剂

原料配比

原料		配比（质量份）			
		1#	2#	3#	4#
螯合剂	葡糖糖酸钠	1	—	0.5	1
	乙二胺四乙酸	—	1.5	0.5	—
	酒石酸钾钠	—	—	0.3	—
去离子水		45	30	30.7	37.5
脂肪醇聚氧乙烯醚		3	8	5.5	3
助溶剂	三乙醇胺	5	—	—	7
	乙酰胺	—	10	—	—
	苯甲酸	—	—	7.5	—
3-甲氧基-3-甲基-1-丁醇		25	30.5	35	28.5
二甘醇丁醚		19	15	17.5	20
异丙醇		2	5	2.5	3

制备方法

（1）取 1～1.5 份螯合剂与 30～45 份去离子水混合，并加热至 40～45℃，搅拌 6～12min。

（2）冷却至 28～31℃。

（3）加入 3～8 份脂肪醇聚氧乙烯醚，控制脂肪醇聚氧乙烯醚的加入速度为 0.05 份/min，并且持续搅拌；反应温度始终控制在 28～31℃。

（4）加入 3～10 份助溶剂，再加入 25～35 份 3-甲氧基-3-甲基-1-丁醇；反应温度始终控制在 28～31℃。

（5）继续加入 15～20 份二甘醇丁醚，再加入 2～3 份助溶剂；反应温度始终控制在 28～31℃。

（6）加入 2～5 份异丙醇，继续搅拌 1h，静置 10～15min，得到透明溶液。得到的透明溶液的 pH 值为 7～7.5。反应温度始终控制在 28～31℃。

产品特性

（1）本品绿色环保，无色无味，使用方便简单，加热浸泡或超声处理都可以。

（2）使用时可兑水稀释 3～6 倍，性价比极高，成本为传统溶剂清洗剂的 30%～

40%，并且可再生使用，清洗周期长。

（3）原材料易得，大多为清洗行业常用原材料。

（4）清洗力强，清洗后的产品不发白、无残留、无味，对金属无腐蚀，对大多数塑料材质无溶解作用。

（5）产品温和，呈中性，对工人无任何危害，无闪点，不燃烧，没有任何安全隐患。

配方49　水性印刷电路板清洗剂

原料配比

原料	配比（质量份）	原料		配比（质量份）
十二烷基苯磺酸	4	去离子水		110
三乙醇胺	2	硅烷偶联剂 KH-570		2.5
3,4-二甲苯磺酸铵	3	植酸		1.5
丁二酸二辛酯磺酸钠	3	丙烯酸甲酯		3.5
乙醇	43	助剂	聚四氢呋喃醚二醇	2.5
棕榈酸	2	双乙酸钠		1.5
乙二胺四乙酸二钠	2	抗氧剂 1035		1.5
助剂	4	乙醇		14

制备方法　将去离子水、十二烷基苯磺酸、3,4-二甲苯磺酸铵、丁二酸二辛酯磺酸钠、乙醇、棕榈酸、乙二胺四乙酸二钠混合，以 800～1100r/min 的速度搅拌，以 6～8℃/min 的速率加热到 60～70℃，加入其他剩余成分，继续搅拌 15～20min，即得。

原料介绍　所述助剂制备方法是将硅烷偶联剂 KH-570、植酸、乙醇混合，加热至 60～70℃，搅拌 20～30min 后，再加入其他剩余成分，升温至 80～85℃，搅拌 30～40min，即得。

产品特性

（1）本品渗透性好，可以实现无死角清洗，对松香、焊药、有机物、无机物均有优异的清洗能力，且缓蚀效果好，成本低，对环境无污染、对人体无毒，适用于多种电路板的清洗。

（2）本品的助剂能够在电路板表面形成保护膜，隔绝空气，防止大气中水及其他分子腐蚀电路板，抗氧化，防短路，方便下一步制作工艺进行。

配方50　通信设备清洗剂

原料配比

原料	配比（质量份）			原料	配比（质量份）		
	1#	2#	3#		1#	2#	3#
正溴丙烷主溶剂	70	75	72.5	稳定剂	3	8	5.5
正己烷	15	20	17.5	抑制剂	2	4	3

制备方法 分别按照质量份取主溶剂正溴丙烷与正己烷放在搅拌槽中，充分混合搅拌30min，继续搅拌10min后放入相应质量份稳定剂无水乙醇或丙二醇丁醚，搅拌12min后放入相应质量份的抑制剂双癸二醚脂，将搅拌后的混合溶剂放入养护罐中养护24h后灌装即得成品。

原料介绍 所述稳定剂为无水乙醇或丙二醇丁醚；所述抑制剂为双癸二醚酯。

产品特性 该清洗剂含微量ODS，对大气臭氧层没有破坏作用。本品中的正溴丙烷为主溶剂，有很强的溶解油脂的能力，ODP值为0.002～0.027，对大气无污染，并且与其他溶剂混合后清洗效果更佳。

配方51 微通道板清洗剂

原料配比

原料	配比（质量份）	原料	配比（质量份）
直链或支链低级脂肪醇	10	异构脂肪醇烷氧基化物	10
聚乙二醇三甲基壬基醚	10	超临界CO_2和去离子水的混合溶剂	加至100

制备方法 在超临界CO_2和去离子水的混合溶剂中加入10％直链或支链低级脂肪醇，10％聚乙二醇三甲基壬基醚和10％异构脂肪醇烷氧基化物。

原料介绍 所述超临界是温度高于31.1℃、压力大于$7.4×10^6$ Pa时的状态。

产品应用 本品主要用于半导体电子器件的清洗，是一种微通道板清洗剂。

清洗剂的使用方法：

（1）将所述微通道板升温至1000℃，采用H_3PO_4清洗2min；

（2）在500℃和20MPa下，采用所述清洗剂清洗10min；

（3）在20～25℃下，采用V（HF）：V（H_2O）＝1：2的溶液清洗2min；

（4）采用超纯水进行彻底清洗。

所述微通道板包括：成分是铅硅酸盐玻璃的皮料和成分是镧系硼硅酸盐玻璃的芯料。

产品特性

（1）本品采用超临界CO_2和去离子水，清洁无污染、没有腐蚀性，去污能力强。同时多种制剂的使用有利于材质的保护和前期加工中污点的有效去除。

（2）处于超临界状态的CO_2表面张力几乎为零，很容易渗入细孔和沟槽中，对不规则及高纵横比的器件清洗能力强，并且没有腐蚀性，不会造成材料损失。

（3）含有的10％直链或支链低级脂肪醇、10％聚乙二醇三甲基壬基醚和10％异构脂肪醇烷氧基化物也增加了清洁剂的活性，去污能力加强，且可更有效地保护微通道板。

配方52　无线电设备元件清洗剂

原料配比

原料	配比（质量份）			原料	配比（质量份）		
	1#	2#	3#		1#	2#	3#
烷基苯磺酸钠（C$_{12}$）	0.6	0.5	0.8	三聚磷酸钠	2	1.5	2.5
亚甲基二萘磺酸二钠	1.8	1.5	2.0	硅酸钠	0.80	0.37	1.2
氢氧化钾	0.9	0.8	1.0	水	加至100	加至100	加至100

制备方法　将各组分原料混合均匀即可。

原料介绍　所述烷基苯磺酸钠为 C$_{10\sim14}$ 烷基苯磺酸钠。

产品特性　本品清除松香等污染物效果好，也不会使电阻下降，可以提高无线电设备的可靠性和耐用性。

配方53　线路板清洗剂

原料配比

原料	配比（质量份）					原料	配比（质量份）				
	1#	2#	3#	4#	5#		1#	2#	3#	4#	5#
环己烷	50	65	80	60	70	二乙二醇单丁醚	1	3	5	2	4
二丙酮醇	10	15	30	12	25	无水乙醇	5	15	20	8	18

制备方法

（1）按所述原料配比称取各种原料；

（2）将步骤（1）称取的各种原料混合搅拌均匀，制得线路板清洗剂。

原料介绍　所述无水乙醇的浓度为 99.5%。

产品特性

（1）本品不含氯离子等卤素，对水源、空气和土壤均无污染，不会对大气臭氧层造成损害，排放的废液可被微生物降解，属于环保型清洗剂，能够快速除去油污、焊锡、松香等物质，尤其适用于特殊类型电子产品的电子线路板的清洗，不仅保证了良好的清洗速度跟清洗效果，而且清洗后电子线路板的焊点光亮、美观，无发白现象，多次使用安全有效、成本低。

（2）本品不含三氯乙烯、二氯甲烷等有毒有害和易燃易爆的危险化学品，属于低毒型清洗剂，对人体危害小。

（3）本品制备方法、操作简单，所需设备少，原料易得，易于制备，生产成本低，有利于普遍推广应用。

配方54 印刷电路板清洗剂（一）

原料配比

原料	配比(质量份)		原料	配比(质量份)
乙醇	36		去离子水	110
EDTA 二钠	3		硅烷偶联剂 KH-570	2.5
三乙醇胺	2		植酸	1.5
柠檬酸	3		丙烯酸甲酯	3.5
丙二醇	23	助剂	聚四氢呋喃醚二醇	2.5
月桂醇硫酸钠	1		双乙酸钠	1.5
4-甲基水杨酸	2		抗氧剂 1035	1.5
硼酸	2		乙醇	14
助剂	4			

制备方法 将去离子水、乙醇、EDTA 二钠、三乙醇胺、柠檬酸、丙二醇、月桂醇硫酸钠、4-甲基水杨酸混合，以 800～1100r/min 的速度搅拌，以 6～8℃/min 的速率加热到 60～70℃，加入其他剩余成分，继续搅拌 15～20min，即得。

原料介绍 所述助剂制备方法是将硅烷偶联剂 KH-570、植酸、乙醇混合，加热至 60～70℃，搅拌 20～30min 后，再加入其他剩余成分，升温至 80～85℃，搅拌 30～40min，即得。

产品特性

（1）本品制备方法简单，对环境无不利影响，表面去污力强，可保持清洁度的持久性，提高了清洗速度和耐用性能，且对金属离子有较强的清洗作用，从而提高了电路板的后续使用性能。

（2）本品的助剂能够在电路板表面形成保护膜，隔绝空气，防止大气中水及其他分子腐蚀电路板，抗氧化，防短路，方便下一步制作工艺进行。

配方55 印刷电路板清洗剂（二）

原料配比

原料	配比(质量份)		原料	配比(质量份)
芥酸	4		助剂	5
白油	3		去离子水	180
十二烷基甜菜碱	3		硅烷偶联剂 KH-570	2.5
脂肪醇聚氧乙烯醚	5		植酸	1.5
硼酸钠	3		丙烯酸甲酯	3.5
椰油酸烷醇酰胺磷酸酯	3	助剂	聚四氢呋喃醚二醇	2.5
柠檬酸	2		双乙酸钠	1.5
脂肪醇聚氧乙烯醚（AEO-3）	2		抗氧剂 1035	1.5
乙醇	30		乙醇	14

制备方法 将各原料混合，以 1000～1200r/min 的速度搅拌，加热到 60～70℃，搅拌 45～60min，即得。

原料介绍 所述助剂制备方法是将硅烷偶联剂 KH-570、植酸、乙醇混合，加热至 60～70℃，搅拌 20～30min 后，再加入其他剩余成分，升温至 80～85℃，搅拌 30～40min，即得。

产品特性

(1) 本品具有高效、彻底清洗的功效，配合使用多种表面活性剂，配伍性好，清洁效果大大增强，加快了清洗效率，节约了清洗成本，增加了经济效益。

(2) 本品的助剂能够在电路板表面形成保护膜，抗氧化，防短路。

配方56 印刷电路板水性清洗剂

原料配比

原料	配比（质量份）		原料	配比（质量份）
羟乙基纤维素	1.5		硅烷偶联剂 KH-570	2.5
丙二胺四乙酸	4.5		植酸	1.5
十二烷基硫酸钠	2.7		丙烯酸甲酯	3.5
羟甲基纤维素	2	助剂	聚四氢呋喃醚二醇	2.5
柠檬酸钠	2		双乙酸钠	1.5
脂肪醇聚氧乙烯醚硫酸钠	3.6		抗氧剂 1035	1.5
助剂	5		乙醇	14
去离子水	110			

制备方法 将去离子水、羟乙基纤维素、丙二胺四乙酸、十二烷基硫酸钠、羟甲基纤维素、柠檬酸钠、脂肪醇聚氧乙烯醚硫酸钠混合，以 1000～1200r/min 的速度搅拌，以 6～8℃/min 的速率加热到 60～70℃，加入其他剩余成分，继续搅拌 15～20min，即得。

原料介绍 所述助剂制备方法是将硅烷偶联剂 KH-570、植酸、乙醇混合，加热至 60～70℃，搅拌 20～30min 后，再加入其他剩余成分，升温至 80～85℃，搅拌 30～40min，即得。

产品特性

(1) 本品的表面活性剂配伍性好，pH 缓冲性能好，腐蚀性小，有优异的全方位无死角清洗功能，无毒无污染，且成本低，广泛用于各种电路板的清洗。

(2) 本品的助剂能够在电路板表面形成保护膜，隔绝空气，防止大气中水及其他分子腐蚀电路板，抗氧化，防短路，方便下一步制作工艺进行。

(3) 该清洗剂用于清洗铜印刷电路板，经过检测，表面洁净，无明显松香、焊锡、油污、指纹等污染物，清洗溶液电阻率大于 $2×10^6 \Omega \cdot cm$，一次通过率达到 82%，优于正常水平。

配方57　印刷线路板水性清洗剂

原料配比

原料		配比（质量份）		
		1#	2#	3#
氨基磺酸		40	4	6
柠檬酸		10	4	3
抗氧化剂	抗坏血酸	—	1	1
	植酸	15	—	1.4
乙氧基化烷基硫酸钠		20	3	3.5
仲烷基磺酸钠		15	2	2.5
非离子表面活性剂	烷基糖苷磷酸酯盐	10	1	1.5
铜缓蚀剂		1	0.05	1.0
水		390	85	81

制备方法　在搅拌的条件下，将氨基磺酸和柠檬酸溶解于水中，于10～30℃下，保持搅拌，再依次加入抗氧化剂、乙氧基化烷基硫酸钠、仲烷基磺酸钠、非离子表面活性剂和铜缓蚀剂，继续搅拌待各组分溶解后，停止搅拌，过滤即可得产品。

产品特性　本品是印刷线路板在印刷之前使用的水性清洗剂，具有清洗干净、减少了溶剂和改善了工作环境等优点。

配方58　印制线路板清洗剂

原料配比

原料		配比（质量份）								
		1#	2#	3#	4#	5#	6#	7#	8#	9#
分散剂	二丙二醇甲醚	300	300	30	—	—	—	15	10	25
	异丙醇	—	—	—	20	—	—	—	10	—
	三丙二醇甲醚	—	—	—	—	55	25	30	—	25
脂肪酸甲酯乙氧基化物（FMEE）		26	32.6	2	1.2	5	1.8	3	1.5	4.5
椰油酸二乙醇酰胺		26	26	2.5	1.5	5.5	2	3	1	5
十二烷基磺酸钠		5	5	0.5	10	2.2	0.1	2	1.5	2.5
洗涤助剂	碳酸钠	5	6.4	1	0.3	7.5	1.7	4.3	5	3
	硅酸钠	5	5	0.5	0.5	2	0.8	2.2	3	2
去离子水		1700	1700	170	50	450	100	300	400	500
聚乙烯吡咯烷酮（PVP）		—	—	—	—	—	—	—	6.5	9
十二烷基硫酸钠		—	—	—	—	—	—	—	4	8
葡萄糖酸钠		—	—	—	—	—	—	—	1.5	7

制备方法　在常温和常压下将各组分混合均匀，即得印制线路板清洗剂。

产品应用　向超声波清洗机中加入所述印制线路板清洗剂，然后将印制线路板放入超声波清洗机中清洗，清洗时间为5～30min，清洗温度为30～50℃，清洗完成后取出。

产品特性

（1）本品采用的组分毒性低，制得的清洗剂透明、澄清、无异味，具有低毒、对环境友好、浊点高、流动性能低、黏度低、表面张力低的特点，提高了清洗印制线路板的效率。

（2）在不添加消泡剂的前提下，本品通过各组分的相互配合，同样具备低泡性能，在清洗过程中减少了泡沫的产生，有利于清洗印制线路板，对环境更加友好，同时降低了生产成本。

（3）在常温常压下将各组分混合均匀即可，制备方便、高效，适于工业化大规模生产。

配方59　用于集成电路衬底硅片的清洗剂

原料配比

原料	配比（质量份）	原料		配比（质量份）
乌洛托品	3.5	助剂		4.5
柠檬酸钠	2.5	去离子水		110
碳酸钠	1.5		硅烷偶联剂 KH-570	2.5
纤维素酶	2.5		植酸	1.5
硫代琥珀酸钠	3.5	助剂	吗啉	3.5
乙醇	35		甲基丙烯酸-2-羟基乙酯	3.5
正丁醇	4.5		抗氧剂 1035	1.5
月硅酸聚氧乙烯酯	1.5		乙醇	14
月桂醇聚氧乙烯醚	4			

制备方法　将去离子水、柠檬酸钠、碳酸钠、硫代琥珀酸钠、乙醇、正丁醇、月硅酸聚氧乙烯酯、月桂醇聚氧乙烯醚混合，以 1000～1200r/min 的速度搅拌，以 6～8℃/min 的速率加热到 60～70℃，再冷却到 35℃ 以下，加入其他剩余成分，继续搅拌 15～20min，即得。

原料介绍　所述助剂制备方法是将硅烷偶联剂 KH-570、植酸、乙醇混合，加热至 60～70℃，搅拌 20～30min 后，再加入其他剩余成分，升温至 80～85℃，搅拌 30～40min，即得。

产品应用　本品是一种用于集成电路衬底硅片的清洗剂。

产品特性

（1）本品的表面活性剂协同效应好，对有机物、金属离子溶解能力强，对无机物清除能力强，对氧化膜清除效果好，清洗彻底，腐蚀性小，适用于集成电路衬底硅片清洗。

（2）本品的助剂能够在硅片表面形成保护膜，隔绝空气，防止大气中水及其他分子腐蚀硅片，抗氧化，方便下一步制作工艺进行。

（3）该清洗剂用于清洗集成电路衬底硅片，洗净率为 99.5%，洗净后硅片表面不会残留不溶物，不产生新污染，不影响产品的质量，表面干净，色泽一致，无花斑。

8

印刷工业清洗剂

配方1　安全环保的油墨清洗剂

原料配比

原料	配比(质量份)	原料		配比(质量份)
聚氧乙烯失水山梨醇脂肪酸酯	4	椰油脂肪酸		4
聚氧乙烯蓖麻油	4	妥尔油脂肪酸		2
丙酮	6	助剂		4
乙酸乙酯	4	水		100
葡萄糖酸钠	2		硅烷偶联剂 KH-570	3
三乙醇胺	1		蓖麻油酸	3
肉豆蔻酸异丙酯	3	助剂	2-氨基-2-甲基-1-丙醇	1
聚二甲基硅氧烷	1		聚氧乙烯山梨醇酐单油酸酯	3
2-噁唑烷酮	1		抗氧剂 1035	1
硫酸镁	4		乙醇	12

制备方法

（1）在室温下将聚氧乙烯蓖麻油、丙酮、乙酸乙酯、葡萄糖酸钠、三乙醇胺、硫酸镁加入混合釜中，将一半量的水加热至 60～75℃后加入混合釜中，搅拌至完全溶解；

（2）将聚氧乙烯失水山梨醇脂肪酸酯、肉豆蔻酸异丙酯、聚二甲基硅氧烷、2-噁唑烷酮、妥尔油脂肪酸加入混合釜中，加入余量的水，以 1200～1300r/min 的速度搅拌 3～5min；

（3）最后将其余成分加入混合釜中，搅拌均匀，自然冷却即可。

原料介绍　所述助剂制备方法是将硅烷偶联剂 KH-570、蓖麻油酸、乙醇混合，加热至 60～70℃，搅拌 20～30min 后，再加入其他剩余成分，升温至 80～85℃，搅拌 30～ 40min，即得。

产品应用　将涂有油墨的不锈钢金属薄片置于盛有清洗剂的烧杯中，在 25℃下浸泡 5min 后，再匀速振荡 5min，去污率为 91.4%，清洗能力良好。

产品特性　本品添加助剂，改善了清洗剂的工艺性能，减小了毒副作用和对环境的污染；本品对油墨有优良的溶解、稀释能力，无毒，不挥发，对人体无害，不具有腐蚀性，制作成本低，使用方便。与汽油、煤油相比，此清洗剂可使胶皮布使用寿命延长 2 年，墨辊使用寿命延长 3 年。

配方2　对设备无损伤的油墨清洗剂

原料配比

原料	配比（质量份）		原料	配比（质量份）
壬基酚聚氧乙烯醚	5		蓖麻油酸	2
磺酸钠	2		助剂	4
三乙醇胺	1		水	100
草酸	2		硅烷偶联剂 KH-570	3
柠檬烯	3		蓖麻油酸	2
茶皂素	1		茶多酚	2
钨酸钠	1	助剂	单硬脂酸甘油酯	4
乌洛托品	2		新戊二醇	4
重铬酸钠	1		对叔丁基苯甲酸	4
月桂基硫酸钠	1		抗氧剂 1035	1
三聚磷酸钠	1		乙醇	15

制备方法

（1）在室温下将三乙醇胺、草酸、柠檬烯、茶皂素、钨酸钠、乌洛托品、重铬酸钠加入混合釜中，将一半量的水加热至 65～75℃后加入混合釜中，搅拌至完全溶解；

（2）将壬基酚聚氧乙烯醚、磺酸钠、月桂基硫酸钠、三聚磷酸钠、蓖麻油酸加入混合釜中，加入余量的加热至 80～90℃的水，以 1300～1500r/min 的速度搅拌 4～5min；

（3）最后将其余成分加入混合釜中，搅拌均匀，自然冷却即可。

原料介绍　所述助剂制备方法是将硅烷偶联剂 KH-570、蓖麻油酸、乙醇混合，加热至 60～70℃，搅拌 20～30min 后，再加入其他剩余成分，升温至 80～85℃，搅拌 30～40min，即得。

产品应用　将有油墨的不锈钢金属薄片置于盛有清洗剂的烧杯中，在 25℃下浸泡 5min 后，再匀速振荡 5min，去污率为 92.6%，清洗能力良好。

产品特性　本品添加助剂，改善了清洗剂的工艺性能，减小了毒副作用和对环境的污染；本品清洗能力强，无毒，不挥发，对人体无害，对印刷设备无损伤、无腐蚀，制作成本低，安全环保，应用前景广泛。与汽油、煤油相比，此清洗剂可使胶皮布使用寿命延长 2 年，墨辊使用寿命延长 2 年。

配方3　高效节能的油墨清洗剂

原料配比

原料	配比（质量份）		原料	配比（质量份）
油酸	3		月桂醇聚氧乙烯醚	8
丙二醇	10		甲基椰油酰基牛磺酸钠	3
三聚硅酸钠	2		二异丙基萘磺酸钠	1
碳酸钠	1		羧甲基纤维素	1

原料	配比(质量份)		原料	配比(质量份)
二甘醇二丁醚	4		甲基丙烯酸-2-羟基乙酯	3
钛酸丁酯	2		新戊二醇	3
助剂	4	助剂	乙酸乙烯酯	2
水	100		抗氧剂 1035	3
助剂	硅烷偶联剂 KH-570	2	乙醇	14
	蓖麻油酸	3		

制备方法

(1) 在室温下将油酸、丙二醇、三聚硅酸钠、碳酸钠加入混合釜中,将一半量的水加热至 65～75℃后加入混合釜中,搅拌至完全溶解;

(2) 将月桂醇聚氧乙烯醚、甲基椰油酰基牛磺酸钠、二异丙基萘磺酸钠、羧甲基纤维素、二甘醇二丁醚、钛酸丁酯加入混合釜中,加入余量的加热至 80～90℃的水,以 1300～1400r/min 的速度搅拌 4～6min;

(3) 最后将剩余成分加入混合釜中,搅拌均匀,自然冷却即可。

原料介绍 所述助剂制备方法是将硅烷偶联剂 KH-570、蓖麻油酸、乙醇混合,加热至 60～70℃,搅拌 20～30min 后,再加入其他剩余成分,升温至 80～85℃,搅拌 30～40min,即得。

产品应用 将有油墨的不锈钢金属薄片置于盛有清洗剂的烧杯中,在 25℃下浸泡 5min 后,再匀速振荡 5min,去污率为 93.5%,清洗能力良好。

产品特性 本品添加助剂,改善了清洗剂的工艺性能,减小了毒副作用和对环境的污染;本品高效节能,清洗能力强,去污效率高,无毒,不挥发,对人体无害,不具有腐蚀性,制作成本低,对印刷机胶辊损伤作用小,使用方便。与汽油、煤油相比,此清洗剂可使胶皮布使用寿命延长 2 年,墨辊使用寿命延长 3 年。

配方4 高效印刷油墨清洗剂

原料配比

原料	配比(质量份)		原料	配比(质量份)
α-蒎烯	4		水	100
壬基酚聚氧乙烯醚	7		硅烷偶联剂 KH-570	3
脂肪醇聚氧乙烯醚	3		蓖麻油酸	2
乙二醇单烷基醚	4		茶多酚	2
聚乙二醇	30		新戊二醇	2
硫化烷基酚钙	1	助剂	对叔丁基苯甲酸	4
环烷酸钠	1		单硬脂酸甘油酯	4
2-巯基苯并噻唑	1		抗氧剂 1035	1
硼酸钠	3		乙醇	15
助剂	4			

制备方法

（1）在室温下将硫化烷基酚钙、环烷酸钠、2-巯基苯并噻唑、硼酸钠加入混合釜中，将一半量的水加热至 65～75℃ 后加入混合釜中，搅拌至完全溶解；

（2）将 α-蒎烯、壬基酚聚氧乙烯醚、脂肪醇聚氧乙烯醚、乙二醇单烷基醚、聚乙二醇加入混合釜中，加入余量的加热至 80～90℃ 的水，以 1400～1600r/min 的速度搅拌 4～6min；

（3）最后将剩余成分加入混合釜中，搅拌均匀，自然冷却即可。

原料介绍 所述助剂制备方法是将硅烷偶联剂 KH-570、蓖麻油酸、乙醇混合，加热至 60～70℃，搅拌 20～30min 后，再加入其他剩余成分，升温至 80～85℃，搅拌 30～40min，即得。

产品应用 将有油墨的不锈钢金属薄片置于盛有清洗剂的烧杯中，在 25℃ 下浸泡 5min 后，再匀速振荡 5min，去污率为 91.3%，清洗能力良好。

产品特性 本品添加助剂，改善了清洗剂的工艺性能，减小了毒副作用和对环境的污染；本品对油墨有高效的溶解、稀释能力，去污效果超群，无毒害，无污染，不易燃易爆，对印刷机胶辊损伤作用小，使用方便。与汽油、煤油相比，此清洗剂可使胶皮布使用寿命延长 2 年，墨辊使用寿命延长 3 年。

配方5 环保节能型油墨清洗剂

原料配比

原料	配比（质量份）	原料		配比（质量份）
壬基酚聚氧乙烯醚	4	双三氟甲烷磺酰亚胺锂		1
聚氧乙烯脂肪醇醚	3	助剂		4
甘油三油酸酯	5	水		100
油酸	3	助剂	硅烷偶联剂 KH-570	3
亚麻油酸	3		蓖麻油酸	3
烯基丁二酸	1		2-氨基-2-甲基-1-丙醇	1
丙二醇	20		聚氧乙烯山梨醇酐单油酸酯	3
甘油	4		抗氧剂 1035	1
磷酸氢二钠			乙醇	12

制备方法

（1）在室温下将油酸、亚麻油酸、烯基丁二酸、丙二醇、甘油、磷酸氢二钠加入混合釜中，将一半量的水加热至 60～75℃ 后加入混合釜中，搅拌至完全溶解；

（2）将壬基酚聚氧乙烯醚、聚氧乙烯脂肪醇醚、甘油三油酸酯、双三氟甲烷磺酰亚胺锂加入混合釜中，加入余量的水，以 1200～1300r/min 的速度搅拌 3～5min；

（3）最后将剩余成分加入混合釜中，搅拌均匀，自然冷却即可。

原料介绍 所述助剂制备方法是将硅烷偶联剂 KH-570、蓖麻油酸、乙醇混合，加热至 60～70℃，搅拌 20～30min 后，再加入其他剩余成分，升温至 80～

85℃，搅拌 30～40min，即得。

产品应用 将有油墨的不锈钢金属薄片置于盛有清洗剂的烧杯中，在 25℃ 下浸泡 5min 后，再匀速振荡 5min，去污率为 93.0%，清洗能力良好。

产品特性 本品添加助剂，改善了清洗剂的工艺性能，减小了毒副作用和对环境的污染；本品无毒害，无污染，不易燃易爆；对印刷机胶辊损伤作用小，使用方便。与汽油、煤油相比，此清洗剂可使胶皮布使用寿命延长 2 年，墨辊使用寿命延长 3 年。

配方6 环保型高效印刷油墨清洗剂

原料配比

原料		配比（质量份）		
		1#	2#	3#
溶剂	油酸	25	5	5
	1-甲基-2-吡咯烷酮	5	5	5
	乙酸乙酯	—	10	15
增溶剂	二乙二醇丁醚	20	10	5
表面活性剂	脂肪醇聚氧乙烯醚（AEO-9）	2	—	—
	脂肪醇聚氧乙烯醚（AEO-3）	—	3	—
	十二烷基苯磺酸钠（LAS）	1	—	—
	脂肪醇聚氧乙烯醚磷酸酯盐（MOA-3P）	—	—	0.5
金属防蚀剂	苯并三氮唑	1	2	—
	苯甲酸钠	—	—	0.5
水		加至 100	加至 100	加至 100

制备方法 按上述比例称取各组分，先将溶剂、表面活性剂加入反应容器中进行混合，均相透明后再加入增溶剂和金属防蚀剂，充分搅拌使各组分完全溶解后，加入水搅拌至透明澄清，得到的均匀液体即为环保型高效印刷油墨清洗剂。

原料介绍

所述的溶剂选用油酸、乙酸乙酯、1-甲基-2-吡咯烷酮中的一种或几种。

所述的表面活性剂选用脂肪醇聚氧乙烯醚（AEO-9 或 AEO-3）、十二烷基苯磺酸钠（LAS）或脂肪醇聚氧乙烯醚磷酸酯盐（如 MOA-3P）中的一种或几种。

所述的增溶剂选用二乙二醇丁醚。

所述的金属防蚀剂选用苯甲酸钠或苯并三氮唑中的一种或两种。

产品应用 本品是一种高效、不损伤皮肤的环保型高效印刷油墨清洗剂。

产品特性

（1）本品清洗效率高、体系稳定性好、防腐蚀能力强、使用安全。

（2）本品运用溶剂的相似相溶原理，能够去除印刷机械上的大部分油墨，再辅以其他助剂，产品的清洗能力能够达到 95% 以上。

（3）本品的制备工艺简单，原料来源广泛，生产成本较低；得到的产品为透明的半水基清洗剂，呈弱碱性，不腐蚀印刷设备，由于水的存在，大大提高了清洗剂的闪点。

配方7　环保油墨清洗剂

原料配比

原料	配比(质量份)	原料		配比(质量份)
煤油	45	脂肪醇聚氧乙烯醚(AEO-3)		1
水	45	EDTA 二钠		1
助剂	4	助剂	硅烷偶联剂 KH-570	3
失水山梨醇棕榈酸酯	2		蓖麻油酸	4
聚氧乙烯失水山梨醇月桂酸酯	2		丙烯腈	2
十二烷基二甲基苄基氯化铵	1		吗啉	1
烷基酚聚氧乙烯	4		新戊二醇	3
辛酸甘油酯	3		抗氧剂 1035	2
丙二醇	1		乙醇	15

制备方法

（1）在室温下将煤油、十二烷基二甲基苄基氯化铵、丙二醇、EDTA 二钠加入混合釜中，将一半量的水加热至 65～70℃后加入混合釜中，搅拌至完全溶解；

（2）将失水山梨醇棕榈酸酯、聚氧乙烯失水山梨醇月桂酸酯、烷基酚聚氧乙烯、辛酸甘油酯、脂肪醇聚氧乙烯醚（AEO-3）加入混合釜中，加入余量的加热至 80～90℃的水，以 1300～1400r/min 的速度搅拌 3～6min；

（3）最后将剩余成分加入混合釜中，搅拌均匀，自然冷却即可。

原料介绍　所述助剂制备方法是将硅烷偶联剂 KH-570、蓖麻油酸、乙醇混合，加热至 60～70℃，搅拌 20～30min 后，再加入其他剩余成分，升温至 80～85℃，搅拌 30～40min，即得。

产品应用　将有油墨的不锈钢金属薄片置于盛有清洗剂的烧杯中，在 25℃下浸泡 5min 后，再匀速振荡 5min，去污率为 93.1%，清洗能力良好。

产品特性　本品添加助剂，改善了清洗剂的工艺性能，减小了毒副作用和对环境的污染；本品清洗能力强，去污效率高，安全无毒，挥发少，对人体无害，节能环保，而且不具有腐蚀性，对设备损伤小，制作成本低。与汽油、煤油相比，此清洗剂可使胶皮布使用寿命延长 2 年，墨辊使用寿命延长 3 年。

配方8　环保型油墨清洗剂

原料配比

原料	配比(质量份)	原料	配比(质量份)
油酸钠	4	丁二酸二辛酯磺酸钠	2
磷酸酯	2	纤维素羟乙基醚	3
异丙醇	8	10 号航空液压油	30

原料	配比(质量份)	原料		配比(质量份)
亚磷酸二正丁酯	4		硅烷偶联剂 KH-570	3
薄荷醇	1		蓖麻油酸	3
二氯化锡	1	助剂	2-氨基-2-甲基-1-丙醇	1
过碳酸钠	3		聚氧乙烯山梨醇酐单油酸酯	3
助剂	4		抗氧剂 1035	1
水	100		乙醇	12

制备方法

（1）在室温下将异丙醇、10 号航空液压油、薄荷醇、二氯化锡、过碳酸钠加入混合釜中，将一半量的水加热至 60～75℃后加入混合釜中，搅拌至完全溶解；

（2）将油酸钠、磷酸酯、丁二酸二辛酯磺酸钠、纤维素羟乙基醚、亚磷酸二正丁酯加入混合釜中，加入余量的水，以 1300～1500r/min 的速度搅拌 4～5min；

（3）最后将剩余成分加入混合釜中，搅拌均匀，自然冷却即可。

原料介绍　所述助剂制备方法是将硅烷偶联剂 KH-570、蓖麻油酸、乙醇混合，加热至 60～70℃，搅拌 20～30min 后，再加入其他剩余成分，升温至 80～85℃，搅拌 30～40min，即得。

产品应用　将有油墨的不锈钢金属薄片置于盛有清洗剂的烧杯中，在 25℃下浸泡 5min 后，再匀速振荡 5min，去污率为 93.5%，清洗能力良好。

产品特性　本品添加助剂，改善了清洗剂的工艺性能，减小了毒副作用和对环境的污染；本品气味低，对人体无害，不具有腐蚀性，制作成本低，去污率高，用量少。与汽油、煤油相比，此清洗剂可使胶皮布使用寿命延长 2 年，墨辊使用寿命延长 3 年。

配方9　节能环保油墨清洗剂

原料配比

原料	配比(质量份)	原料		配比(质量份)
失水山梨醇脂肪酸酯	3		助剂	4
聚氧乙烯蓖麻油	3		水	100
硝基甲烷	6		硅烷偶联剂 KH-570	2
苯并三氮唑	1		蓖麻油酸	3
2,6-二叔丁基对甲酚	1		甲基丙烯酸-2-羟基乙酯	3
乙醇	30	助剂	新戊二醇	3
煤油	10		乙酸乙烯酯	2
1,3-二氧戊环	10		抗氧剂 1035	3
松香	3		乙醇	14
三脂肪酸甘油酯	3			

制备方法

（1）在室温下将2,6-二叔丁基对甲酚、乙醇、煤油、1,3-二氧戊环、松香加入混合釜中，将一半量的水加热至65~70℃后加入混合釜中，搅拌至完全溶解；

（2）将失水山梨醇脂肪酸酯、聚氧乙烯蓖麻油、硝基甲烷、苯并三氮唑、三脂肪酸甘油酯加入混合釜中，加入余量的加热至80~90℃的水，以1200~1400r/min的速度搅拌4~6min；

（3）最后将剩余成分加入混合釜中，搅拌均匀，自然冷却即可。

原料介绍　所述助剂制备方法是将硅烷偶联剂KH-570、蓖麻油酸、乙醇混合，加热至60~70℃，搅拌20~30min后，再加入其他剩余成分，升温至80~85℃，搅拌30~40min，即得。

产品应用　将油墨涂于一定质量的不锈钢金属薄片上，自然状态下晾干，置于盛有清洗剂的烧杯中，在25℃下浸泡5min后，再匀速振荡5min，去污率为91.4%，清洗能力良好。

产品特性　本品添加助剂，改善了清洗剂的工艺性能，减小了毒副作用和对环境的污染；本品清洗能力强，去污效率高，无毒，挥发少，对人体无害，对环境友好，不具有腐蚀性，制作成本低。与汽油、煤油相比，此清洗剂可使胶皮布使用寿命延长2年，墨辊使用寿命延长3年。

配方10　乳液型油墨清洗剂

原料配比

原料	配比（质量份）		原料	配比（质量份）
磷酸三钠	2		助剂	4
脂肪醇聚氧乙烯醚	4		水	100
苯并三氮唑钠	1	助剂	硅烷偶联剂KH-570	3
氢氧化钠	1		蓖麻油酸	4
3-甲基-3-甲氧基丁醇	8		丙烯腈	2
脂肪酸烷醇酰胺	1		新戊二醇	3
硅酸钠	2		吗啉	1
二氯异氰尿酸钠	1		抗氧剂1035	2
棕榈酸	1		乙醇	15
聚乙烯醇缩丁醛	3			

制备方法

（1）在室温下将磷酸三钠、氢氧化钠、3-甲基-3-甲氧基丁醇、二氯异氰尿酸钠、棕榈酸加入混合釜中，将一半量的水加热至65~70℃后加入混合釜中，搅拌至完全溶解；

（2）将脂肪醇聚氧乙烯醚、苯并三氮唑钠、3-甲基-3-甲氧基丁醇、脂肪酸烷醇酰胺、聚乙烯醇缩丁醛加入混合釜中，加入余量的加热至80~90℃的水，以1300~

1400r/min 的速度搅拌 3～6min；

（3）最后将剩余成分加入混合釜中，搅拌均匀，自然冷却即可。

原料介绍　所述助剂制备方法是将硅烷偶联剂 KH-570、蓖麻油酸、乙醇混合，加热至 60～70℃，搅拌 20～30min 后，再加入其他剩余成分，升温至 80～85℃，搅拌 30～40min，即得。

产品应用　将有油墨的不锈钢金属薄片置于盛有清洗剂的烧杯中，在 25℃ 下浸泡 5min 后，再匀速振荡 5min，去污率为 92.3%，清洗能力良好。

产品特性　本品添加助剂，改善了清洗剂的工艺性能，减小了毒副作用和对环境的污染；本品具有高效、易清洗的特点，无毒，不挥发，对人体无害，对设备的腐蚀性小，有效降低了制作成本。与汽油、煤油相比，此清洗剂可使胶皮布使用寿命延长 2 年，墨辊使用寿命延长 3 年。

配方11　乳液油墨清洗剂

原料配比

原料	配比（质量份）		原料	配比（质量份）
吗啉	2		锂基润滑脂	3
硫酸钠	3		硅酸钠	3
尿素	1		助剂	4
烷醇酰胺	1		水	100
肌醇六磷酸酯	4	助剂	硅烷偶联剂 KH-570	3
棕榈油	23		蓖麻油酸	3
聚乙二醇	4		2-氨基-2-甲基-1-丙醇	1
石油磺酸钠	2		聚氧乙烯山梨醇酐单油酸酯	3
蓖麻油酸聚酯	4		抗氧剂 1035	1
乌洛托品	1		乙醇	12

制备方法

（1）在室温下将吗啉、硫酸钠、尿素、烷醇酰胺、棕榈油、锂基润滑脂加入混合釜中，将一半量的水加热至 60～75℃ 后加入混合釜中，搅拌至完全溶解；

（2）将肌醇六磷酸酯、聚乙二醇、石油磺酸钠、蓖麻油酸聚酯、乌洛托品加入混合釜中，加入余量的水，以 1300～1500r/min 的速度搅拌 4～6min；

（3）最后将剩余成分加入混合釜中，搅拌均匀，自然冷却即可。

原料介绍　所述助剂制备方法是将硅烷偶联剂 KH-570、蓖麻油酸、乙醇混合，加热至 60～70℃，搅拌 20～30min 后，再加入其他剩余成分，升温至 80～85℃，搅拌 30～40min，即得。

产品应用　将有油墨的不锈钢金属薄片置于盛有清洗剂的烧杯中，在 25℃ 下浸泡 5min 后，再匀速振荡 5min，去污率为 91.5%，清洗能力良好。

产品特性　本品添加助剂，改善了清洗剂的工艺性能，减小了毒副作用和对环

8

境的污染；本产品可用于清洗印刷机墨辊和胶皮布，去除油墨污垢速度快，清洗效果好，生产成本低，不挥发，不可燃，不污染环境。与汽油、煤油相比，此清洗剂可使胶皮布使用寿命延长 2 年，墨辊使用寿命延长 3 年。

配方12 水基印刷油墨清洗剂

原料配比

原料		配比（质量份）		
		1#	2#	3#
溶剂	1-甲基-2-吡咯烷酮	9	5	3
	乙二醇甲醚	1	—	—
	异丙醇	—	10	—
	二乙二醇甲醚	—	—	1
表面活性剂	脂肪醇聚氧乙烯醚（AEO-9）	3	8	2
	月桂醇聚氧乙烯醚硫酸钠	1	—	—
	十二烷基苯磺酸钠	—	2	—
	十二烷基烯基磺酸钠	—	—	1
碱性物质	乙二胺四乙酸四钠 EDTA-4Na	2	—	—
	乙二胺四乙酸二钠 EDTA-2Na	—	0.5	—
	碳酸钠	—	—	2
	硅酸钠	—	—	3
助溶剂	尿素	1	2	1
渗透剂	烷基酚聚氧乙烯醚（OP-10）	1	—	4
	三乙醇胺	—	1	—
金属防蚀剂	苯甲酸钠	0.5	—	—
	苯并三氮唑	1	2	4
钙、镁离子螯合剂	葡糖酸	—	1	4
水		80.5	67.5	80.5

制备方法　按比例称取各组分，先将溶剂、表面活性剂加入反应容器中进行搅拌，待溶解后加入碱性物质、助溶剂、水充分搅拌，各组分完全溶解后，再加入渗透剂，金属防蚀剂，钙、镁离子螯合剂，搅拌至透明澄清，得到的均匀液体即为水基印刷油墨清洗剂。

原料介绍

所述的溶剂选用 1-甲基-2-吡咯烷酮、乙二醇甲醚、二乙二醇甲醚、异丙醇中的一种或几种。

所述的表面活性剂选用脂肪醇聚氧乙烯醚、月桂醇聚氧乙烯醚硫酸钠、十二烷基苯磺酸钠或十二烷基烯基磺酸钠中的一种或几种。

所述的碱性物质选用碳酸钠、硅酸钠、乙二胺四乙酸四钠或乙二胺四乙酸二钠中的一种或几种。

所述的助溶剂选用尿素。

所述的渗透剂选用烷基酚聚氧乙烯醚或三乙醇胺中的一种或两种。

所述的金属防蚀剂选用苯甲酸钠或苯并三氮唑中的一种或两种。

所述的钙、镁离子螯合剂选用葡糖酸。

产品应用　本品是一种环保、高效、不损伤皮肤的水基印刷油墨清洗剂。

产品特性

（1）本品克服了现有产品清洗效果不理想以及性能不稳定的缺陷，提供了一种清洗效率高、体系稳定性好、防腐蚀能力强、使用安全的水基印刷油墨清洗剂。

（2）本品由溶剂与非离子和阴离子两种表面活性剂复配，根据相似相溶原理，采用溶剂去除油墨中大部分难以溶解的成分，利用表面活性剂的分散、渗透以及降低表面张力的作用使油墨污垢与印刷版的结合力降低，提高清洗效率，再辅以其他助剂对墨垢进行彻底清除。

（3）本品净洗力达到 95% 以上，产品经离心和放置两个月后无分层现象，无刺激性气味，使用安全可靠，是一种绿色环保、不损伤皮肤的水基印刷油墨清洗剂。

（4）该清洗剂制备工艺简单，原料来源广泛，生产成本较低。

配方13　水基油墨清洗剂

原料配比

原料	配比（质量份）			原料	配比（质量份）		
	1#	2#	3#		1#	2#	3#
D-柠檬烯	4	5	5.6	二乙二醇乙醚	3	5	5
十二烷基二苯醚二磺酸钠	12	13	12	失水山梨醇脂肪酸酯	5	4	4
十二烷基苯磺酸钠	6	8	9	乙醇	3	3	2
速溶改性二硅酸钠	5	4	4	水	90	80	85
十二烷基硫酸钠	7	5	6	磷酸三丁酯	9	8	6
三聚磷酸钠	12	9	9	亚硝酸钠	4	4.5	4
三乙醇胺	8	9	7	苯并三氮唑	1	2	1
单乙醇胺	5	3	3	薰衣草香精	3	2	2.3

制备方法　将各组分原料混合均匀即可。

产品应用　本品是一种水基油墨清洗剂，主要用于清洗制版打印机、凹凸印刷机的输墨装置、橡皮布及印刷机附件上的油墨和油污，可直接使用，也可用水稀释后使用。

产品特性　本品具有润湿、渗透、溶解等功能，清洗印刷设备时，不串墨。D-柠檬烯［D-1-甲基-4-（1-甲基乙烯基）环己烷］主要来源于芸香科植物如柑橘、柠檬类水果的果皮，是一种植物基环保有机溶剂，不溶于水，具有很强的去油脱污能力。另外，加入薰衣草香精，在一定程度上消除了油墨味道。

配方14　水溶性印刷油墨清洗剂

原料配比

原料		配比（质量份）		
		1#	2#	3#
溶剂	乙酸乙酯	5	—	2
	二乙二醇甲醚	5	—	—
	1-甲基-2-吡咯烷酮	—	4	—
	异丙醇	—	2	—
	季戊四醇	—	—	1
表面活性剂	脂肪醇聚氧乙烯醚（AEO-9）	1	—	3
	十二烷基苯磺酸钠（LAS）	0.5	1	—
	脂肪醇聚氧乙烯醚磷酸酯盐（MOA-3P）	—	2	—
	脂肪醇聚氧乙烯醚磷酸酯盐（AES-Na）	—	—	2
碱性物质	乙二胺四乙酸二钠（EDTA-2Na）	0.5	3	—
	碳酸钠	—	—	2
	硅酸钠	—	—	3
增溶剂	尿素	—	—	2
渗透剂	三乙醇胺	1	—	2
	烷基酚聚氧乙烯醚（OP-10）	—	1	—
金属防蚀剂	苯并三氮唑	3	1	1
	苯甲酸钠	—	2	—
水		加至100	加至100	加至100

制备方法　按上述比例称取各组分，先将溶剂、表面活性剂加入反应容器中进行充分搅拌，待溶解后加入水、碱性物质、增溶剂充分搅拌，各组分完全溶解后，再加入渗透剂、金属防蚀剂，搅拌至透明澄清，得到的均匀液体即为水溶性印刷油墨清洗剂。

原料介绍

所述的溶剂选用乙酸乙酯、1-甲基-2-吡咯烷酮、二乙二醇甲醚、季戊四醇、异丙醇中的一种或几种。

所述的表面活性剂选用脂肪醇聚氧乙烯醚（AEO-9）、十二烷基苯磺酸钠（LAS）或脂肪醇聚氧乙烯醚磷酸酯盐（如AES-Na或MOA-3P）中的一种或几种。

所述的碱性物质选用碳酸钠、硅酸钠或乙二胺四乙酸二钠（EDTA-2Na）中的一种或几种。

所述的增溶剂选用尿素。

所述的渗透剂选用烷基酚聚氧乙烯醚（OP-10）或三乙醇胺中的一种或两种。

所述的金属防蚀剂选用苯甲酸钠或苯并三氮唑中的一种或两种。

产品应用 本品是一种环保、高效、不损伤皮肤的水溶性印刷油墨清洗剂。

产品特性

（1）本品制备工艺简单，原料来源广泛，生产成本较低；该配方采用相似相溶原则，加入了溶剂，使清洗剂对印刷设备上附着油墨的清洗率达到95%以上。

（2）表面活性剂的复配使产品的稳定性得到了很大的提高，稳定时间由一周左右延长到一个月以上而不发生分层。最后的产品呈微乳型，pH在6～9，因此不会腐蚀金属设备，而且无刺激性气味，使用安全可靠，是一种绿色环保、不损伤皮肤的水溶性印刷油墨清洗剂。

（3）本品清洗效率高、体系稳定性好、防腐蚀能力强。

配方15　特效油墨清洗剂

原料配比

原料	配比（质量份）		原料	配比（质量份）
烷基酚聚氧乙烯醚	3		助剂	4
肉豆蔻酸异丙酯	4		水	100
氢氧化钠	1	助剂	硅烷偶联剂 KH-570	3
油酸	2		蓖麻油酸	4
二壬基萘磺酸钡	1		丙烯腈	2
十二烯基丁二酸	2		吗啉	1
三乙醇胺	1		新戊二醇	3
六偏磷酸钠	3		抗氧剂 1035	2
柠檬酸钠	1		乙醇	15
磷酸铝	2			

制备方法

（1）在室温下将氢氧化钠、油酸、三乙醇胺、六偏磷酸钠、柠檬酸钠、磷酸铝加入混合釜中，将一半量的水加热至65～70℃后加入混合釜中，搅拌至完全溶解；

（2）将烷基酚聚氧乙烯醚、肉豆蔻酸异丙酯、二壬基萘磺酸钡、十二烯基丁二酸加入混合釜中，加入余量的加热至80～90℃的水，以1300～1400r/min的速度搅拌3～6min；

（3）最后将剩余成分加入混合釜中，搅拌均匀，自然冷却即可。

原料介绍 所述助剂制备方法是将硅烷偶联剂 KH-570、蓖麻油酸、乙醇混合，加热至60～70℃，搅拌20～30min后，再加入其他剩余成分，升温至80～85℃，搅拌30～40min，即得。

产品应用 将有油墨的不锈钢金属薄片置于盛有清洗剂的烧杯中，在25℃下浸泡5min后，再匀速振荡5min，去污率为95.1%，清洗能力良好。

产品特性 本品添加助剂，改善了清洗剂的工艺性能，减小了毒副作用和对环境的污染；本品不仅具有超快的去污效率，而且安全无毒，挥发少，对人体无伤害，对环境友好，对印刷机胶辊损伤作用小，使用方便。与汽油、煤油相比，此清洗剂可使胶皮布使用寿命延长 2 年，墨辊使用寿命延长 3 年。

配方16　五金油墨清洗剂

原料配比

原料	配比（质量份）					原料	配比（质量份）				
	1#	2#	3#	4#	5#		1#	2#	3#	4#	5#
MF-CL	1	3	5	2	4	无水偏硅酸钠	1	2	5	1.5	4
MF-EH	0.5	2	3	1.5	2.5	硅酸钠	0.5	1.5	3	1	2
十二烷基苯磺酸钠	2	6	10	3	8	去离子水	95	80	70	75	85
三聚磷酸钠	1	3	5	2	4						

制备方法

（1）按所述原料配比称取各种原料；

（2）将步骤（1）称取的各种原料混合搅拌均匀，制得五金油墨清洗剂。

原料介绍

所述 MF-CL 为赢创德固赛特种化学有限公司生产的名称为 REWOQUAT MF CL 的水性防锈清洗剂，由非离子、阳离子、两性离子表面活性剂和缓蚀剂复配而成。MF-CL 为琥珀色液体，在 25℃下密度为 $1.06g/cm^3$，pH 值为 8～11，黏度值为 8mPa·s，具有卓越的清洁、去油能力以及优良的防锈、防腐蚀能力，清洗过程中不会对设备造成损害；含有特殊阳离子表面活性剂，润湿性好、抗静电、防尘，并赋予表面光亮性。

所述 MF-EH 为赢创德固赛特种化学有限公司生产的名称为 REWOQUAT MF EH 的低温除油防锈复配型表面活性剂，由阳离子和非离子复配型表面活性剂复配而成。MF-EH 为褐色液体，在 25℃下密度为 $0.985g/cm^3$，pH 值为 7～10，黏度值为 60mPa·s，不仅具有卓越的清洁、去油能力以及优良的防锈、防腐蚀能力，而且易降解，对环境污染小。

所述十二烷基苯磺酸钠为一种阴离子表面活性剂，起泡力强、去油污力强，易与多种助剂复配，对油性污垢有显著的去污效果。

所述无水偏硅酸钠用作清洗剂助剂，不仅去污力强，而且具有防腐、防锈效果。

所述硅酸钠呈弱碱性，能够在油墨喷涂印刷设备表面形成一层保护膜，起到良好的防腐蚀作用。

产品特性

（1）本品不仅能够快速除去黏附于油墨喷涂设备上的难溶固化油墨，保证良好的清洗速度跟清洗效果，而且对油墨喷涂设备的腐蚀性小，与去离子水以任意比例混合后均得无沉淀的液体。

（2）本品不含有毒有害和易燃易爆的危险化学品，对人体危害小，对水源、空气和土壤均无污染，排放的废液可被微生物降解，属于一种环保型清洗剂。

（3）本品的制备方法简单、操作简便，所需设备少，原料易得，易于制备，生产成本低，有利于推广应用。

配方17　新型乳液油墨清洗剂

原料配比

原料	配比(质量份)	原料		配比(质量份)
乙酸乙酯	5	硬脂酸		1
乌洛托品	2	助剂		4
斯盘-80	1	水		100
壬基酚聚氧乙烯醚	4	助剂	硅烷偶联剂 KH-570	3
OP-10	1		蓖麻油酸	3
三乙二醇二甲醚	3		2-氨基-2-甲基-1-丙醇	1
四氯乙烯	2		聚氧乙烯山梨醇酐单油酸酯	3
磷酸三甲酚酯	1		抗氧剂 1035	1
蓖麻油酸聚酯	4		乙醇	12
大豆油	8			

制备方法

（1）在室温下将乙酸乙酯、乌洛托品、四氯乙烯、大豆油、硬脂酸加入混合釜中，将一半量的水加热至 60～75℃ 后加入混合釜中，搅拌至完全溶解；

（2）将斯盘-80、壬基酚聚氧乙烯醚、OP-10、三乙二醇二甲醚、磷酸三甲酚酯、蓖麻油酸聚酯加入混合釜中，加入余量的水，以 1200～1300r/min 的速度搅拌3～5min；

（3）最后将剩余成分加入混合釜中，搅拌均匀，自然冷却即可。

原料介绍　所述助剂制备方法是将硅烷偶联剂 KH-570、蓖麻油酸、乙醇混合，加热至 60～70℃，搅拌 20～30min 后，再加入其他剩余成分，升温至 80～85℃，搅拌 30～40min，即得。

产品应用　将有油墨的不锈钢金属薄片置于盛有清洗剂的烧杯中，在 25℃ 下浸泡 5min 后，再匀速振荡 5min，去污率为 91.4%，清洗能力良好。

产品特性　本品添加助剂，改善了清洗剂的工艺性能，减小了毒副作用和对环境的污染；本品对油墨有优良的溶解、稀释能力，安全、无毒害、无污染，不易燃易爆；对印刷机胶辊损伤作用小，使用方便。与汽油、煤油相比，此清洗剂可使胶皮布使用寿命延长 2 年，墨辊使用寿命延长 3 年。

配方18　新型印刷用油墨清洗剂

原料配比

原料	配比(质量份)		原料	配比(质量份)
甜菜碱	3		助剂	4
乙氧基化烷基硫酸钠	2		水	100
硼酸	2	助剂	硅烷偶联剂 KH-570	3
歧化松香钾皂	1		蓖麻油酸	2
碳酸钠	4		茶多酚	2
肌醇六磷酸钠	1		单硬脂酸甘油酯	4
硅酸钠	1		新戊二醇	2
45 号变压器油	14		对叔丁基苯甲酸	4
钼酸铵	2		抗氧剂 1035	1
环氧亚麻籽油	2		乙醇	15

制备方法

（1）在室温下将甜菜碱、硼酸、碳酸钠、肌醇六磷酸钠、硅酸钠、45 号变压器油、钼酸铵、环氧亚麻籽油加入混合釜中，将一半量的水加热至 65~75℃后加入混合釜中，搅拌至完全溶解；

（2）将乙氧基化烷基硫酸钠、歧化松香钾皂加入混合釜中，加入余量的加热至 80~90℃的水，以 1200~1300r/min 的速度搅拌 4~6min；

（3）最后将剩余成分加入混合釜中，搅拌均匀，自然冷却即可。

原料介绍　所述助剂制备方法是将硅烷偶联剂 KH-570、蓖麻油酸、乙醇混合，加热至 60~70℃，搅拌 20~30min 后，再加入其他剩余成分，升温至 80~85℃，搅拌 30~40min，即得。

产品应用　将有油墨的不锈钢金属薄片置于盛有清洗剂的烧杯中，在 25℃下浸泡 5min 后，再匀速振荡 5min，去污率为 95.1%，清洗能力良好。

产品特性　本品添加助剂，改善了清洗剂的工艺性能，减小了毒副作用和对环境的污染；本品清洗效果大大优于汽油，去污效率高，而且无毒，挥发少，对人体无害，对设备没有腐蚀性，制作成本低，适合大范围推广。与汽油、煤油相比，此清洗剂可使胶皮布使用寿命延长 2 年，墨辊使用寿命延长 2 年。

配方19　新型印刷油墨清洗剂

原料配比

原料	配比(质量份)	原料	配比(质量份)
煤油	30	聚氧乙烯失水山梨醇月桂酸酯	3
丙酮	10	松焦油	1
乙酸乙酯	4	氰尿酸锌	1

原料	配比(质量份)	原料	配比(质量份)
木质素磺酸盐	1	硅烷偶联剂 KH-570	3
2,6-二叔丁基对甲酚	1	蓖麻油酸	3
羟基乙酸	5	2-氨基-2-甲基-1-丙醇	1
硝基乙烷	10	聚氧乙烯山梨糖醇酐单油酸酯	3
助剂	4	抗氧剂 1035	1
水	100	乙醇	12

注:助剂两列的左侧合并为"助剂"。

制备方法

(1) 在室温下将煤油、丙酮、乙酸乙酯、松焦油、氰尿酸锌、羟基乙酸加入混合釜中,将一半量的水加热至 60~75℃后加入混合釜中,搅拌至完全溶解;

(2) 将聚氧乙烯失水山梨醇月桂酸酯、木质素磺酸盐、2,6-二叔丁基对甲酚、硝基乙烷加入混合釜中,加入余量的水,以 1300~1500r/min 的速度搅拌 3~5min;

(3) 最后将助剂加入混合釜中,搅拌均匀,自然冷却即可。

原料介绍 所述助剂制备方法是将硅烷偶联剂 KH-570、蓖麻油酸、乙醇混合,加热至 60~70℃,搅拌 20~30min 后,再加入其他剩余成分,升温至 80~85℃,搅拌 30~40min,即得。

产品应用 将有油墨的不锈钢金属薄片置于盛有清洗剂的烧杯中,在 25℃下浸泡 5min 后,再匀速振荡 5min,去污率为 92.1%,清洗能力良好。

产品特性 本品添加助剂,改善了清洗剂的工艺性能,减小了毒副作用和对环境的污染;本品清洗能力强,无毒,对人体无害,不具有腐蚀性,制作成本低,用量比煤油、汽油等纯溶剂型清洁剂小,挥发速度慢,能充分发挥其清洗功效,极大节约用量。与汽油、煤油相比,此清洗剂可使胶皮布使用寿命延长 2 年,墨辊使用寿命延长 3 年。

配方20 印刷油墨新型清洗剂

原料配比

原料	配比(质量份)	原料	配比(质量份)
白油	3	十二烷基苯磺酸钠	1
乙醇	10	助剂	4
丙酮	4	水	100
异丙醇	10	硅烷偶联剂 KH-570	2
硼砂	3	蓖麻油酸	3
芒硝	3	甲基丙烯酸-2-羟基乙酯	3
碳酸钠	2	新戊二醇	3
三聚磷酸钠	1	醋酸乙烯酯	2
聚氧乙烯蓖麻油	12	抗氧剂 1035	3
月桂醇硫酸钠	1	乙醇	14
三乙醇胺硼酸酯	2		

制备方法

（1）在室温下将白油、乙醇、丙酮、异丙醇、硼砂、芒硝、碳酸钠、三聚磷酸钠加入混合釜中，将一半量的水加热至 65～70℃后加入混合釜中，搅拌至完全溶解；

（2）将聚氧乙烯蓖麻油、月桂醇硫酸钠、三乙醇胺硼酸酯、十二烷基苯磺酸钠加入混合釜中，加入余量的加热至 80～90℃的水，以 1400～1500r/min 的速度搅拌 4～5min；

（3）最后将助剂加入混合釜中，搅拌均匀，自然冷却即可。

原料介绍　所述助剂制备方法是将硅烷偶联剂 KH-570、蓖麻油酸、乙醇混合，加热至 60～70℃，搅拌 20～30min 后，再加入其他剩余成分，升温至 80～85℃，搅拌 30～40min，即得。

产品应用　将有油墨的不锈钢金属薄片置于盛有清洗剂的烧杯中，在 25℃下浸泡 5min 后，再匀速振荡 5min，去污率为 95.2%，清洗能力良好。

产品特性　本品添加助剂，改善了清洗剂的工艺性能，减小了毒副作用和对环境的污染；本品对油墨有优良的溶解、稀释能力；无毒害，无污染，不易燃易爆；对印刷机胶辊损伤作用小，使用方便安全，适合大范围推广。与汽油、煤油相比，此清洗剂可使胶皮布使用寿命延长 2 年，墨辊使用寿命延长 3 年。

配方21　新型油墨清洗剂

原料配比

原料	配比（质量份）	原料	配比（质量份）
三乙醇胺	1	聚氧丙烯聚氧乙烯丙二醇醚	3
聚氧乙烯醚	3	茶籽油	1
松油	10	助剂	4
煤油	20	水	100
椰油	2	硅烷偶联剂 KH-570	3
石油磺酸钠	1	蓖麻油酸	3
椰油酸二乙醇酰胺	1	2-氨基-2-甲基-1-丙醇	1
柴油	10	助剂	聚氧乙烯山梨醇酐单油酸酯	3
甜菜碱	3	抗氧剂 1035	1
丁二酸二甲酯	4	乙醇	12
二乙二醇单甲醚	5		

制备方法

（1）在室温下将三乙醇胺、椰油酸二乙醇酰胺、甜菜碱、松油、煤油、椰油、柴油、茶籽油加入混合釜中，将一半量的水加热至 60～75℃后加入混合釜中，搅拌至完全溶解；

（2）将聚氧乙烯醚、石油磺酸钠、丁二酸二甲酯、二乙二醇单甲醚、聚氧丙烯聚氧乙烯丙二醇醚加入混合釜中，加入余量的水，以1200～1600r/min的速度搅拌4～6min；

（3）最后将助剂加入混合釜中，搅拌均匀，自然冷却即可。

原料介绍 所述助剂制备方法是将硅烷偶联剂KH-570、蓖麻油酸、乙醇混合，加热至60～70℃，搅拌20～30min后，再加入其他剩余成分，升温至80～85℃，搅拌30～40min，即得。

产品应用 将有油墨的不锈钢金属薄片置于盛有清洗剂的烧杯中，在25℃下浸泡5min后，再匀速振荡5min，去污率为92.4%，清洗能力良好。

产品特性 本品添加助剂，改善了清洗剂的工艺性能，减小了毒副作用和对环境的污染；本品清洗能力强，无毒，不挥发，对人体无害，不具有腐蚀性，制作成本低。与汽油、煤油相比，此清洗剂可使胶皮布使用寿命延长2年，墨辊使用寿命延长3年。

配方22 新型油墨用清洗剂

原料配比

原料	配比(质量份)	原料		配比(质量份)
异丙醇	10	水		100
三异丙醇胺	1		硅烷偶联剂KH-570	3
聚氧乙烯醚	2		蓖麻油酸	4
氢氧化钠	1		丙烯腈	2
丁二酸二辛酯磺酸钠	2	助剂	新戊二醇	3
褐藻酸	2		吗啉	1
水杨酸	2		抗氧剂1035	2
正丁醇	4		乙醇	15
助剂	4			

制备方法

（1）在室温下将异丙醇、三异丙醇胺、氢氧化钠、褐藻酸、水杨酸、正丁醇加入混合釜中，将一半量的水加热至65～70℃后加入混合釜中，搅拌至完全溶解；

（2）将聚氧乙烯醚、丁二酸二辛酯磺酸钠加入混合釜中，加入余量的加热至80～90℃的水，以1400～1600r/min的速度搅拌3～5min；

（3）最后将助剂加入混合釜中，搅拌均匀，自然冷却即可。

原料介绍 所述助剂制备方法是将硅烷偶联剂KH-570、蓖麻油酸、乙醇混合，加热至60～70℃，搅拌20～30min后，再加入其他剩余成分，升温至80～85℃，搅拌30～40min，即得。

产品应用 将有油墨的不锈钢金属薄片置于盛有清洗剂的烧杯中，在25℃下浸泡 5min 后，再匀速振荡 5min，去污率为 93.1%，清洗能力良好。

产品特性 本品添加助剂，改善了清洗剂的工艺性能，减小了毒副作用和对环境的污染；本品对油墨有优良的溶解、稀释能力，无毒害，无污染，不易燃易爆；对印刷机胶辊损伤作用小，用量比煤油、汽油等纯溶剂型清洁剂小，挥发速度慢，能充分发挥其清洗功效，极大地节约了用量。与汽油、煤油相比，此清洗剂可使胶皮布使用寿命延长 2 年，墨辊使用寿命延长 3 年。

配方23 新颖的印刷用油墨清洗剂

原料配比

原料	配比（质量份）	原料		配比（质量份）
三乙醇胺	1	助剂		4
松油	7	水		100
乙酸乙酯	6	助剂	硅烷偶联剂 KH-570	3
甜菜碱	4		蓖麻油酸	2
硫酸二钠	2		茶多酚	2
聚乙烯吡咯烷酮	1		单硬脂酸甘油酯	4
12-羟基硬脂酸	3		新戊二醇	2
多聚硫酸钠	2		对叔丁基苯甲酸	4
二壬基萘磺酸钡	3		抗氧剂 1035	1
聚乙二醇辛基苯基醚	10		乙醇	15

制备方法

（1）在室温下将三乙醇胺、松油、乙酸乙酯、甜菜碱、硫酸二钠加入混合釜中，将一半量的水加热至 65～75℃ 后加入混合釜中，搅拌至完全溶解；

（2）将聚乙烯吡咯烷酮、12-羟基硬脂酸、多聚硫酸钠、二壬基萘磺酸钡、聚乙二醇辛基苯基醚加入混合釜中，加入余量的加热至 80～90℃ 的水，以 1300～1500r/min 的速度搅拌 4～5min；

（3）最后将助剂加入混合釜中，搅拌均匀，自然冷却即可。

原料介绍 所述助剂制备方法是将硅烷偶联剂 KH-570、蓖麻油酸、乙醇混合，加热至 60～70℃，搅拌 20～30min 后，再加入其他剩余成分，升温至 80～85℃，搅拌 30～40min，即得。

产品应用 将有油墨的不锈钢金属薄片置于盛有清洗剂的烧杯中，在 25℃ 下浸泡 5min 后，再匀速振荡 5min，去污率为 92.5%，清洗能力良好。

产品特性 本品添加助剂，改善了清洗剂的工艺性能，减小了毒副作用和对环境的污染；本品清洗能力强，无毒，挥发少，对人体无害，不伤手，对设备不具有腐蚀性，制作成本低。与汽油、煤油相比，此清洗剂可使胶皮布使用寿命延长 2 年，墨辊使用寿命延长 2 年。

配方24 印刷机清洗剂

原料配比

原料	配比(质量份)	原料	配比(质量份)
煤油	32~46	甲基戊醇	0.8~1.6
太古油	0.5~1.0	磷酸酯胺盐	0.25~2.5
烷基磺酸钠	0.3~0.5	月桂醇硫酸酯铵盐	0.01~0.02
聚氧乙烯油酸酯	1.5~3.5	水	加至100.0

制备方法

（1）在搅拌器中先加入水、月桂醇硫酸酯铵盐、煤油、太古油、烷基磺酸钠、聚氧乙烯油酸酯及磷酸酯胺盐，搅匀后加热至55℃；

（2）待温度降至室温后，加入甲基戊醇充分搅匀，即制成产品。

产品特性 本品是由煤油及表面活性剂配制而成的一种乳浊液，具有去污效果好、使用安全、对人体无毒等特点。

配方25 印刷设备用油墨清洗剂

原料配比

原料	配比(质量份)	原料		配比(质量份)
植酸	3	助剂		4
烷基酚聚氧乙烯醚	9	水		100
乙二醇丁醚	4	助剂	硅烷偶联剂KH-570	2
聚乙二醇	4		蓖麻油酸	3
油酸	2		甲基丙烯酸-2-羟基乙酯	3
三乙醇胺	1		新戊二醇	3
单硬脂酸甘油酯	3		乙酸乙烯酯	2
草酸钾	1		抗氧剂1035	3
脂肪醇聚氧乙烯醚	1		乙醇	14
乙二醇	10			

制备方法

（1）在室温下将植酸、油酸、三乙醇胺、草酸钾、乙二醇加入混合釜中，将一半量的水加热至65~75℃后加入混合釜中，搅拌至完全溶解；

（2）将烷基酚聚氧乙烯醚、乙二醇丁醚、聚乙二醇、单硬脂酸甘油酯、脂肪醇聚氧乙烯醚加入混合釜中，加入余量的加热至80~90℃的水，以1300~1500r/min的速度搅拌4~5min；

（3）最后将助剂加入混合釜中，搅拌均匀，自然冷却即可。

原料介绍

所述助剂由下列质量份的原料制成：硅烷偶联剂KH-570 2~3份、蓖麻油酸3~4份、甲基丙烯酸-2-羟基乙酯2~3份、新戊二醇3~4份、乙酸乙烯酯2~3

份、抗氧剂 1035 2～3 份、乙醇 14～16 份；制备方法是将硅烷偶联剂 KH-570、蓖麻油酸、乙醇混合，加热至 60～70℃，搅拌 20～30min 后，再加入其他剩余成分，升温至 80～85℃，搅拌 30～40min，即得。

产品应用 将有油墨的不锈钢金属薄片置于盛有清洗剂的烧杯中，在 25℃下浸泡 5min 后，再匀速振荡 5min，去污率为 92.4％，清洗能力良好。

产品特性 本品添加助剂，改善了清洗剂的工艺性能，减小了毒副作用和对环境的污染；本品对油墨有优良的溶解、稀释能力，无毒害，无污染，不易燃易爆，对印刷机胶辊损伤作用小，操作简单，便于清洗，使用方便。与汽油、煤油相比，此清洗剂可使胶皮布使用寿命延长 2 年，墨辊使用寿命延长 3 年。

配方26　印刷水辊清洗剂

原料配比

原料	配比（质量份）	原料	配比（质量份）
S-2000 高沸点芳烃	70	苯并三氮唑	0.2
乙二醇乙醚乙酸酯	20	三乙醇胺	0.3
蓖麻油	5	壬基酚聚氧乙烯醚	1
椰油酸二乙醇酰胺	1	大豆卵磷脂	1.5
丁二酸二辛酯磺酸钠	0.5	琥珀酸酯磺酸钠	0.5

制备方法 按配方配比将上述原料在常温下搅拌均匀即可。

产品应用 使用时加 2～3 倍水搅拌均匀，然后均匀喷洒在水辊上，30 秒左右即可将水辊上的油墨溶解、乳化，经擦洗即可完全去污。

产品特性 本品清洗效果好，对油墨溶解能力强，对污垢清洗能力强，且对机械设备无腐蚀，挥发性和毒害性低，安全环保。

配方27　印刷用水辊清洗剂

原料配比

原料	配比（质量份）	原料	配比（质量份）
氢化蓖麻油与环氧乙烷缩合物	27	聚环氧琥珀酸	6
聚氧乙烯失水山梨醇脂肪酸酯	18	油酸三乙醇胺	3
蜡硬脂醇聚氧乙烯醚	14	N-甲基吡咯烷酮	8
椰油酸二乙醇酰胺	12	磷酸三钠	5
十二烷基葡糖苷	4	月桂酰肌氨酸钠	3

制备方法 按配方配比将上述原料在常温下搅拌均匀即得印刷用水辊清洗剂。

产品应用 使用时加 2～3 倍水搅拌均匀，然后均匀喷洒在水辊上，20 秒左右即可将水辊上的油墨溶解、乳化，经擦洗即可去污，清洗率达 99％。

产品特性 本品完全水溶，稳定性好，去污能力强，在室温下即可达到 96％以上的清洗率，能够快速、彻底地清除水辊的油污，杜绝油墨在水胶辊表面堆积，提高水辊的亲水力，修复水辊的弹性，对水辊无任何损伤，延长了水辊的使用寿命，且安全环保，对人体无害。

配方28　印刷油墨清洗剂

原料配比

原料	配比（质量份）	原料		配比（质量份）
硼酸	4	二辛基硫代琥珀酸钠		3
氢氧化钠	1	助剂		4
三乙醇胺	2	水		90
十二烷基苯磺酸钠	3	助剂	硅烷偶联剂 KH-570	3
氨基磺酸	3		蓖麻油酸	3
硝酸锌	1		2-氨基-2-甲基-1-丙醇	1
椰油酸二乙醇酰	3		聚氧乙烯山梨醇酐单油酸酯	3
三丹油	1		抗氧剂 1035	1
乙二醇	10		乙醇	12

制备方法

（1）在室温下将硼酸、氢氧化钠、三乙醇胺、氨基磺酸、硝酸锌、三丹油、乙二醇加入混合釜中，将一半量的水加热至 60～75℃后加入混合釜中，搅拌至完全溶解；

（2）将十二烷基苯磺酸钠、椰油酸二乙醇酰、二辛基硫代琥珀酸钠加入混合釜中，加入余量的水，以 1400～1600r/min 的速度搅拌 3～4min；

（3）最后将助剂加入混合釜中，搅拌均匀，自然冷却即可。

原料介绍　所述助剂制备方法是将硅烷偶联剂 KH-570、蓖麻油酸、乙醇混合，加热至 60～70℃，搅拌 20～30min 后，再加入其他剩余成分，升温至 80～85℃，搅拌 30～40min，即得。

产品应用　将有油墨的不锈钢金属薄片置于盛有清洗剂的烧杯中，在 25℃下浸泡 5min 后，再匀速振荡 5min，去污率为 89.8％，清洗能力良好。

产品特性　本品添加助剂，改善了清洗剂的工艺性能，减小了毒副作用和对环境的污染；本品清洗能力强，去污效率高，安全无毒，不挥发，不具有腐蚀性，产品性能稳定，制作成本低。与汽油、煤油相比，此清洗剂可使胶皮布使用寿命延长 2 年，墨辊使用寿命延长 3 年。

配方29　印刷用油墨清洗剂

原料配比

原料	配比（质量份）	原料	配比（质量份）
二乙醇胺	1	丙二醇	9
草酸	1	乙醇	13
苯甲酸钠	5	聚乙二醇	6

原料	配比(质量份)		原料	配比(质量份)
椰油酸烷醇酰胺	1		硅烷偶联剂 KH-570	3
吐温-80	3		蓖麻油酸	4
山梨酸钙	2		丙烯腈	2
次氯酸钠	1	助剂	新戊二醇	3
二丙二醇正丁醚	10		吗啉	1
助剂	4		抗氧剂 1035	2
水	100		乙醇	15

制备方法

(1) 在室温下将二乙醇胺、草酸、苯甲酸钠、丙二醇、乙醇、聚乙二醇加入混合釜中,将一半量的水加热至 65~70℃后加入混合釜中,搅拌至完全溶解;

(2) 将椰油酸烷醇酰胺、吐温-80、山梨酸钙、次氯酸钠、二丙二醇正丁醚加入混合釜中,加入余量的加热至 80~90℃的水,以 1300~1400r/min 的速度搅拌 3~6min;

(3) 最后将助剂加入混合釜中,搅拌均匀,自然冷却即可。

原料介绍 所述助剂制备方法是将硅烷偶联剂 KH-570、蓖麻油酸、乙醇混合,加热至 60~70℃,搅拌 20~30min 后,再加入其他剩余成分,升温至 80~85℃,搅拌 30~40min,即得。

产品应用 将有油墨的不锈钢金属薄片置于盛有清洗剂的烧杯中,在 25℃下浸泡 5min 后,再匀速振荡 5min,去污率为 92.1%,清洗能力良好。

产品特性 本品添加助剂,改善了清洗剂的工艺性能,减小了毒副作用和对环境的污染;本品对油墨有优良的溶解、稀释能力,无毒害,无污染,不易燃易爆,而且对印刷机胶辊损伤作用小,使用方便,成本低。与汽油、煤油相比,此清洗剂可使胶皮布使用寿命延长 2 年,墨辊使用寿命延长 3 年。

配方30 高效印刷油墨清洗剂

原料配比

原料	配比(质量份)		原料	配比(质量份)
煤油	35		正丁醇	4
十二烷基苯磺酸钠	2		助剂	4
十二烷基硫酸钠	1		水	100
三聚磷酸钠	3		硅烷偶联剂 KH-570	3
三乙醇胺	1		蓖麻油酸	4
聚乙二醇二甲醚	10		丙烯腈	2
氯化磷酸钠	1	助剂	吗啉	1
异鲸蜡醇聚醚硬脂酸酯	3		新戊二醇	3
肉豆蔻酸异丙酯	2		抗氧剂 1035	2
水杨酸	2		乙醇	15
脂肪醇聚氧乙烯醚	1			

制备方法

（1）在室温下将煤油、三聚磷酸钠、三乙醇胺、氯化磷酸钠、水杨酸、正丁醇加入混合釜中，将一半量的水加热至 65～70℃后加入混合釜中，搅拌至完全溶解；

（2）将十二烷基苯磺酸钠、十二烷基硫酸钠、聚乙二醇二甲醚、异鲸蜡醇聚醚硬脂酸酯、肉豆蔻酸异丙酯、脂肪醇聚氧乙烯醚加入混合釜中，加入余量的加热至 80～90℃的水，以 1300～1500r/min 的速度搅拌 4～6min；

（3）最后将助剂加入混合釜中，搅拌均匀，自然冷却即可。

原料介绍　所述助剂制备方法是将硅烷偶联剂 KH-570、蓖麻油酸、乙醇混合，加热至 60～70℃，搅拌 20～30min 后，再加入其他剩余成分，升温至 80～85℃，搅拌 30～40min，即得。

产品应用　将有油墨的不锈钢金属薄片置于盛有清洗剂的烧杯中，在 25℃下浸泡 5min 后，再匀速振荡 5min，去污率为 92.6%。

产品特性　本品添加助剂，改善了清洗剂的工艺性能，减小了毒副作用和对环境的污染；本品对油墨有优良的溶解、稀释能力，去污效率高，无毒害、无污染，不易燃易爆，而且对印刷机胶辊损伤作用小，使用方便。与汽油、煤油相比，此清洗剂可使胶皮布使用寿命延长 2 年，墨辊使用寿命延长 3 年。

配方31　印刷油墨高效清洗剂

原料配比

原料	配比（质量份）			原料	配比（质量份）		
	1#	2#	3#		1#	2#	3#
煤油	34	30	38	三乙醇胺	1.5	1	1.5
脂肪醇聚氧乙烯醚	2	1	3	苯并三唑	3.5	5	2
失水山梨醇脂肪酸酯	3	4	2	油酸	1.2	1	1.5
十二烷基苯磺酸钠	3	5	1	氢氧化钠	0.05	0.01	0.08
速溶改性二硅酸钠	4	3	5	水	50	48	52
邻苯二甲酸二丁酯	1	2	0.5				

制备方法　将各组分原料混合均匀即可。

产品特性　本品清洗效果好、去污力强、流动性好、干燥速度快、不堵喷嘴、对胶辊无腐蚀性、安全性高、清洗速度快。

配方32　印刷油墨水基清洗剂

原料配比

原料	配比（质量份）			原料	配比（质量份）		
	1#	2#	3#		1#	2#	3#
壬基酚聚氧乙烯醚	10	20	18	三乙醇胺	1	5	3
十二烷基硫酸钠	5	10	8	乌洛托品	1	3	2
氢氧化钠	1	3	2	水	82	59	67

制备方法

（1）将部分水、壬基酚聚氧乙烯醚、十二烷基硫酸钠一次投入反应釜中，充分搅拌至完全溶解，得到混合物 A，备用；

（2）将剩余的清水、氢氧化钠、三乙醇胺、乌洛托品依次投入反应釜中，搅拌至完全溶解，得到混合物 B；

（3）待混合物 B 冷却至室温时加入混合物 A，充分搅拌至均匀，获得印刷油墨清洗剂。

产品特性

（1）本品去污力强，清洗效率高，使用本品后直接用水清洗即可。

（2）本品为水基清洗剂，不含易燃、易爆成分，使用安全，不易挥发，对人体健康无影响，对环境无污染。

（3）本品采用多种缓蚀剂复配，对油墨设备无腐蚀，延长了设备的使用寿命，降低了生产成本。

（4）本品制备方法简单，原料价格便宜、来源广泛，成品使用方便。

配方33 强力印刷油墨清洗剂

原料配比

原料	配比（质量份）	原料		配比（质量份）
脂肪酸单烷基酯	4	助剂		4
液体石蜡	1	水		100
油酸	3	助剂	硅烷偶联剂 KH-570	3
过氧单磺酸钾	2		蓖麻油酸	4
全氟聚醚	4		丙烯腈	2
一水过硼酸钠	1		新戊二醇	3
单硬脂酸甘油酯	3		吗啉	1
椰油酸烷醇酰胺	1		抗氧剂 1035	2
OP-10	4		乙醇	15

制备方法

（1）在室温下将油酸、过氧单磺酸钾、一水过硼酸钠、椰油酸烷醇酰胺加入混合釜中，将一半量的水加热至 65～75℃后加入混合釜中，搅拌至完全溶解；

（2）将脂肪酸单烷基酯、液体石蜡、全氟聚醚、单硬脂酸甘油酯、OP-10 加入混合釜中，加入余量的加热至 80～90℃的水，以 1300～1400r/min 的速度搅拌 4～5min；

（3）最后将助剂加入混合釜中，搅拌均匀，自然冷却即可。

原料介绍 所述助剂制备方法是将硅烷偶联剂 KH-570、蓖麻油酸、乙醇混合，加热至 60～70℃，搅拌 20～30min 后，再加入其他剩余成分，升温至 80～85℃，搅拌 30～40min，即得。

产品应用 将有油墨的不锈钢金属薄片置于盛有清洗剂的烧杯中，在25℃下浸泡5min后，再匀速振荡5min，去污率为93.4%。

产品特性 本品添加助剂，改善了清洗剂的工艺性能，减小了毒副作用和对环境的污染；本品清洗能力强，无毒，不挥发，对人体无害，不具有腐蚀性，制作成本低，对印刷机胶辊损伤作用小，使用方便。与汽油、煤油相比，此清洗剂可使胶皮布使用寿命延长2年，墨辊使用寿命延长3年。

配方34 印刷专用油墨清洗剂

原料配比

原料	配比(质量份)	原料		配比(质量份)
1,2-二氯乙烷	4	助剂		4
乙醇胺	2	水		100
植物甾醇	2		硅烷偶联剂 KH-570	2
正丁醇	4		蓖麻油酸	3
月桂酸聚氧乙烯酯	1		甲基丙烯酸-2-羟基乙酯	3
月桂醇聚氧乙烯醚	3	助剂	新戊二醇	3
二氯四氟甲烷	6		乙酸乙烯酯	2
丙二醇	9		抗氧剂 1035	3
蓖麻油马来酸酯	2		乙醇	14
PEG-7 甘油椰油酸酯	3			

制备方法

(1) 在室温下将乙醇胺、植物甾醇、正丁醇、丙二醇加入混合釜中，将一半量的水加热至65~70℃后加入混合釜中，搅拌至完全溶解；

(2) 将1,2-二氯乙烷、月桂酸聚氧乙烯酯、月桂醇聚氧乙烯醚、二氯四氟甲烷、蓖麻油马来酸酯、PEG-7甘油椰油酸酯加入混合釜中，加入余量的加热至80~90℃的水，以1200~1400r/min的速度搅拌4~6min；

(3) 最后将助剂加入混合釜中，搅拌均匀，自然冷却即可。

原料介绍 所述助剂制备方法是将硅烷偶联剂KH-570、蓖麻油酸、乙醇混合，加热至60~70℃，搅拌20~30min后，再加入其他剩余成分，升温至80~85℃，搅拌30~40min，即得。

产品应用 将有油墨的不锈钢金属薄片置于盛有清洗剂的烧杯中，在25℃下浸泡5min后，再匀速振荡5min，去污率为91.7%。

产品特性 本品添加助剂，改善了清洗剂的工艺性能，减小了毒副作用和对环境的污染；本品清洗能力强，能够快速去除污物，安全无毒，不挥发，对人体无害，不具有腐蚀性，制作成本低，对印刷机胶辊损伤作用小，使用方便。与汽油、煤油相比，此清洗剂可使胶皮布使用寿命延长2年，墨辊使用寿命延长3年。

配方35　用于胶辊以及橡皮布的油墨清洗剂

原料配比

原料	配比（质量份）		原料	配比（质量份）
煤油	14		助剂	4
十二烷基苯磺酸钠	3		水	100
聚丙烯酰胺	2		硅烷偶联剂 KH-570	3
乙二胺四乙酸	2		蓖麻油酸	4
硅酸镁	1	助剂	丙烯腈	2
辛癸酸	1		新戊二醇	3
十二烷基硫酸钠	1		吗啉	1
苯并三氮唑	1		抗氧剂 1035	2
二氯异氰尿酸钠	2		乙醇	15

制备方法

（1）在室温下将煤油、聚丙烯酰胺、乙二胺四乙酸、硅酸镁、辛癸酸加入混合釜中，将一半量的水加热至 60～75℃ 后加入混合釜中，搅拌至完全溶解；

（2）将十二烷基苯磺酸钠、十二烷基硫酸钠、苯并三氮唑、二氯异氰尿酸钠加入混合釜中，加入余量的加热至 80～90℃ 的水，以 1200～1400r/min 的速度搅拌 4～6min；

（3）最后将助剂加入混合釜中，搅拌均匀，自然冷却即可。

原料介绍　所述助剂制备方法是将硅烷偶联剂 KH-570、蓖麻油酸、乙醇混合，加热至 60～70℃，搅拌 20～30min 后，再加入其他剩余成分，升温至 80～85℃，搅拌 30～40min，即得。

产品应用　将有油墨的不锈钢金属薄片置于盛有清洗剂的烧杯中，在 25℃ 下浸泡 5min 后，再匀速振荡 5min，去污率为 93.4%。

产品特性　本品添加助剂，改善了清洗剂的工艺性能，减小了毒副作用和对环境的污染；本品使用安全，不易燃烧，清洗效果好，对印刷机胶辊、橡皮布损伤作用小，使用方便。与汽油、煤油相比，此清洗剂可使橡皮布使用寿命延长 2 年，胶辊使用寿命延长 3 年。

配方36　用于清洁印刷机械的高效清洗剂

原料配比

原料	配比（质量份）		原料	配比（质量份）
煤油	30		三乙醇胺	1
扩散剂 MF	3		碳酸钠	3
植酸	3		葡糖酸	2

原料	配比(质量份)		原料	配比(质量份)
月桂基甜菜碱	2		硅烷偶联剂 KH-570	3
石油磺酸钠	2		蓖麻油酸	3
硅烷偶联剂 KH-550	1	助剂	2-氨基-2-甲基-1-丙醇	1
乙酸乙烯酯	3		聚氧乙烯山梨醇酐单油酸酯	3
戊二醛	6		抗氧剂 1035	1
助剂	4		乙醇	12
水	100			

制备方法

(1) 在室温下将煤油、扩散剂 MF、植酸、三乙醇胺、碳酸钠、葡糖酸、月桂基甜菜碱加入混合釜中，将一半量的水加热至 60～75℃ 后加入混合釜中，搅拌至完全溶解；

(2) 将石油磺酸钠、硅烷偶联剂 KH-550、乙酸乙烯酯、戊二醛加入混合釜中，加入余量的水，以 1300～1500r/min 的速度搅拌 4～5min；

(3) 最后将助剂加入混合釜中，搅拌均匀，自然冷却即可。

原料介绍 所述助剂制备方法是将硅烷偶联剂 KH-570、蓖麻油酸、乙醇混合，加热至 60～70℃，搅拌 20～30min 后，再加入其他剩余成分，升温至 80～85℃，搅拌 30～40min，即得。

产品应用 将有油墨的不锈钢金属薄片置于盛有清洗剂的烧杯中，在 25℃ 下浸泡 5min 后，再匀速振荡 5min，去污率为 92.1%。

产品特性 本品添加助剂，改善了清洗剂的工艺性能，减小了毒副作用和对环境的污染；本品对油墨有优良的溶解、稀释能力；无毒害，无污染，不易燃易爆，对印刷机胶辊损伤作用小，使用方便。与汽油、煤油相比，此清洗剂可使胶皮布使用寿命延长 2 年，墨辊使用寿命延长 3 年。

配方37 印刷机油墨的清洗剂

原料配比

原料	配比(质量份)		原料	配比(质量份)
煤油	20		水	100
失水山梨醇棕榈酸酯	3		硅烷偶联剂 KH-570	3
异丙醇	5		蓖麻油酸	2
太古油	2		茶多酚	2
聚丙烯酸	1		单硬脂酸甘油酯	4
脂肪醇聚氧乙烯醚	3	助剂	新戊二醇	2
乙二醇	10		对叔丁基苯甲酸	4
柠檬酸	1		抗氧剂 1035	1
助剂	4		乙醇	15

制备方法

（1）在室温下将煤油、异丙醇、太古油、乙二醇、柠檬酸加入混合釜中，将一半量的水加热至65～75℃后加入混合釜中，搅拌至完全溶解；

（2）将失水山梨醇棕榈酸酯、聚丙烯酸、脂肪醇聚氧乙烯醚加入混合釜中，加入余量的加热至80～90℃的水，以1400～1500r/min的速度搅拌3～5min；

（3）最后将助剂加入混合釜中，搅拌均匀，自然冷却即可。

原料介绍　所述助剂制备方法是将硅烷偶联剂KH-570、蓖麻油酸、乙醇混合，加热至60～70℃，搅拌20～30min后，再加入其他剩余成分，升温至80～85℃，搅拌30～40min，即得。

产品应用　将有油墨的不锈钢金属钢片置于盛有清洗剂的烧杯中，在25℃下浸泡5min后，再匀速振荡5min，去污率为89.4％。

产品特性　本品添加助剂，改善了清洗剂的工艺性能，减小了毒副作用和对环境的污染；本品清洗能力强，无毒，不挥发，对人体无害，不具有腐蚀性，制作成本低，工艺简单，使用方便，应用前景广泛。与汽油、煤油相比，此清洗剂可使胶皮布使用寿命延长2年，墨辊使用寿命延长2年。

配方38　用于清洗印刷机油墨的清洗剂

原料配比

原料	配比（质量份）	原料		配比（质量份）
煤油	20	助剂		4
失水山梨醇棕榈酸酯	3	水		100
柠檬酸	2	助剂	硅烷偶联剂KH-570	3
柠檬酸钠	1		蓖麻油酸	4
过氧单磺酸钾	2		丙烯腈	2
全氟聚醚	4		新戊二醇	3
4-甲基水杨酸	1		吗啉	1
石油磺酸钠	2		抗氧剂1035	2
硼酸	1		乙醇	15
山梨醇聚氧乙烯醚月桂酸酯	3			

制备方法

（1）在室温下将煤油、柠檬酸、柠檬酸钠、过氧单磺酸钾、4-甲基水杨酸加入混合釜中，将一半量的水加热至65～75℃后加入混合釜中，搅拌至完全溶解；

（2）将失水山梨醇棕榈酸酯、全氟聚醚、石油磺酸钠、山梨醇聚氧乙烯醚月桂酸酯加入混合釜中，加入余量的加热至80～90℃的水，以1300～1400r/min的速度搅拌4～5min；

（3）最后将剩余成分加入混合釜中，搅拌均匀，自然冷却即可。

原料介绍 所述助剂制备方法是将硅烷偶联剂 KH-570、蓖麻油酸、乙醇混合，加热至 60～70℃，搅拌 20～30min 后，再加入其他剩余成分，升温至 80～85℃，搅拌 30～40min，即得。

产品应用 将涂有油墨的不锈钢金属置于盛有清洗剂的烧杯中，在 25℃下浸泡 5min 后，再匀速振荡 5min，去污率为 92.4%，清洗能力良好。

产品特性 本品添加助剂，改善了清洗剂的工艺性能，减小了毒副作用和对环境的污染；本品清洗能力强，大大优于汽油，而且无毒，不挥发，对人体无害，不具有腐蚀性，制作成本低。与汽油、煤油相比，此清洗剂可使胶皮布使用寿命延长 2 年，墨辊使用寿命延长 3 年。

配方39 用于清洗印刷设备油墨的清洗剂

原料配比

原料	配比（质量份）	原料		配比（质量份）
松节油	6	助剂		4
3-甲基环戊酮	10	水		100
磷酸氢二钠	3		硅烷偶联剂 KH-570	3
硼砂	2		蓖麻油酸	2
对硝基苯甲酸	3		茶多酚	2
硫氰酸钠	2	助剂	单硬脂酸甘油酯	4
苯胺	1		新戊二醇	2
三聚氰胺	3		对叔丁基苯甲酸	4
硫酸钠	2		抗氧剂 1035	1
柠檬酸	3		乙醇	15
聚亚烷基二醇	10			

制备方法

（1）在室温下将松节油、3-甲基环戊酮、磷酸氢二钠、硼砂、对硝基苯甲酸、硫氰酸钠、苯胺、三聚氰胺加入混合釜中，将一半量的水加热至 65～75℃后加入混合釜中，搅拌至完全溶解；

（2）将硫酸钠、柠檬酸、聚亚烷基二醇加入混合釜中，加入余量的加热至 80～90℃的水，以 1300～1500r/min 的速度搅拌 4～5min；

（3）最后将助剂加入混合釜中，搅拌均匀，自然冷却即可。

原料介绍 所述助剂制备方法是将硅烷偶联剂 KH-570、蓖麻油酸、乙醇混合，加热至 60～70℃，搅拌 20～30min 后，再加入其他剩余成分，升温至 80～85℃，搅拌 30～40min，即得。

产品应用 将油墨涂于一定质量的不锈钢金属薄片上，自然状态下晾干，将其置于盛有清洗剂的烧杯中，在 25℃下浸泡 5min 后，再匀速振荡 5min，去污率为 93.1%，清洗能力良好。

产品特性　本品添加助剂，改善了清洗剂的工艺性能，减小了毒副作用和对环境的污染；本清洗剂能够减少成本、减少设备损坏，提高表面光洁度、增强清洁度，无毒、挥发少、对人体无害，应用前景广泛。与汽油、煤油相比，此清洗剂可使胶皮布使用寿命延长 2 年，墨辊使用寿命延长 2 年。

配方40　用于清洗印刷油墨的清洗剂

原料配比

原料	配比（质量份）		原料	配比（质量份）
肉豆蔻酸异丙酯	5		助剂	4
油酸	2		水	100
氢氧化钠	1		硅烷偶联剂 KH-570	3
钼酸钠	3		蓖麻油酸	2
苯并三氮唑	1		茶多酚	2
磷酸三钠	3	助剂	单硬脂酸甘油酯	4
硫脲	1		新戊二醇	2
硫酸亚铁	1		对叔丁基苯甲酸	4
抗坏血酸	3		抗氧剂 1035	1
二丁基萘磺酸钠	1		乙醇	15
季戊四醇	2			
磷酸三正丁酯	3			

制备方法

（1）在室温下将油酸、氢氧化钠、钼酸钠、磷酸三钠、硫脲、硫酸亚铁、抗坏血酸加入混合釜中，将一半量的水加热至 65～75℃后加入混合釜中，搅拌至完全溶解；

（2）将肉豆蔻酸异丙酯、苯并三氮唑、二丁基萘磺酸钠、季戊四醇、磷酸三正丁酯加入混合釜中，加入余量的加热至 80～90℃的水，以 1200～1300r/min 的速度搅拌 4～6min；

（3）最后将助剂加入混合釜中，搅拌均匀，自然冷却即可。

原料介绍　所述助剂制备方法是将硅烷偶联剂 KH-570、蓖麻油酸、乙醇混合，加热至 60～70℃，搅拌 20～30min 后，再加入其他剩余成分，升温至 80～85℃，搅拌 30～40min，即得。

产品应用　将有油墨的不锈钢金属薄片置于盛有清洗剂的烧杯中，在 25℃下浸泡 5min 后，再匀速振荡 5min，去污率为 92.5%，清洗能力良好。

产品特性　本品添加助剂，改善了清洗剂的工艺性能，减小了毒副作用和对环境的污染；本品清洗能力强，无毒，不挥发，对人体无害，不具有腐蚀性，制作成本低，原料易得，使用方便。与汽油、煤油相比，此清洗剂可使胶皮布使用寿命延长 2 年，墨辊使用寿命延长 3 年。

配方41　清洗印刷油墨的清洗剂

原料配比

原料	配比(质量份)		原料	配比(质量份)
辛烷基苯酚聚氧乙烯醚	5		氢氧化钠	1
油酸	5		助剂	4
油酸钠	2		水	100
N-酰基甲基牛磺酸钠	1	助剂	硅烷偶联剂 KH-570	3
烷基硫酸酯	4		蓖麻油酸	3
尼泊金甲酯	2		2-氨基-2-甲基-1-丙醇	1
偏硼酸钠	1		聚氧乙烯山梨醇酐单油酸酯	3
棕榈酸	1		抗氧剂 1035	1
乙二胺四乙酸二钠	2		乙醇	12

制备方法

（1）在室温下将油酸、油酸钠、偏硼酸钠、棕榈酸、乙二胺四乙酸二钠、氢氧化钠加入混合釜中，将一半量的水加热至 60～75℃后加入混合釜中，搅拌至完全溶解；

（2）将辛烷基苯酚聚氧乙烯醚、N-酰基甲基牛磺酸钠、烷基硫酸酯、尼泊金甲酯加入混合釜中，加入余量的水，以 1300～1500r/min 的速度搅拌 3～5min；

（3）最后将助剂加入混合釜中，搅拌均匀，自然冷却即可。

原料介绍　所述助剂制备方法是将硅烷偶联剂 KH-570、蓖麻油酸、乙醇混合，加热至 60～70℃，搅拌 20～30min 后，再加入其他剩余成分，升温至 80～85℃，搅拌 30～40min，即得。

产品应用　将有油墨的不锈钢金属薄片置于盛有清洗剂的烧杯中，在 25℃下浸泡 5min 后，再匀速振荡 5min，去污率为 89.9%，清洗能力良好。

产品特性　本品添加助剂，改善了清洗剂的工艺性能，减小了毒副作用和对环境的污染；本品配方合理，乳液质地均匀，去污能力强，效率高，安全无毒，挥发慢，成本低。与汽油、煤油相比，此清洗剂可使胶皮布使用寿命延长 2 年，墨辊使用寿命延长 3 年。

配方42　清洗印刷油墨用清洗剂

原料配比

原料	配比(质量份)	原料	配比(质量份)
辛烷基苯酚聚氧乙烯醚	15	过硼酸钠	2
油酸	5	过碳酸钠	1
油酸钠	3	椰油基咪唑啉二羧酸钠	2

原料	配比(质量份)		原料	配比(质量份)
乙二醇单丁醚	4		硅烷偶联剂 KH-570	2
十二烷基苯磺酸钠	2		蓖麻油酸	3
硼酸	1	助剂	甲基丙烯酸-2-羟基乙酯	3
三乙醇胺硼酸酯	2		新戊二醇	3
助剂	4		乙酸乙烯酯	2
水	100		抗氧剂 1035	3
			乙醇	14

制备方法

(1) 在室温下将油酸、油酸钠、过硼酸钠、过碳酸钠、硼酸加入混合釜中，将一半量的水加热至 65～75℃后加入混合釜中，搅拌至完全溶解；

(2) 将辛烷基苯酚聚氧乙烯醚、椰油基咪唑啉二羧酸钠、乙二醇单丁醚、十二烷基苯磺酸钠、三乙醇胺硼酸酯加入混合釜中，加入余量的加热至 80～90℃的水，以 1300～1500r/min 的速度搅拌 4～5min；

(3) 最后将助剂加入混合釜中，搅拌均匀，自然冷却即可。

原料介绍 所述助剂制备方法是将硅烷偶联剂 KH-570、蓖麻油酸、乙醇混合，加热至 60～70℃，搅拌 20～30min 后，再加入其他剩余成分，升温至 80～85℃，搅拌 30～40min，即得。

产品应用 将有油墨的不锈钢金属薄片置于盛有清洗剂的烧杯中，在 25℃下浸泡 5min 后，再匀速振荡 5min，去污率为 92.8%，清洗能力良好。

产品特性 本品添加助剂，改善了清洗剂的工艺性能，减小了毒副作用和对环境的污染；本品清洗能力强，无毒，不挥发，对人体无害，不具有腐蚀性，对设备没有损伤，工艺简单，制作成本低，使用方便。与汽油、煤油相比，此清洗剂可使胶皮布使用寿命延长 2 年，墨辊使用寿命延长 3 年。

配方43 油墨清洗剂

原料配比

原料	配比(质量份)		原料	配比(质量份)
二氯甲烷	6		助剂	4
乙酸	2		水	100
乙醇	12		硅烷偶联剂 KH-570	3
氯化石蜡	1		蓖麻油酸	4
2-膦酸丁烷-1,2,4-三羧酸四钠	3		丙烯腈	2
吐温-80	3	助剂	新戊二醇	3
月桂醇	4		吗啉	1
苹果酸钠	2		抗氧剂 1035	2
乙酸	2		乙醇	15

制备方法

（1）在室温下将二氯甲烷、乙酸、乙醇、氯化石蜡、2-膦酸丁烷-1,2,4-三羧酸四钠加入混合釜中，将一半量的水加热至 65～70℃ 后加入混合釜中，搅拌至完全溶解；

（2）将吐温-80、月桂醇、苹果酸钠、乙酸加入混合釜中，加入余量的加热至 80～90℃ 的水，以 1300～1400r/min 的速度搅拌 3～6min；

（3）最后将助剂加入混合釜中，搅拌均匀，自然冷却即可。

原料介绍　所述助剂制备方法是将硅烷偶联剂 KH-570、蓖麻油酸、乙醇混合，加热至 60～70℃，搅拌 20～30min 后，再加入其他剩余成分，升温至 80～85℃，搅拌 30～40min，即得。

产品应用　将有油墨的不锈钢金属薄片置于盛有清洗剂的烧杯中，在 25℃ 下浸泡 5min 后，再匀速振荡 5min，去污率为 92.4%，清洗能力良好。

产品特性　本品添加助剂，改善了清洗剂的工艺性能，减小了毒副作用和对环境的污染；本品安全无毒，去污效率高，对设备损伤小，稳定性好，节约能源，具有广泛的市场前景。与汽油、煤油相比，此清洗剂可使胶皮布使用寿命延长 2 年，墨辊使用寿命延长 3 年。

配方44　高效油墨清洗剂

原料配比

原料	配比(质量份)	原料		配比(质量份)
辛基酚聚氧乙烯醚	20	助剂		4
磺酸钠	5	水		100
二乙醇胺	1	助剂	硅烷偶联剂 KH-570	3
草酸	1		蓖麻油酸	2
苯甲酸钠	5		茶多酚	2
甲基椰油酰基牛磺酸钠	2		单硬脂酸甘油酯	4
二甲苯磺酸钠	1		新戊二醇	2
二甲基硅油	2		对叔丁基苯甲酸	4
乌洛托品	1		抗氧剂 1035	1
柠檬酸	1		乙醇	15
油酸三乙醇胺皂	1			

制备方法

（1）在室温下将磺酸钠、二乙醇胺、草酸、二甲苯磺酸钠、二甲基硅油、乌洛托品、柠檬酸加入混合釜中，将一半量的水加热至 65～75℃ 后加入混合釜中，搅拌至完全溶解；

（2）将辛基酚聚氧乙烯醚、苯甲酸钠、甲基椰油酰基牛磺酸钠、油酸三乙醇胺皂加入混合釜中，加入余量的加热至 80～90℃ 的水，以 1300～1400r/min 的速度搅拌 4～6min；

（3）最后将助剂加入混合釜中，搅拌均匀，自然冷却即可。

原料介绍　所述助剂制备方法是将硅烷偶联剂 KH-570、蓖麻油酸、乙醇混合，加热至 60～70℃，搅拌 20～30min 后，再加入其他剩余成分，升温至 80～85℃，搅拌 30～40min，即得。

产品应用　将有油墨的不锈钢金属薄片置于盛有清洗剂的烧杯中，在 25℃下浸泡 5min 后，再匀速振荡 5min，去污率为 92.5%。

产品特性　本品添加助剂，改善了清洗剂的工艺性能，减小了毒副作用和对环境的污染；本品对油墨有优良的溶解稀释能力，去污效率高，无毒害，无污染，不易燃易爆，对印刷机胶辊损伤作用小，使用方便，成本低。与汽油、煤油相比，此清洗剂可使胶皮布使用寿命延长 2 年，墨辊使用寿命延长 3 年。

配方45　油墨高效清洗剂

原料配比

原料	配比（质量份）		原料	配比（质量份）
妥尔油	3		水	100
十二烷基苯磺酸钠	3		硅烷偶联剂 KH-570	2
氢氧化钠	1		蓖麻油酸	3
焦磷酸钾	2		甲基丙烯酸-2-羟基乙酯	3
咪唑啉	1	助剂	新戊二醇	3
异丙酮	10		乙酸乙烯酯	2
十四烷基三甲基氯化铵	2		抗氧剂 1035	3
硫酸亚锡	1		乙醇	14
二异丙基萘磺酸钠	1			
助剂	4			

制备方法

（1）在室温下将妥尔油、氢氧化钠、焦磷酸钾、十四烷基三甲基氯化铵、硫酸亚锡加入混合釜中，将一半量的水加热至 65～70℃后加入混合釜中，搅拌至完全溶解；

（2）将十二烷基苯磺酸钠、咪唑啉、异丙酮、二异丙基萘磺酸钠加入混合釜中，加入余量的加热至 80～90℃的水，以 1500～1600r/min 的速度搅拌 3～4min；

（3）最后将助剂加入混合釜中，搅拌均匀，自然冷却即可。

原料介绍　所述助剂制备方法是将硅烷偶联剂 KH-570、蓖麻油酸、乙醇混合，加热至 60～70℃，搅拌 20～30min 后，再加入其他剩余成分，升温至 80～85℃，搅拌 30～40min，即得。

产品应用　将有油墨的不锈钢金属薄片置于盛有清洗剂的烧杯中，在 25℃下浸泡 5min 后，再匀速振荡 5min，去污率为 92.7％，清洗能力良好。

产品特性 本品添加助剂，改善了清洗剂的工艺性能，减小了毒副作用和对环境的污染；本品清洁能力好，去污效率高，无毒，运输安全，不环境污染；使用妥尔油，节约了能源，降低了生产成本。与汽油、煤油相比，此清洗剂可使胶皮布使用寿命延长 2 年，墨辊使用寿命延长 3 年。

配方46 环保油墨清洗剂

原料配比

原料	配比（质量份）	原料		配比（质量份）
烷基磷酸酯	4	水		100
油酸聚乙醇酯	6	助剂	硅烷偶联剂 KH-570	3
磺化蓖麻油	10		蓖麻油酸	2
D-柠檬烯	3		茶多酚	2
碳酸钾	2		单硬脂酸甘油酯	4
磷酸二氢钠	4		新戊二醇	2
油酸二乙醇酰胺硼酸酯	1		对叔丁基苯甲酸	4
羟基亚乙基二膦酸	2		抗氧剂 1035	1
助剂	4		乙醇	15

制备方法

（1）在室温下将磺化蓖麻油、D-柠檬烯、碳酸钾、磷酸二氢钠加入混合釜中，将一半量的水加热至 65～75℃后加入混合釜中，搅拌至完全溶解；

（2）将烷基磷酸酯、油酸聚乙醇酯、油酸二乙醇酰胺硼酸酯、羟基亚乙基二膦酸加入混合釜中，加入余量的加热至 80～90℃的水，以 1300～1500r/min 的速度搅拌 4～5min；

（3）最后将助剂加入混合釜中，搅拌均匀，自然冷却即可。

原料介绍 所述助剂制备方法是将硅烷偶联剂 KH-570、蓖麻油酸、乙醇混合，加热至 60～70℃，搅拌 20～30min 后，再加入其他剩余成分，升温至 80～85℃，搅拌 30～40min，即得。

产品应用 将有油墨的不锈钢金属薄片置于盛有清洗剂的烧杯中，在 25℃下浸泡 5min 后，再匀速振荡 5min，去污率为 91.4％。

产品特性 本品添加助剂，改善了清洗剂的工艺性能，减小了毒副作用和对环境的污染；本品对油墨有优良的溶解、稀释能力，无毒害，无污染，不易燃易爆，对印刷机胶辊损伤作用小，使用方便。与汽油、煤油相比，此清洗剂可使胶皮布使用寿命延长 2 年，墨辊使用寿命延长 2 年。

配方47　印刷设备油墨清洗剂

原料配比

原料	配比(质量份)			原料	配比(质量份)		
	1#	2#	3#		1#	2#	3#
D-柠檬烯	4	5	5	单乙醇胺	3	4	4
十二烷基二苯醚二磺酸钠	11	13	11	二乙二醇乙醚	5	6	4
十二烷基苯磺酸钠	4	6	7	失水山梨醇脂肪酸酯	6	4	6
二硅酸钠	5	4	4	乙醇	2	3	3
十二烷基硫酸钠	3	6	4	水	70	90	90
三聚磷酸钠	7	8	10	薰衣草香精	2	2	3
三乙醇胺	4	7	7				

制备方法　将各组分原料混合均匀即可。

产品应用　本品主要用于清洗制版打印机、凹凸印刷机的输墨装置、橡皮布及印刷机附件上的油墨和油污。

产品特性

(1) 本品可直接使用，也可用水稀释后使用，具有润湿、渗透、溶解等功能，清洗印刷设备时，不串墨。

(2) D-柠檬烯［D-1-甲基-4-(1-甲基乙烯基）环己烷］主要来源于芸香科植物如柑橘、柠檬类水果的果皮，是一种植物基环保有机溶剂，不溶于水，具有很强的去油脱污能力。另外，加入薰衣草香精，在一定程度上消除了油墨味道。

配方48　质量稳定的印刷油墨清洗剂

原料配比

原料	配比(质量份)	原料		配比(质量份)
煤油	23	均四氟二氯乙烷		6
十二烷基苯磺酸钠	2	助剂		4
氢氧化钠	1	水		100
乌洛托品	1	助剂	硅烷偶联剂 KH-570	2
乙二醇丁醚	3		蓖麻油酸	3
硫化烷基酚钙	1		甲基丙烯酸-2-羟基乙酯	3
山梨醇单硬脂酸酯	1		新戊二醇	3
三聚磷酸钠	1		乙酸乙烯酯	2
铬酸钠	2		抗氧剂 1035	3
石油磺酸钡	2		乙醇	14
三氟氯甲烷	4			

制备方法

(1) 在室温下将煤油、氢氧化钠、乌洛托品、三聚磷酸钠、铬酸钠加入混合釜中，将一半量的水加热至65～70℃后加入混合釜中，搅拌至完全溶解；

（2）将十二烷基苯磺酸钠、乙二醇丁醚、硫化烷基酚钙、山梨坦单硬脂酸酯、石油磺酸钡、三氟氯甲烷、均四氟二氯乙烷加入混合釜中，加入余量的加热至80～90℃的水，以1400～1500r/min的速度搅拌4～5min；

（3）最后将助剂加入混合釜中，搅拌均匀，自然冷却即可。

原料介绍　所述助剂制备方法是将硅烷偶联剂KH-570、蓖麻油酸、乙醇混合，加热至60～70℃，搅拌20～30min后，再加入其他剩余成分，升温至80～85℃，搅拌30～40min，即得。

产品应用　将有油墨的不锈钢金属薄片置于盛有清洗剂的烧杯中，在25℃下浸泡5min后，再匀速振荡5min，去污率为92.8%，清洗能力良好。

产品特性　本品添加助剂，改善了清洗剂的工艺性能，减小了毒副作用和对环境的污染；本品清洗效率高，体系稳定性好，防腐蚀能力强，不易损伤设备，安全无毒，挥发少，对人体无害，成本低，节能环保，应用前景广泛。与汽油、煤油相比，此清洗剂可使胶皮布使用寿命延长2年，墨辊使用寿命延长3年。

9

机械设备清洗剂

配方1 安全的清洗剂

原料配比

原料	配比(质量份)			原料	配比(质量份)		
	1#	2#	3#		1#	2#	3#
聚丙烯酰胺-乙二醛树脂	4.8	4.3	5.6	葡糖酸	6.5	5.5	7.5
页岩油	3.5	2.8	4.5	稳定剂 2,6-二叔丁基对甲酚	4.5	2.4	5.5
脂肪酸甲酯磺酸盐	6.8	5.6	7.8	增效助剂	5.5	3.3	6.5
4-二巯基化合物	4.4	3.5	5.4				

制备方法 将各组分原料混合均匀即可。

产品特性 本品清洗效果好,机械设备清洗后暴露在空气中,可在比较长的时间内不生锈,降低了清洗成本。本品具有强力渗透能力,不易燃易爆,安全系数高,对工作环境也不会造成较大的不良影响,不含亚硝酸盐、苯酚、甲醛等危害环境的物质,使用时借助加热、刷洗等方式使得油污尽快脱离工件表面,从而分散到清洗液中;对操作人员无毒害作用,具有较好的环保性,废液处理容易;能够有效改善加工环境和车间卫生状况,利于提高工作效率。

配方2 草酸清洗剂

原料配比

原料	配比(质量份)		原料	配比(质量份)	
	1#	2#		1#	2#
草酸	0.5	1.5	EDTA-NH$_4$	3	3
硫酸	3	2.5	缓蚀剂	0.3	0.5
甲酸	0.5	0.3	水	加至100	加至100
柠檬酸铵	1	2			

制备方法 将上述比例的草酸、硫酸、甲酸、柠檬酸铵、EDTA-NH$_4$、缓蚀剂加入一定量的水中,搅拌均匀即可。

产品特性 本品具有对金属腐蚀性小,有效保护金属设备不受腐蚀,清洗效果好等特点，可以对设备进行彻底清洁，此外，还具有制备方法简单、生产成本较低的优点。

配方3 超高压带电绝缘清洗剂

原料配比

原料		配比（质量份）			
		1#	2#	3#	4#
四氯乙烯		50	60	55	55
二氯甲烷		30	20	25	28
轻溶剂油	200号溶剂油	18	16.5	18	15
渗透剂	乙基硅油	1	2	1.5	1.5
稳定剂		1	1.5	0.5	0.5
稳定剂	庚烷	0.2	0.3	—	0.3
	环己烷	0.3	0.2	—	0.2
	十二烷	0.2	0.5	—	—
	癸烷	0.3	0.5	0.5	—

制备方法 先将各组分加入搅拌釜中搅拌 20～30min，然后于 10～25℃下反应 3～4h 即可。

产品特性 该清洗剂具有清洗快速、彻底，对被清洗设备的元器件无任何腐蚀性且挥发较快的优点。当高压绝缘子表面受到综合污染时，本品能够快速、彻底清除污染物，预防因污染物受潮湿时造成的闪络现象。本品能清洗 500kV 以上的带电设备，电阻率高达 1×10^{11} Ω·2.5mm 以上，挥发速率达到 0.2～0.25mg/min，克服了传统带电绝缘清洗剂的不足。其制备方法简单易行、易于实现。

配方4 处理石油储备设备内部硫铁化合物的泡沫型清洗剂

原料配比

原料		配比（质量份）				
		1#	2#	3#	4#	5#
硫酸溶液	硫酸和水的体积比为 1∶10	75（体积份）	—	—	—	—
	硫酸和水的体积比为 1∶7.5	—	75（体积份）	75（体积份）	—	—
	硫酸和水的体积比为 1∶15	—	—	—	75（体积份）	—
	硫酸和水的体积比为 1∶5	—	—	—	—	75（体积份）
增稠剂	10%明胶	7.5	—	—	—	—
	2%瓜尔胶	—	1.5	—	—	—
	0.2%黄原胶	—	—	0.23	—	—
	0.2%分子量为 20000 的水性丙烯酸聚合物	—	—	—	0.03	—
	0.9%黄原胶	—	—	—	—	0.876

原料		配比（质量份）				
		1#	2#	3#	4#	5#
发泡剂	3.1%十二烷基硫酸钠	2.3	—	—	—	—
	2.1%十二烷基苯磺酸钠	—	1.5	—	—	—
	0.8%羟乙基纤维素	—	—	0.75	—	—
	0.6%羟乙基纤维素	—	—	—	0.57	—
	1.3%十二烷基苯磺酸钠	—	—	—	—	0.13
缓蚀剂	乙酰乙胺	8	—	—	—	—
	苯丙氨酸	—	3	—	—	—
	甘氨酸	—	—	1.8	—	2.1
	肉桂醛	—	—	—	0.13	—

制备方法　将各组分按比例配制完成后，经 200～1000r/min 的转速搅拌或向溶液中吹入空气，形成泡沫型清洗剂。

原料介绍

所述的硫酸溶液，硫酸和水的体积比为（1∶5）～（1∶25）。

所述的缓蚀剂为乙酰乙胺、肉桂醛、苯丙氨酸和甘氨酸中的一种或几种。

所述的增稠剂为质量分数 0.1%～20% 的黄原胶、质量分数 0.1%～3% 的水性丙烯酸聚合物、质量分数 5%～10% 的明胶、质量分数 1%～6% 的瓜尔胶中的一种或几种。

所述的水性丙烯酸聚合物的平均分子量为 6000～20000。

所述的发泡剂为质量分数 0.05%～2.5% 的羟乙基纤维素、质量分数 1%～3% 的十二烷基苯磺酸钠、质量分数 2%～5% 的十二烷基硫酸钠中的一种或几种。

产品应用　本品是一种针对石油化工装置上因硫腐蚀所产生的硫铁化合物沉积物的新型高效泡沫型清洗剂，该清洗剂也可用于其他化工设备或其他设备锈蚀物的清洗。

使用方法：将本品喷涂至经硫腐蚀的钢容器内壁，停留 10min，可将容器内壁上的硫腐蚀物完全溶解，使容器壁表面光洁。

当设备中的油污较多时，可预先用表面活性剂的水溶液冲洗后再使用本品清洗，或者直接将本品与表面活性剂同时加入进行清洗。

产品特性

（1）本品中硫酸与水的具体比例由设备的腐蚀程度决定，从而达到控制硫酸过量的目的。该清洗剂中加入缓蚀剂，可防止设备被酸性物质腐蚀，防止或减缓清洗液与钢铁本体发生化学反应；加入增稠剂可提高清洗剂的黏度；加入发泡剂可减小清洗剂的密度。该清洗剂通过搅拌或鼓泡发泡后喷涂，黏附、悬停于设备内壁表面，停留时间为 1～10min，使清洗剂有足够时间与设备内的腐蚀产物接触反应，达到清洗的目的。本品有效减少了硫酸的使用量，减少了水的消耗，减少了大量清洗废液所带来的污染，并有利于废液的处理和循环利用，达到了降低成本和保护环境的目的。同时，由于泡沫清洗剂的比表面积比较大，从而提高了清洗效率，减少了清洗剂的使用量，缩短了清洗所需的时间。

（2）本品将纯液体浸洗改成泡沫清洗，既能降低清洗成本和水资源的消耗，减少清洗剂所带来的污染问题，又能提高硫铁化合物或铁氧化产物的清洗效率。

配方5 电机喷淋用清洗剂

原料配比

原料	配比（质量份）	原料	配比（质量份）
甘油单硬脂酸酯	1.2～8	TA-E污垢分散剂	12～25
二乙烯三胺五乙酸钠	1.5～10	抗腐蚀剂	5～12
一乙醇胺	5～20	去离子水	加至100

制备方法 将 TA-E 污垢分散剂和去离子水加入反应釜中，加热至70～90℃，真空度至少为—0.05 MPa，搅拌10～20 min后，降温至60～70℃并保持恒温，再加入一乙醇胺、二乙烯三胺五乙酸钠和抗腐蚀剂，当全部组分互溶后，降温至30℃以下，再加入甘油单硬脂酸酯至全部互溶，经检测、过滤后包装。

产品应用 本品是一种环保型电机喷淋用清洗剂。

产品特性 本品成本低廉、性能温和，集清洗、防腐蚀于一体。

配方6 电气机械设备高效清洗剂

原料配比

原料	配比（质量份）	原料	配比（质量份）
亚硫酸钠	1～3	氯化钠	2～8
碳酸钠	3～8	氯化钙	3～7
纳米碳酸钙	9～10	氯化铝	1～2
二氯甲烷	7～13	氯化钾	1～2
苯甲醇	5～10	助溶剂	1
正戊烷	1～9	润湿剂	1
三氯甲烷	1～3	二甲基硅油	20～25

制备方法 将各组分原料混合均匀即可。

产品特性 本品是高绝缘、高纯度的溶剂，电气机械设备可用喷枪进行清洗，不用完全拆卸，操作方便简单，具有良好的渗透、溶解性，清洗油污污渍干净彻底，对电气机械设备的材质无任何隐形损坏。

配方7　电气机械设备清洗剂

原料配比

原料	配比(质量份)	原料	配比(质量份)
亚硫酸钠	1~3	乙二醇丁醚	9~15
碳酸钠	3~8	马来酸酐	8~15
碳酸钙	7~10	硼酸锌	4~13
三乙胺	4~13	聚乙烯酯	8~14
酒石酸	5~10	二甲基二巯基乙酸异辛酯锡	23~28
苯甲酸甲酯	8~14	二甲基硅油	20~25

制备方法　将各组分原料混合均匀即可。

产品特性　本品是高绝缘、高纯度的溶剂，电气机械设备可用喷枪进行清洗，不用完全拆卸，操作方便简单，具有良好的渗透、溶解性，清洗油污污渍干净彻底，对电气机械设备的材质无任何隐形损坏。

配方8　电器类设备专用清洗剂

原料配比

原料	配比(体积份)	原料	配比(体积份)
乙醇	10~15	羟基乙酸	10~20
三氟丁烯	5~10	表面活性剂	5~7
四氯乙烯	2~5	桔皮油	1~2
抗静电剂	3~5	去离子水	加至1000

制备方法　将各组分原料混合均匀即可。

产品特性　本品配方合理，成本低廉，杀菌、去油污效果好且对常用清洗物无腐蚀性，清洗效果非常好；清洗彻底、干净，有机溶剂可完全挥发，无残留，并且对金属材料、复合材料及油漆表面安全、无腐蚀。

配方9　电器设备清洗剂

原料配比

原料	配比(质量份)	原料	配比(质量份)
甲醇	10~15	异丙醇	5~10
乙醇	10~20	消泡剂	3~9
柠檬酸钠	5~8	铬酸钠	5~10
香精	2~4	去离子水	加至100

制备方法　将各组分原料混合均匀即可。

产品特性　本品能溶解电气设备表面较重的污垢，不会对线路板上的材料造成损坏；适量的醇溶剂能清除掉电气设备上的水溶剂污垢。本清洗剂清洗力强，洗净率为99.9%，完全挥发，无残留而且有令人愉快的香味。

配方10　电器设备用清洗剂

原料配比

原料	配比（质量份）	原料	配比（质量份）
异丙醇	10~20	羟基乙酸	10~20
二氯甲烷	5~10	过氧化氢	5~7
四氯乙烯	2~5	桔皮油	1~2
柠檬酸三己酯	1~2	去离子水	加至100

制备方法　将各组分原料混合均匀即可。

产品特性　本品配方合理，成本低廉，杀菌、去油污效果好且对常用清洗物无腐蚀性，清洗效果非常好；清洗彻底、干净，有机溶剂可完全挥发，无残留，并且对金属材料、复合材料及油漆表面安全、无腐蚀。

配方11　电器设备专用清洗剂

原料配比

原料	配比（质量份）	原料	配比（质量份）
甲醇	15	异丙醇	7
乙醇	15	乙二醇丁醚	6
聚乙烯醇	6	四氯乙烯	5
柠檬香精	3	去离子水	加至100
二氯甲烷	7		

制备方法　将各组分原料混合均匀即可。

产品特性

（1）该清洗剂原料来源广泛，适宜工业化生产。

（2）本品含有适量的二氯甲烷，能溶解电气设备表面较重的污垢，不会对线路板上的材料造成损坏；适量的醇、醚溶剂能清除掉电气设备上的水溶剂污垢。本电器设备清洗剂清洗力强，洗净率为99.9%，完全挥发，无残留而且有令人愉快的香味。

配方12　对设备腐蚀性小的洗涤剂

原料配比

原料	配比（质量份）			原料	配比（质量份）		
	1#	2#	3#		1#	2#	3#
脂肪醇聚氧乙烯醚硫酸钠	1.8	1.2	3.4	柠檬油	7.7	6.5	8.7
失水山梨醇脂肪酸酯	2.2	1.5	3.2	氨水	7.4	6.3	8.4
苯乙酚聚氧乙烯醚	3.7	2.3	5.7	异丙醇	1.7	1.2	2.5
偏硅酸钠	4.5	3.2	5.5	防锈剂	4.5	3.5	5.5

制备方法 将各组分原料混合均匀即可。

产品应用 本品主要应用于铜设备制品的清洗。

产品特性 本品去污能力强，可迅速、彻底清除铜管表面的油污、粉尘、铜屑等杂质；挥发速度适中，既能满足缠绕的要求，又能防止清洗剂挥发太快造成浪费；清洗剂挥发彻底，无残留，可确保从清洗完至退火前的时间内，能够彻底挥发，避免退火时给铜管外表和设备带来损害；对各种金属、纤维、橡胶和塑料均安全，无腐蚀性；对铜管有一定的抗氧化作用；配方合理，清洗后的废液便于处理、排放，符合环保要求，使用安全。

配方13　多功能清洗剂

原料配比

原料	配比（质量份）			原料	配比（质量份）		
	1#	2#	3#		1#	2#	3#
四氯苯酞	11	10	12	三乙醇胺	8	7	9
α-乙烯噻吩	12	9	13	芦荟提取物	2.5	2	3
乙酸乙酯	8	5	10	脂肪酸烷醇酰胺	2	1.5	3
分散剂	7	5	10	表面活性剂	1.5	1	2

制备方法 将各组分原料混合均匀即可。

产品特性 本品既可对设备的零部件进行清洗，对设备不造成损害，且有防锈效果，又适用于自动机械中的高压清洗。本品采用四氯苯酞、α-乙烯噻吩等作为原料，不含有对环境有害的化合物，并且无害于工作人员的人身健康；工艺简单，清洗金属表面效果好；使用方便，安全可靠。

配方14　防锈防腐蚀清洗剂

原料配比

原料	配比（质量份）			原料	配比（质量份）		
	1#	2#	3#		1#	2#	3#
乌洛托品	3.2	2.3	4.2	助溶剂	4.8	4.2	5.6
一水过硼酸钠	4.5	3.6	5.5	消泡剂甘油聚氧丙烯醚	3.7	3.2	4.6
三乙醇胺	4.2	3.5	5.2	丙二醇聚氧丙烯聚氧乙烯醚	5.8	5.3	6.5
氨基酸	4.9	4.6	5.7	二甲苯磺酸钠	4.7	4.4	6.7

制备方法 将各组分原料混合均匀即可。

产品特性 本品具有经济、高效的清洗效果，属浓缩型产品，可低浓度稀释使用；各成分经有效组合，产生了极好的协同增强效果，具有良好的脱脂除油、防锈效果；安全性能好，不污染环境；节约能源，洗涤成本低；洗涤过程中对金属设备无损伤，洗后对金属设备无腐蚀。

配方15　改进的环保清洗剂

原料配比

原料	配比(质量份)			原料	配比(质量份)		
	1#	2#	3#		1#	2#	3#
脂肪醇聚氧乙烯醚硫酸钠	4.2	3.4	5.2	十二烷醇	1.7	1.3	2.3
二乙烯三胺	5.5	4.8	7.5	增效助剂	8.9	8.5	9.2
2-甲基己烷	5.7	4.5	6.7	稳定剂丁基羟基茴香醚	0.7	0.5	0.8
丁三醇	4.5	3.5	5.5				

制备方法　将各组分原料混合均匀即可。

产品特性　本品能够防止金属设备表面再次形成锈斑，符合环保要求，对设备的腐蚀性小，有效降低了生产成本，使用安全可靠。选用二乙烯三胺能够提高对油污等有机污染物的溶解度，可溶解金属材料表面的有机污染物。清洗剂中加入了增效助剂，能够降低清洗剂的表面张力，增强清洗剂的渗透性，提高对金属材料表面的清洗效果；能够增强质量传递，保证清洗的均匀性，降低对金属材料表面的损伤；具有水溶性好、渗透力强、无污染等优点。该清洗剂不污染环境，不易燃烧，属于非破坏臭氧层物质，清洗后的废液便于处理、排放，能够满足环保三废排放要求；该清洗剂呈碱性，不腐蚀金属设备，使用安全可靠；制备工艺简单，操作方便。

配方16　改进的缓蚀洗涤剂

原料配比

原料	配比(质量份)			原料	配比(质量份)		
	1#	2#	3#		1#	2#	3#
油菜素内酯	5.5	4.2	6.5	甲基环己烷	3.4	2.5	4.4
蔗糖脂肪酸酯	4.5	3.5	5.5	无磷水软化剂	4.4	3.2	5.4
二乙二醇单乙基醚	6.8	5.6	7.8	摩擦剂	5.5	3.3	6.5
叔丁基羟基苯甲醚	3.5	2.3	5.5				

制备方法　将各组分原料混合均匀即可。

产品应用　本品主要应用于机械设备的清洗。

产品特性　本品是低成本环保清洗剂，具有强力渗透能力，不易燃易爆，安全系数高，对工作环境也不会造成较大的不良影响，不含亚硝酸盐、苯酚、甲醛等危害环境的物质，使用时借助加热、刷洗等方式使得油污尽快脱离工件表面，从而分散到清洗液中；对操作人员无毒害作用，具有较好的环保性，废液处理容易，清洗成本低且经济效益高；能够有效改善加工环境和车间卫生状况，利于提高工作效率。该清洗剂对清洗过的机械设备有长期防锈蚀作用。

配方17 改进的绿色防锈清洗剂

原料配比

原料	配比(质量份)			原料	配比(质量份)		
	1#	2#	3#		1#	2#	3#
丙二醇单甲基醚	6.5	5.3	8.5	烷氧基化直链烷醇	5.9	5.5	6.8
甲基环戊烷	4.8	2.5	5.8	稳定剂硅酸镁铝	4.6	3.3	5.6
二烷基丁二酸磺酸盐	5.6	3.5	8.6	亚砜	7.5	6.2	9.5
渗透剂二乙醇酰胺类化合物	2.1	1.8	2.5				

制备方法 将各组分原料混合均匀即可。

产品特性 本品具有高效、易清洗功效，缩短了清洗时间，提高了工作效率，清洗后的废液便于处理、排放；本品不含有对人体和环境有害的亚硝酸盐，只需将使用后废弃液 pH 值调节到中性，即可以直接排放，符合污水排放标准，不会引起环境污染；该配方科学合理，生产工艺简单，不需要特殊设备，仅需要将上述原料在常温下进行混合即可；本品清洗能力强，具有除锈和防锈功效；该清洗剂对设备的腐蚀性较小，使用安全可靠，并利于降低设备成本。

配方18 改进的绿色洗涤剂

原料配比

原料	配比(质量份)			原料	配比(质量份)		
	1#	2#	3#		1#	2#	3#
癸酸甘油酯	5.5	4.2	6.5	甲基环己烷	3.4	2.5	4.4
表面活性剂	4.5	3.5	5.5	无磷水软化剂	4.4	3.2	5.4
二乙二醇单乙基醚	6.8	5.6	7.8	摩擦剂	5.5	3.3	6.5
叔丁基羟基苯甲醚	3.5	2.3	5.5				

制备方法 将各组分原料混合均匀即可。

产品应用 本品主要应用于机械设备的清洗。

产品特性 本品是低成本环保清洗剂、具有强力渗透能力，不易燃易爆，安全系数高，对工作环境也不会造成较大的不良影响，不含亚硝酸盐、苯酚、甲醛等危害环境的物质，使用时借助加热、刷洗等方式使得油污尽快脱离工件表面，从而分散到清洗液中；对操作人员无毒害作用，具有较好的环保性，废液处理容易，清洗成本低且经济效益高；能够有效改善加工环境和车间卫生状况，利于提高工作效率。该清洗剂对清洗过的机械设备有长期防锈蚀作用。

配方19　改进的浓缩洗涤剂

原料配比

原料	配比（质量份）			原料	配比（质量份）		
	1#	2#	3#		1#	2#	3#
烷基三甲基季铵盐	4.2	3.4	5.2	助溶剂	5.5	4.3	7.5
二丙二醇单甲基醚	3.3	1.5	4.3	椰油酸烷醇酰胺	2.8	2.3	3.5
去离子水	12	10	14	磷酸纤维质	4.7	4.2	5.5
二异氰酸酯	10.5	8.4	11.5				

制备方法　将各组分原料混合均匀即可。

产品特性　本品具有经济、高效的清洗效果，属浓缩型产品，可低浓度稀释使用；各成分经有效组合，产生了极好的协同增强效果，具有良好的脱脂除油、防锈效果；安全性能好，不污染环境；节约能源，洗涤成本低；洗涤过程中对金属设备无损伤，洗后对金属设备无腐蚀。

配方20　改进的清洗剂

原料配比

原料	配比（质量份）			原料	配比（质量份）		
	1#	2#	3#		1#	2#	3#
蓖麻油酸酯聚合物	11	10	12	去离子水	8	7	9
无水乙酸钠	12	9	13	乙二醇硬脂酸双酯	2.5	2	3
氢氧化钠	8	5	10	油酸酰胺	2	1.5	3
无水柠檬酸	7	5	10	疏水改性碱溶胀型增稠剂	1.5	1	2

制备方法　将各组分原料混合均匀即可。

产品特性　本品不含有对人体和环境有害的亚硝酸盐，只需将使用后废弃液pH值调节到中性，即可以直接排放，符合污水排放标准，不会引起环境污染；该配方科学合理，生产工艺简单，不需要特殊设备，仅需要将上述原料在常温下进行混合即可；本品清洗能力强，清洗时间短，节省了人力和工时，提高了工作效率，且具有除锈和防锈功效；该清洗剂呈碱性，对设备的腐蚀性较小，使用安全可靠，并利于降低设备成本。

配方21　改进的去油污洗涤剂

原料配比

原料	配比（质量份）			原料	配比（质量份）		
	1#	2#	3#		1#	2#	3#
松油醇	3.3	2.5	4.3	铬酸钠	3.5	2.3	4.5
海藻酸钠	2.5	2.3	3.5	过氧化苯甲酰	6.4	5.6	7.4
硅酸镁铝	5.6	4.5	6.6	水	6.2	5.3	7.2
乙基环戊烷	7.8	7.1	8.3	阴离子表面活性剂	1.3	0.9	1.5

制备方法 将各组分原料混合均匀即可。

原料介绍 阴离子表面活性剂为脂肪酸甲酯磺酸钠。

产品应用 本品主要用于金属设备的清洗。

产品特性 本品清洗效率高，去污能力强；安全性能好，不污染环境；节约能源，洗涤成本低；洗涤过程中对金属设备无损伤，洗后对金属设备无腐蚀；加入铬酸钠后，有效降低了泡沫层的厚度，降低了清洗的难度，不腐蚀黑色金属零件本身，清洗速度快，被清洗的机械设备表面质量好，不易燃易爆，且对工作环境不会造成较大的不良影响，不含有害物质，对操作人员无毒害作用。

配方22 改进的洗涤剂

原料配比

原料	配比（质量份）			原料	配比（质量份）		
	1#	2#	3#		1#	2#	3#
二甲基亚砜	2.2	1.5	3.2	二亚乙基三胺五乙酸钠	2.7	2.4	3.5
异构十三醇聚氧乙烯醚	4.4	3.1	5.4	吸附剂	11.2	10.5	12.2
十二烷基二甲苄基氯化铵	6.8	4.5	7.8	仲烷基磺酸钠	7.9	7.6	8.8

制备方法 将各组分原料混合均匀即可。

产品应用 本品主要用于金属设备的清洗。

产品特性 本清洗剂选用二甲基亚砜，能够提高对油污等有机污染物的溶解度，可溶解金属材料表面的有机污染物。清洗剂中加入了吸附剂，能够降低清洗剂的表面张力，增强清洗剂的渗透性，提高对金属材料表面的清洗效果；能够增强质量传递，保证清洗的均匀性，降低对金属材料表面的损伤；具有水溶性好、渗透力强、无污染等优点。该清洗剂不污染环境，不易燃烧，属于非破坏臭氧层物质，清洗后的废液便于处理、排放，能够满足环保三废排放要求；该清洗剂呈碱性，不腐蚀金属设备，使用安全可靠；制备工艺简单，操作方便。

配方23 改进的洗涤剂组合物

原料配比

原料	配比（质量份）			原料	配比（质量份）		
	1#	2#	3#		1#	2#	3#
丙三醇	4.8	4.3	5.6	葡糖酸	6.5	5.5	7.5
改性聚丙烯酸钠	3.5	2.8	4.5	稳定剂	4.5	2.4	5.5
脂肪酸甲酯磺酸盐	6.8	5.6	7.8	增效助剂	5.5	3.3	6.5
BOE刻蚀液	4.4	3.5	5.4				

制备方法 将各组分原料混合均匀即可。

原料介绍 稳定剂为2,6-二叔丁基对甲酚。

产品应用　本品主要用于金属设备的清洗。

产品特性　本品具有强力渗透能力，不易燃易爆，安全系数高，对工作环境也不会造成较大的不良影响，不含亚硝酸盐、苯酚、甲醛等危害环境的物质，使用时借助加热、刷洗等方式使得油污尽快脱离工件表面，从而分散到清洗液中，对操作人员无毒害作用，具有较好的环保性，废液处理容易，清洗成本低且经济效益高；能够有效改善加工环境和车间卫生状况，利于提高工作效率。该清洗剂对清洗过的机械设备有长期防锈蚀作用。

配方24　干燥塔清洗剂

原料配比

原料	配比（质量份）			原料	配比（质量份）		
	1#	2#	3#		1#	2#	3#
硅酸钙	25	35	30	乙酸钠	10	20	15
无水磷酸钠	6	8	7	三乙醇胺皂	4	6	5
三酰胺四丙酸	5	10	7.5	去离子水	30	40	35
过氧乙酸	12	16	14				

制备方法　先将30～40份去离子水加热到66℃，然后将6～8份无水磷酸钠、5～10份三酰胺四丙酸和10～20份乙酸钠依次加入，混合均匀，然后将上述混合物继续加热至96℃，待其冷却后再依次加入25～35份硅酸钙、12～16份过氧乙酸和4～6份三乙醇胺皂，混合均匀，冷凝即可。

产品特性　本品使用方便，安全稳定，并且可以有效去除顽固污垢。

配方25　高效环保洗涤剂

原料配比

原料	配比（质量份）			原料	配比（质量份）		
	1#	2#	3#		1#	2#	3#
脂肪族聚氧乙烯醚	3	7	5	层状硅酸盐	3	8	5
助洗剂	1	3	2	十六烷基磷酸	2	6	4
氨基苯磺胺	2	6	4	无磷水软化剂	1.3	5	3.2
正溴丙烷	1	5	3	分散剂聚乙二醇	1.5	3	2.3
乳酸	2	4	3	表面活性剂	5	9	7
磷酸二戊胺	2.2	6	4.3				

制备方法　将各组分混合均匀即可。

产品应用　本品主要应用于金属设备的清洗。

产品特性　本品对金属表面无腐蚀，清洗速度快，同时对环境的污染小，有利于资源保护。

配方26　高渗透性设备清洗剂

原料配比

原料	配比(质量份) 1#	配比(质量份) 2#	配比(质量份) 3#	原料	配比(质量份) 1#	配比(质量份) 2#	配比(质量份) 3#
乙酸氯己定	4.2	3.4	5.2	癸二酸	1.7	1.3	2.3
五水硅酸钠	5.5	4.8	7.5	阴离子表面活性剂α-烯基磺酸钠	8.9	8.5	9.2
乙二胺四亚甲基膦酸	5.7	4.5	6.7	稳定剂丁基羟基茴香醚	0.7	0.5	0.8
十二烷基苯磺酸钠	4.5	3.5	5.5				

制备方法　将各组分原料混合均匀即可。

产品特性

（1）本品能够防止金属设备表面再次形成锈斑。

（2）本清洗剂选用五水硅酸钠，能够提高对油污等有机污染物的溶解度，可溶解金属材料表面的有机污染物。清洗剂中加入了阴离子表面活性剂，能够降低清洗剂的表面张力，增强清洗剂的渗透性，提高对金属材料表面的清洗效果；能够增强质量传递，保证清洗的均匀性，降低对金属材料表面的损伤；具有水溶性好、渗透力强、无污染等优点。该清洗剂不污染环境，不易燃烧，属于非破坏臭氧层物质，清洗后的废液便于处理、排放，能够满足环保三废排放要求；该清洗剂呈碱性，不腐蚀金属设备，使用安全可靠；该制备工艺简单，操作方便。

配方27　高效环保的清洗剂

原料配比

原料	配比(质量份) 1#	配比(质量份) 2#	配比(质量份) 3#	原料	配比(质量份) 1#	配比(质量份) 2#	配比(质量份) 3#
聚乙二醇对异辛基苯基醚	3.3	2.5	4.3	1,3-二甲基-2-咪唑烷酮	3.5	2.3	4.5
pH值调节剂磷酸氢二钠	2.5	2.3	3.5	羟基乙酸钠	6.4	5.6	7.4
碳酸氢钠	5.6	4.5	6.6	水	6.2	5.3	7.2
2-膦酸基丁烷-1,2,4-三羧酸	7.8	7.1	8.3	阴离子表面活性剂脂肪酸甲酯磺酸钠	1.3	0.9	1.5

制备方法　将各组分原料混合均匀即可。

产品特性

（1）本品清洗效果好，机械设备清洗后暴露在空气中，可在比较长的时间内不生锈。

（2）本品清洗效率高，去污能力强；安全性能好，不污染环境；节约能源，洗涤成本低；洗涤过程中对金属设备无损伤，洗后对金属设备无腐蚀；加入1,3-二甲基-2-咪唑烷酮后，有效降低了泡沫层的厚度，降低了清洗的难度，不腐蚀黑色金属零件本身，清洗速度快，被清洗的机械设备表面质量好，不易燃易爆，且对工作环境不会造成较大的不良影响，不含有害物质，对操作人员无毒害作用。

配方28　高压设备的带电绝缘清洗剂

原料配比

原料	配比（质量份）			原料	配比（质量份）		
	1#	2#	3#		1#	2#	3#
三氟三氯乙烷	65	70	75	聚有机硅氧烷	1	1	1
壬基酚聚氧乙烯醚	10	5	5	丙基三甲氧基硅烷	7	8	3
JFC 渗透剂	6	5	8	OP 乳化剂	8	10	6
轻质芳香烃石脑油轻溶剂	3	1	2				

制备方法　将三氟三氯乙烷、壬基酚聚氧乙烯醚、JFC渗透剂、轻质芳香烃石脑油轻溶剂、聚有机硅氧烷、丙基三甲氧基硅烷、OP乳化剂混合均匀，在20～25℃、1MPa下剧烈搅拌反应2～3h制成黏稠胶状体，即得所述带电清洗剂。

产品应用　清洗高压设备时，将上述制得的带电清洗剂喷在高压设备污秽处，1～2min后，带电清洗渗透到高压设备上的污秽内，此时除去带电清洗剂，即清理干净高压设备。

产品特性　本品在清洗中和清洗后均可保持绝缘子表面有极高的绝缘值，可在不影响高压设备正常工作的情况下，安全清洗；渗透性更强，且能够黏附在高压设备上，渗透一段时间后变干即可揭掉，对高压设备上的顽固污秽具有很好的清洗效果，清理迅速、洁净。

配方29　工业设备专用清洗剂

原料配比

原料	配比（体积份）	原料	配比（体积份）
乙醇	10～20	表面活性剂	5～7
乙二醇丁醚	0.5～1	硅藻土	3～4
二溴丙烷	5～10	石油	1～2
乙醇	10～20	去离子水	加至1L

制备方法　将各组分原料混合均匀即可。

产品特性　本品配方合理，成本低廉，杀菌、去油污效果好且对常用清洗物无腐蚀性。

配方30　工业设备专用清洗剂组合物

原料配比

原料	配比（质量份）	原料	配比（质量份）
异丙醇	10～15	聚丙烯酰胺	5～7
二氯甲烷	0.5～1	硅藻土	3～4
四氯乙烯	0.8～1.5	焦磷酸钾	1～2
油酸	5～10	去离子水	加至100
乙醇	10～20		

制备方法 将各组分原料混合均匀即可。

产品特性 本品配方合理，成本低廉，杀菌、去油污效果好且对常用清洗物无腐蚀性。

配方31 固体酸性清洗剂

原料配比

原料	配比(质量份)	原料	配比(质量份)
68%的硝酸	80	尿素	50

制备方法

（1）准备好水浴，温度保持在 25～95℃；

（2）将硝酸加入反应容器中，搅拌；

（3）加入尿素，溶解后持续搅拌；

（4）将搅拌混合好的混合物放入冷却装置冷却，冷却温度为—5～20℃，搅拌过程中产生针状结晶；

（5）以上过程进行 6～14h 后，将产生的针状结晶分离，即得到固体酸性清洗剂。

产品应用 本品主要用于乳制品加工过程中所用的容器、管道等设备的内表面的清洗。

产品特性

（1）本品运输和使用方便，还具有有效减少或者消除体系中亚硝酸盐的优点。

（2）相比传统的液体酸性清洗剂，本品不但包装方便，而且不用担心运输过程中出现遗散泄漏问题。

配方32 管道清洗剂

原料配比

原料	配比(质量份)			原料	配比(质量份)		
	1#	2#	3#		1#	2#	3#
Belsperse 164 分散剂	7	9	8	膦羧酸与膦酰基羧酸聚合物	—	—	1～5
氢氧化钠	1	1	1	聚羧酸减水剂	—	—	5～11
聚环氧琥珀酸	3	4	3.5				
亚硫酸钠	1	1	1	磺酸盐	—	—	3～9

制备方法

（1）先将 Belsperse 164 分散剂、氢氧化钠、聚环氧琥珀酸混合，再加入亚硫酸钠、膦羧酸与膦酰基羧酸聚合物、聚羧酸减水剂、磺酸盐；

（2）然后将混合液升温至 200～286℃，静置 20～40min 后，再降温至室温，即可得到清洗剂。

原料介绍

所述的磺酸盐包括木质磺酸盐、氨基磺酸、乙烯基磺酸钠中的任意一种、两种或两种以上。

产品应用 本品是一种管道清洗剂。所述清洗剂的清洗方法：

（1）将管道内的污水排出，用清水清洗管道 1～2 次。

（2）利用清洗剂对管道进行清洗：

① 将 2-膦酸丁烷-1,2,4-三羧酸用水稀释至 150～200mg/L 后，注入管道内；

② 待第①步的溶液排出后，将清洗剂兑入水中，搅拌均匀得到质量浓度为 150～200mg/L 的清洗溶液，再注入管道内，关闭管道的排出口，溶解 1～4h 后再排出。

（3）向第（2）步清洗后的管道中注入清水，流经管道后排出水的浊度≤10mg/L 时，即可对管道进行预膜处理。

（4）对管道进行预膜处理后，检验管道是否已经有预膜效果的方法是：在管道口的内壁滴入硫酸铜溶液，内壁出现红点的平均时间大于 15 秒，说明管道已经有预膜效果。

产品特性

（1）本品清洗污垢彻底，避免了现有射弹、脉冲波方法造成管道破裂的缺陷。

（2）本品清洗效果好，适用范围广，既适用于钢质管道也适用于塑料管道。

（3）本品对环境无污染，在 286℃时稳定性也很好，因此一般在取暖后使用本品，可将管道退热的时间缩短；该清洗剂 pH 值为 5.5～7，不会腐蚀管道。

配方33 锅炉腐蚀污垢用清洗剂

原料配比

原料	配比（质量份）	原料	配比（质量份）
氯化-1,3-二烷基吡啶	1.3	丁二酮肟	3.9
硫酸（0.2mol/L）	4	氢氟酸	1.7
苯并三氮唑	2.2	氢氧化铵	2.9
酒石酸	6.1	水	77.9

制备方法 将各组分原料混合均匀即可。

产品应用 本品用于清洗锅炉污垢。

清洗方法：

（1）选择上述锅炉清洗剂，用量根据设备及锅炉管道情况确定；

（2）清洗剂原液由循环泵吸入口投加，构成循环；

（3）根据设备垢量，运行 3～8h，由循环泵保持清洗剂循环流动，清洗时间与清洗剂流速成反比；

（4）然后用清水置换排污至浊度＜10mg/L，或目测水清为止。

该清洗剂用于锅炉清洗，经检测，去除腐蚀引起污垢的时间为 50min。

产品特性

（1）本品具有良好的清洗效果，能够快速除锈、污垢，在 1h 内可以完全去除污垢，并可保护非动态薄膜。

（2）苯并三氮唑适用于各种有机酸、无机酸及混合酸的酸洗，可清除锅炉表面碳酸钙型、氧化铁型、硫酸钙型、混合型、硅质型等各种类型的污垢，在常用条件下，对锅炉的腐蚀速度不大于 $1.0g/(m^2 \cdot h)$，具有优良的抑制钢在酸洗时吸收氢的能力和抑制 Fe^{3+} 加速腐蚀的能力，酸洗时金属不产生孔蚀。硫酸可与水垢及腐蚀产物反应生成可溶性产物，并对金属表面有钝化作用。氢氟酸不但能溶解硅酸盐垢，而且能加速 Fe_2O_3 和磁性 Fe_3O_4 的离析，是锅炉轧钢鳞皮、铁垢、铁锈的良好清洗剂。氢氟酸与 Fe_3O_4 接触时先进行氟-氧交换，继而进行 F 的络合作用。由离解而生成的 F^- 具有一对孤电子对，很容易填入以 Fe^{3+} 为中心离子的价电子层的空轨道中，形成 O 配键的络合物，即铁-铁-冰晶石，从而使氧化铁溶解。

（3）所述清洗剂的 pH 值为 5.5～6.5，在该 pH 值下能有效地保护金属排管，提供快速、安全、舒适的工作环境及保护操作人员的健康，更加有效地降低对水质及环境的污染。

配方34　锅炉清洗剂

原料配比

原料	配比（质量份）	原料		配比（质量份）
EDTA 二钠盐	4	柠檬酸		8
水	100	缓蚀剂	ω,ω'-双（苯并咪唑-2-基）烷烃	2.5
聚合度为 10 的辛基酚聚氧乙烯醚	1		水合肼	2.5
聚丙烯酸	2	过氧化氢		1
十六烷基二甲基苄基氯化铵	1	乙醇		6

制备方法　将 EDTA 二钠盐溶解在水中，按比例加入辛基酚聚氧乙烯醚、聚丙烯酸、十六烷基二甲基苄基氯化铵、柠檬酸、ω,ω'-双（苯并咪唑-2-基）烷烃、水合肼、过氧化氢和乙醇，搅拌 20～40min，即得锅炉清洗剂。

原料介绍

所述的缓蚀剂由 ω,ω'-双（苯并咪唑-2-基）烷烃和水合肼构成。

所述缓蚀剂中 ω,ω'-双（苯并咪唑-2-基）烷烃和水合肼的质量比为 （1∶1）～（3∶1）。

所述 ω,ω'-双（苯并咪唑-2-基）烷烃的制备方法具体为：分别称取 0.1mol 邻苯二胺和 0.05mol 脂肪二酸，于研钵中充分研磨使其混合均匀，转移至三颈烧瓶中。加入混酸，通氮，机械搅拌下加热回流反应。反应结束，倒入 250mL 烧杯中，静置冷却，用浓氨水调节 pH=7。于 4℃下静置过夜，抽滤干燥，所得粗品用甲醇/水重结晶，得纯品。

产品应用　本品是一种用于电站锅炉的清洗剂。

锅炉清洗方法：将获得的清洗剂打入待清洗的锅炉系统，清洗时的温度为 75~85℃，清洗结束后，清洗液呈弱碱性，在 70~80℃下钝化 3~5h，使金属表面形成钝化膜，钝化结束后即可排放清洗废液。

产品特性　本品制备工艺简单，清洗时间短，腐蚀性小，可一次完成清洗除垢和钝化步骤。

配方35　锅炉专用清洗剂

原料配比

原料	配比（质量份）	原料	配比（质量份）
十二胺	5	木质素磺酸钠	5
乙氧基胺	5	水	85

制备方法　将上述各组分按照配比混合，搅拌均匀，即得产品。

产品应用　本品是一种锅炉清洗剂。

产品特性

（1）采用带负电清洗技术，通过清洗剂中表面活性剂亲水基团吸附于金属表面，疏水基团远离金属表面，这样在金属表面形成一层能抵抗氧和碳酸侵蚀的单分子或多分子疏水薄膜。这层疏水薄膜能将水和金属隔离，使得水中的溶解氧和氢离子不能同金属表面接触，起到了屏蔽、隔离作用，从而抑制了腐蚀。采用该清洗剂清洗锅炉，实施方便，不需停机，不需安装临时酸洗系统，无废液排放，具有较好的社会效益与经济效益。

（2）用本品清洗锅炉，不会对锅炉造成腐蚀。其中十二胺可以使高氧化的碳钢表面形成磁性保护层，有较强的抗蚀能力，能延长金属的使用寿命。木质素磺酸钠是木质素磺酸盐的一种，是由大约 50 个苯丙烷单元组成的近似于球状的三维网络结构体，中心部位为未磺化的木质素的三维网络分子结构，中心外围分布着被水解且含磺酸根的侧链，最外层是由磺酸根的反离子形成的双电子层。木质素磺酸盐是同时含有 C_6~C_8 疏水骨架和磺酸以及其他亲水性基团的阴离子表面活性剂，能使溶液表面张力降低，但是对表面张力的抑制作用不大，也不会形成胶束，其结构特征和分子量决定木质素磺酸盐在许多方面不同于合成表面活性剂。磺酸基团对铁盐垢有很好的阻垢、分散作用，可阻止沉积物的形成，大概可从抑制水垢晶体的产生以及它们分散污垢（悬浮物）粒子两方面来解释。聚合物阻垢剂在水中具有很高的表面活性，容易吸附到水垢的晶核上，使晶核的表面能降低，使小结晶重新溶解，使大结晶的晶格畸变，破坏水垢结晶单元的取向。另外，这些化合物吸附在悬浮物粒子表面时，加强了悬浮物粒子的电负性，松弛的聚合物又阻止这些粒子互相靠近而聚集，从而使污垢粒子得以较长时间地保持分散、悬浮状态，不易形成污垢。乙氧基胺分子是小分子，比较容易渗透到垢中，有利于清洗金属。

配方36 化工设备的脱脂清洗剂

原料配比

原料	配比（质量份）			原料	配比（质量份）		
	1#	2#	3#		1#	2#	3#
丁二酸二辛酯磺酸钠	6.5	5.3	8.5	乙二胺四乙酸四钠	5.9	5.5	6.8
蔗糖脂肪酸酯	4.8	2.5	5.8	稳定剂硅酸镁铝	4.6	3.3	5.6
精氨酸	5.6	3.5	8.6	金属离子螯合剂	7.5	6.2	9.5
膨润土	2.1	1.8	2.5				

制备方法 将各组分原料混合均匀即可。

产品特性

（1）本品高效、环保，防锈效果好，无污染，清洗后的废液便于处理、排放。

（2）本品特别适用于不锈钢材料、管线、容器等重要化工设备的清洗脱脂，对金属设备的表面无侵蚀作用，清洗脱脂后表面有光泽；本品受酸、碱，软、硬水，海水的影响较小，去脂能力强，清洗效果好；无毒、不易燃，有着广阔的应用前景；使用简单方便，减少了污染，降低了清洗成本。

配方37 环保的洗涤剂

原料配比

原料	配比（质量份）			原料	配比（质量份）		
	1#	2#	3#		1#	2#	3#
乙酰柠檬酸三丁酯	6.5	5.3	8.5	EDTA二钠	5.9	5.5	6.8
四乙基铅	4.8	2.5	5.8	稳定剂	4.6	3.3	5.6
二烷基丁二酸磺酸盐	5.6	3.5	8.6				
渗透剂	2.1	1.8	2.5	亚砜	7.5	6.2	9.5

制备方法 将各组分原料混合均匀即可。

产品应用 本品主要应用于设备清洗。

产品特性 本品配方科学合理，生产工艺简单，不需要特殊设备；其清洗能力强，清洗时间短，节省了人力和工时，提高了工作效率，且具有除锈和防锈功效；该清洗剂对设备的腐蚀性较小，使用安全可靠，并利于降低设备成本；清洗剂为水溶性液体，清洗后的废液便于处理、排放，符合环境保护要求。

配方38 环保清洗剂

原料配比

原料		配比(质量份)						
		1#	2#	3#	4#	5#	6#	7#
缓冲剂	椰油酸二乙醇酰胺	5	6	7	8	9	10	10
络合剂	柠檬酸	6	—	—	6	6	—	—
	柠檬酸钠	—	6	6	—	—	6	6
氧化剂	双氧水	2	1	2	1.5	1.8	1	1.5
助溶剂	95%工业乙醇	15	10	10	12.5	11	14	13
表面活性剂	全氟辛酸	25	—	—	—	—	21	23
	全氟辛酸钠	—	25	25	22	24	—	—
防冻成膜剂	乙二醇	15	—	—	15	15	—	—
	丙二醇	—	15	15	—	—	15	15
乙醇酸		5	5	5	5	5	5	5
硫酸		5	5	5	5	5	5	5
草酸		5	5	5	5	5	5	5
氟化铵		3	3	3	3	3	3	3
水		35	45	40	37	42	39	44

制备方法 将各组分原料混合均匀，即得到环保型清洗剂。

产品应用 本品是一种清洗剂。

产品特性

（1）本品无异味，无毒，无腐蚀性，安全可靠，对人体无危害，不污染环境，不破坏高空臭氧层，而且造价低廉，运输、储存方便，清洗成本低，能代替传统强酸、强碱清洗剂和臭氧消耗物质清洗剂。

（2）本品用于机床、油烟机清洗，去污速度快，对污垢有很强的分散、溶解、清除能力。用本品来擦拭表面具有铁锈的金属管，发现擦拭后金属管变得光亮。

配方39 环保型水基清洗剂

原料配比

原料	配比(质量份)	原料	配比(质量份)
十二烷基硫酸钠	2000	去离子水	60000
OP-10	400	异丙醇	4000
渗透剂 JFC	120	乙酸乙酯	40000

制备方法

（1）向反应容器中依次加入 2kg 十二烷基硫酸钠、0.4kg OP-10、0.12kg 渗透剂 JFC 和 60kg 去离子水，搅拌并升温至 35℃直至完全溶解；

（2）继续搅拌 5min，并在搅拌条件下在 5min 之内加入 4kg 异丙醇；

（3）将搅拌速度提高到350r/min，按1kg/min的速度将40kg乙酸乙酯均匀滴加到反应容器中，继续搅拌15min，使之分散成稳定的乳液；

（4）将搅拌速度降低至100r/min，继续搅拌5min，然后停掉搅拌，放料至密闭容器中；

（5）将乳液静置、室温陈化0.5h，即得到动力黏度为500mPa·s的环保型水基清洗剂。

产品应用　本品是一种环保型水基清洗剂。

使用方法：

（1）将环保型水基清洗剂倒入被清洗容器中；

（2）开动清洗搅拌器搅拌15～30min；

（3）倒出清洗剂，用干净的清水漂洗1～2次容器；

（4）晾干容器，清洗结束。

产品特性

（1）本品具有使用安全性，几乎不会挥发有机溶剂蒸气危害环境。

（2）本品不易燃烧，使用时不易造成安全事故。

（3）本品可以有效清洗容器器壁表面的各类有机杂质。

配方40　环保型重垢清洗剂

原料配比

原料	配比（质量份）			原料	配比（质量份）		
	1#	2#	3#		1#	2#	3#
油酸三乙醇胺	15	25	35	缓蚀剂	1	1	2
油酸单乙醇胺	10	15	25	助洗剂	2	3	4
乙二胺四乙酸	20	25	30	香料	1	2	2
羧基甲基纤维素钠	10	15	20	辅助剂	3	4	5
表面活性剂	3	4	5	pH调节剂	1	2	2

制备方法　先将反应器加热至80℃，依次加入各组分，搅拌均匀，并保持该温度，提纯即可得到所述清洗剂。

原料介绍

所述的表面活性剂为脂肪醇聚氧乙烯醚。

所述的助洗剂为三聚磷酸钠。

所述的辅助剂为汽巴精化增白剂，由华科公司生产。

所述的缓蚀剂为水溶性巯基苯并噻唑。

产品应用　本品主要用于设备的清洗。

产品特性

（1）本品中不含有害化学物质，低毒、环保，去垢效果明显。

（2）本品所述的表面活性剂为脂肪醇聚氧乙烯醚，其抗硬水性好，在相对低的浓度下就具有良好的去污能力和污垢分散力，并具有独特的抗污垢再沉积作用，与油酸三乙醇胺配合，具有协同作用，显著增强了去污力。加入缓蚀剂，可以使被清洁的物体表面增加一定的耐蚀性。

配方41　换热器清洗剂

原料配比

原料	配比（质量份）			原料	配比（质量份）		
	1#	2#	3#		1#	2#	3#
四氢呋喃	0.01	0.02	0.015	硫脲	0.06	0.07	0.1
氨基磺酸	5.5	6.5	7	EDTA	1.2	1.5	2
马来酸酐	2.5	3	4	水	加至100	加至100	加至100
柠檬酸	9	10	11				

制备方法　将上述比例的四氢呋喃、氨基磺酸、马来酸酐、柠檬酸、硫脲、EDTA 加入一定量的水中，搅拌均匀即可得到本换热器清洗剂。

产品特性　本品可以快速溶解、清除各种换热设备中的水垢、锈垢和其他沉积物，同时，在金属表面形成保护膜，防止金属腐蚀和水垢的快速形成；对各种换热设备和卫生设施表面的水泥薄层、污垢、菌藻、蚀斑有极佳的清除作用。

配方42　机械表面油污、铁锈清洗剂

原料配比

原料	配比（质量份）	原料	配比（质量份）
研磨粒子	12～20	二氧化硅	4～5
双酚 A 型聚碳酸酯	5～9	硬脂酸盐	1～7
三乙胺	8～12	乙烯基双硬脂酰胺	2～3
酒石酸	5～9	硬脂酸单甘油酯	1～3
苯甲酸甲酯	6～7	三硬脂酸甘油酯	5～8
聚乙烯醇	2～3		

制备方法　将各组分原料混合均匀即可。

产品特性　本品用于表面具有凝胶状薄膜的机械部件时，可抑制生锈；用于滑动机械部件时，即使不用润滑油，也可以通过定期涂布而长期维持良好的滑动，特别是用于负荷不高的滑动机械部件，则能以较低的涂布频率获得良好的效果。

配方43 机械部件洗涤剂

原料配比

原料	配比(质量份)	原料	配比(质量份)
亲水基表面活性剂	7～15	分子筛	7～13
硬脂酸单甘油酯	9～13	硅藻土	1
三硬脂酸甘油酯	9～14	硼酸钠	2～4
处理剂	11～18	滑石粉	4～6
二氧化钛	3～5	硬脂酸锌	4～6
磷酸二氢钾	2～4	润滑剂	3～8

制备方法 将各组分原料混合均匀即可。

产品特性 本品在常温常压下即可配制及使用,可用于大部分油污,去污效果好。

配方44 机械部件油污洗涤剂

原料配比

原料	配比(质量份)	原料	配比(质量份)
表面活性剂	23～35	三乙醇胺	1～3
含氢硅油	11～25	无卤阻燃剂	4～8
甲基硅油	9～15	甲基苯基硅氧烷支链型预聚物	1～3
酒石酸钾钠	7～10		
二甲基苯胺	2～8	改性剂	2～4

制备方法 将各组分原料混合均匀即可。

产品特性 本洗涤剂在常温常压下即可配制及使用,可用于大部分油污,去污效果好。

配方45 机械零部件用防锈清洗剂

原料配比

原料	配比(质量份)			原料	配比(质量份)		
	1#	2#	3#		1#	2#	3#
去离子水	50	55	60	拉开粉 BX-78	3	4	5
异丙醇	10	15	20	亚硝酸钠	1	1.5	2
三乙醇胺	8	9	10	苯丙三氮唑	0.5	0.75	1
蓖麻油磺酸钠	8	9	10				

制备方法 将各组分原料混合均匀即可。

产品特性

(1) 本品解决了一些金属零部件表面油污难以清洗且容易生锈的问题。

(2) 本品去污能力强,无毒无害,同时还具有防锈功能。

配方46　机械设备高效清洗剂

原料配比

原料	配比(质量份)	原料	配比(质量份)
丙三醇	10~30	羟基乙酸	10~20
二氯甲烷	10~12	过氧化氢	3~6
椰油酸醇乙二酰胺	1~2	亚硝酸钠	1~2
D40溶剂油	1~2	水	加至100

制备方法　将各组分原料混合均匀即可。

产品特性　本品利用环保型物质配合形成，为通用的机械设备维护、保养和维修的清洗液，不易燃易爆，且对工作环境不会造成较大的不良影响，不含亚硝酸盐、苯酚、甲醛等危害环境的物质，不易燃，对操作人员无毒害作用，具有较好的安全环保性，改善了加工环境和卫生状况，同时，对沥青等污垢有较好的清洗效果，利于提高工作效率，降低了成本。

配方47　机械设备清洗剂

原料配比

原料	配比(体积份)	原料	配比(体积份)
乙二醇	10~20	羟基乙酸	10~20
二氯甲烷	10~12	油酸钾	3~6
三聚硅酸钠	3~5	亚硝酸钠	1~2
氢氧化钠	2~4	水	加至1000

制备方法　将各组分原料混合均匀即可。

产品特性

（1）本品不易燃易爆，且对工作环境不会造成较大的不良影响，具有较好的安全环保性，改善了加工环境和卫生状况。

（2）本品对沥青等污垢有较好的清洗效果，利于提高工作效率，降低了成本。

配方48　机械设备油污清洗剂

原料配比

原料	配比(质量份)	原料	配比(质量份)
去离子水	30~40	水溶性防锈添加剂	5~10
乙二醇	50~70	二甲基硅油	5~15
椰油酰胺丙基甜菜碱	10~20	磷酸二氢钾	0.1~0.5
苯甲酸钠	10~15	氢氧化钠	0.5~1

制备方法　将各组分原料混合均匀即可。

产品特性

（1）本品配方合理，各组分有协同作用，易于溶解。

（2）本品所采用的原料易溶于水，有很好的乳化、溶解以及分散作用，去油污能力强，对机械设备以及人体没有损害，没有毒性，没有腐蚀性，对矿物性、植物性油污以及多种油污的混合型油污都有很好的清洗效果。

配方49　节能环保机械设备清洗剂

原料配比

原料	配比（质量份）	原料	配比（质量份）
氧化锆	5～7	处理剂	11～18
二氧化硅	11～21	二氧化钛	3～5
过氧化氢	5～9	山梨醇	11～18
水杨酸盐	15～25	聚丙烯	7～10
乙烯基双硬脂酰胺	7～16	聚乙烯	9～16
硬脂酸单甘油酯	9～13	甘油	1～8
三硬脂酸甘油酯	9～14	二苯甲酮	7～16
还原剂	1～3	偶联剂	1～7
柔软剂	5～8	十二烷基苯磺酸钠	1～2
除杂剂	7～10		

制备方法　将各组分原料混合均匀即可。

产品特性　本品具有高效、易清洗的功效，可将机械设备表面油污和锈斑彻底清洗干净，并能够防止机械设备表面再次形成锈斑，还能缩短清洗时间、提高工作效率；其为水溶性清洗剂，对设备的腐蚀性小，有效降低了生产成本，使用安全可靠。

配方50　金刚线切割机用清洗剂

原料配比

原料	配比（质量份）					
	1#	2#	3#	4#	5#	6#
碱	0.2	0.5	1.0	2	2.5	2.8
硅酸钠	0.3	0.4	0.5	0.8	0.7	0.9
有机硅	0.3	1	2	4	4.3	2.5
AEO-7	1	2	3	5	4	8
AEO-9	1	2	4	5	6	7
去离子水	加至100	加至100	加至100	加至100	加至100	加至100

制备方法　本品现用现配，具体方法如下：

（1）将部分去离子水、碱与硅酸钠按照配比混合均匀后得到溶液A。

（2）将部分去离子水、AEO-7、AEO-9和有机硅按配比混合均匀后得到溶液B。

（3）将待清洗设备放入浆料缸中，加入余量去离子水和溶液A，搅拌溶液

3min 以上；加入溶液 B，继续搅拌溶液 6h 以上。加入溶液 A 后，初始搅拌的溶液温度为 30~32℃；加入溶液 B 后，继续搅拌至溶液温度不再继续升高。

（4）排出清洗剂，使用去离子水重复清洗待清洗设备 2 遍以上，完成清洗。搅拌速度为 25~35r/min。

原料介绍　所述碱为有机碱或无机碱。

产品应用　本品主要用于设备及管道清理，尤其是金刚线切割机。

产品特性

（1）本品溶解和分散作用强，对微粉和管道有较强的润湿和清洗作用，针对性强且对环境污染小，是一种节能环保型清洗剂。

（2）本品成本低，清洗方法简单，满足了环保要求。

（3）本品在碱性环境中借助表面活性剂的增溶、分散等作用，削弱设备管道表面与物质吸附作用的同时，结合一定的冲洗搅拌，达到清洗设备中残留细粉颗粒的目的。

配方51　金属设备的低泡防锈清洗剂

原料配比

原料	配比（质量份）			原料	配比（质量份）		
	1#	2#	3#		1#	2#	3#
二磷酸钠	3.8	3.2	4.2	丁二酸二辛酯磺酸钠	8.9	8.5	9.8
椰油酸二乙醇酰胺	5.1	4.3	7.1	伯醇聚氧乙烯醚	1.9	1.5	2.9
赖氨酸	7.5	6.4	9.5	吸附剂沸石粉	4.8	2.5	6.8
缓蚀剂羧甲基壳聚糖	2.4	1.5	3.4				

制备方法　将各组分原料混合均匀即可。

产品应用　本品主要用于钢铁、不锈钢、合金钢制品组件及材料的工序间防锈，以及各种金属设备的清洗、防锈工序。

产品特性

（1）本品清洗能力强，泡沫少，同时废弃清洗液便于处理、排放，还能减弱对设备的腐蚀性。

（2）本品具有防锈效果好、低泡、高效、对金属表面无腐蚀、稳定性好、无污染的优点，清洗率在 90% 以上。

配方52　金属设备除锈洗涤剂

原料配比

原料		配比（质量份）		
		1#	2#	3#
酸剂	去离子水	50	58	69
	酒石酸	20	—	—
	巯基乙酸	—	20	15

原料		配比(质量份)		
		1#	2#	3#
螯合剂	丁二酮肟	10	—	—
	乙二胺四乙酸四钠(EDTA-4Na)	—	2	—
	乙二醇醚二胺四乙酸	—	—	1
碱性物质	氢氧化钾	20	—	—
	氢氧化镁	—	20	—
	碳酸氢钠	—	—	15

制备方法 在室温下加入部分去离子水和酸剂、螯合剂,搅拌 1h。接着加碱性物质直到 pH 值达到 6.9~7.2,加入剩余去离子水,形成中性洗涤剂组合物。

产品特性

(1) 本品呈中性,能有效地保护金属排管,提供快速、安全、舒适的工作环境及保护操作人员的健康,更加有效地降低对水质及环境的污染。

(2) 该洗涤剂除锈快速,在 1h 内可以完全除锈,并可保护非动态薄膜。

配方53 金属设备用无损伤清洗剂

原料配比

原料	配比(质量份)			原料	配比(质量份)		
	1#	2#	3#		1#	2#	3#
椰油酸单乙醇酰胺	5.2	4.3	6.2	烷基酚聚氧乙烯醚	8.4	7.3	10.4
聚马来酸酐	6.3	5.1	7.3	表面活性剂烷基磺酸盐	3.2	2.3	4.2
乙二胺四乙酸四钠	4.3	3.4	5.3	乙醇胺和三乙醇胺混合物	4.4	3.7	5.4
2-羧乙基膦酸	5.5	4.4	7.5				

制备方法 将各组分原料混合均匀即可。

产品应用 本品是一种金属设备用无损伤清洗剂。

产品特性

(1) 本品清洗效果好,高效、低泡、防锈、无污染。

(2) 本品属浓缩型产品,可低浓度稀释使用;各成分经有效组合,产生了极好的协同增强效果,具有良好的脱脂除油、防锈效果,且平均清洗成本低;安全性能好,不污染环境;节约能源,洗涤成本低;洗涤过程中对金属设备无损伤,洗后对金属设备无腐蚀。

配方54 具有杀菌作用的洗涤剂

原料配比

原料	配比(质量份)			原料	配比(质量份)		
	1#	2#	3#		1#	2#	3#
2,2-二溴-3-氰基-乙酰胺	20	30	25	脂肪醇聚氧乙烯醚硫酸铵	6	10	8
有机溴化物	4	9	7	薄荷醇	3.5	6	5.2
卤化海因	3	6	4.5	十二烷基苯磺酸	1.2	4	2.8
苯并三氮唑	3.5	8	6	亚麻籽油	2.5	5.5	3.9
钼酸盐	0.8	2.4	1.6	乙醇胺	0.6	1.4	1
磷酸五钠	4.5	7	5.8	表面活性剂	6	10	8

制备方法 将各组分原料混合均匀即可。

产品应用 本品主要应用于设备清洗。

产品特性 本品能够快速地对设备进行清洗,由于含有杀菌成分,同时能够对设备进行消毒,防止细菌繁殖、生长。

配方55 可以安全使用的环保洗涤剂

原料配比

原料	配比(质量份)			原料	配比(质量份)		
	1#	2#	3#		1#	2#	3#
硬脂基二甲基氧化胺	5.5	4.2	6.5	脂肪醇聚氧乙烯(3)醚	3.4	2.5	4.4
表面活性剂	4.5	3.5	5.5	水	4.4	3.2	5.4
十四烷基-二甲基吡啶溴化铵	6.8	5.6	7.8	防腐剂	5.5	3.3	6.5
丙二醇-1-烷基醚乙酸酯	3.5	2.3	5.5				

制备方法 将各组分混合均匀即可。

原料介绍 表面活性剂为阴离子纤维素。防腐剂为脱氢乙酸钠。

产品应用 本品主要应用于机械设备的清洗。

产品特性 本品具有强力渗透能力,不易燃易爆,安全系数高,对工作环境也不会造成较大的不良影响,不含亚硝酸盐、苯酚、甲醛等危害环境的物质;加热、刷洗等可使油污尽快脱离工件表面,分散到清洗液中,对操作人员无毒害作用;废液容易处理,清洗成本低且经济效益高;能够有效改善加工环境和车间卫生状况,利于提高工作效率;清洗过的机械设备有长期防锈蚀作用。

配方56 可重复使用的金属设备清洗剂

原料配比

原料	配比(质量份)	原料	配比(质量份)
脂肪酸甲酯乙氧化物	7.4	脂肪酸二乙醇酰胺	4.7
天冬氨酸	6.7	焦磷酸钠	4.9
脂肪醇聚氧乙烯醚	6.5	阻燃剂羟基聚磷酸酯	1.7
羟甲基纤维素钠	3.5	消泡剂聚氧丙基聚氧乙基甘油醚	2.5

制备方法　将各组分原料混合均匀即可。

产品应用　本品主要应用于轴承、拖拉机、汽车、建筑工程机械、航空机械、纺织机械、化工机械等金属设备或制件的清洗。

产品特性　本品清洗效果好，可重复使用，无污染，具有防锈能力。

配方57　牛奶加工设备去污洗涤剂

原料配比

原料	配比（质量份）			原料	配比（质量份）		
	1#	2#	3#		1#	2#	3#
煤油	7	13	9	二甲基甲醇	6	15	12
十二烷基磺酸钠	5	11	7	石炭酸	5	8	7
硝酸	8	14	11	脂肪醇聚氧乙烯醚	3	7	4
正丙醇	6	17	13	水	加至100	加至100	加至100

制备方法　将各组分混合均匀即可。

产品特性　本品去污力强，杀菌效果好，原料易得，价格低廉，对人体无毒无害，对皮肤无刺激作用。

配方58　强效机械表面油污清洗剂

原料配比

原料	配比（质量份）			原料	配比（质量份）		
	1#	2#	3#		1#	2#	3#
去离子水	30	25	20	碳酸钠	5	7.5	10
脂肪醇聚氧乙烯醚	20	15	10	磷酸钠	2	2.5	3
椰油酰胺丙基甜菜碱	15	12.5	10	氢氧化钠	3	4	5
甘油	3	4	5	柠檬酸	1	1.5	2
三乙醇胺	1	2.5	4	乙醇	6	7	8

制备方法　将各组分原料混合均匀即可。

产品特性　本品具有去污能力强，原料成本低，反应条件温和，对人和机械设备均无害等特点，解决了机械表面油污难以洗净的问题。

配方59　重油污垢清洗剂

原料配比

原料			配比（质量份）				
			1#	2#	3#	4#	5#
脂肪酸甲酯	长链脂肪酸甲酯	十二烷基脂肪酸甲酯	95	—	—	—	—
		十六烷基脂肪酸甲酯	—	—	55	—	—
		二十烷基脂肪酸甲酯	—	—	—	—	50

原料			配比（质量份）				
			1#	2#	3#	4#	5#
脂肪酸甲酯	环氧脂肪酸甲酯	环氧十八烷基脂肪酸甲酯	—	99.6	—	90	—
		环氧二十五烷基脂肪酸甲酯	—	—	40	—	—
		环氧十二烷基脂肪酸甲酯	—	—	—	—	45
聚羧酸			2	0.2	2	—	—
聚氧乙烯醚	脂肪醇聚氧乙烯(7)醚		3	—	—	3	2
	脂肪醇聚氧乙烯(10)醚		—	—	—	3	—
	脂肪醇聚氧乙烯(9)醚		—	0.2	—	—	—
	脂肪醇聚氧乙烯(15)醚		—	—	3	—	1

制备方法　室温下，将脂肪酸甲酯、聚羧酸、聚氧乙烯醚搅拌混合均匀，即得清洗剂。

原料介绍

所述的脂肪酸甲酯为环氧脂肪酸甲酯、长链脂肪酸甲酯中的一种或两种复配而成；

所述的环氧脂肪酸甲酯或长链脂肪酸甲酯，其脂肪酸的碳链含碳12～25；

所述的环氧脂肪酸甲酯优选环氧十八烷基脂肪酸甲酯、环氧二十五烷基脂肪酸甲酯或环氧十二烷基脂肪酸甲酯；

所述的长链脂肪酸甲酯优选十二烷基脂肪酸甲酯、十六烷基脂肪酸甲酯或二十烷基脂肪酸甲酯；

所述的聚氧乙烯醚是脂肪醇聚氧乙烯（7）醚、脂肪醇聚氧乙烯（9）醚、脂肪醇聚氧乙烯（10）醚和脂肪醇聚氧乙烯（15）醚中的一种或两种以上的混合物。

产品应用　本品主要用于压缩机或工业管道中重油污垢和积炭的清洗。

清洗方法：将制得的清洗剂与0号柴油按照质量比1∶10混合，在工业管道或压缩机中控制温度为70℃以下封闭循环清洗即可。清洗过程包括浸泡、溶解、分散、剥离、清除积炭等步骤，清洗时间根据重油污垢和积炭厚度而定，洗毕，清洗剂中脂肪酸甲酯和0号柴油可通过分馏回收。

产品特性

（1）本品去污力强、去积炭速度快、对设备没有腐蚀性，具有环保、安全和资源节约的效果。

（2）该清洗剂在确保工业管道或压缩机中重油污垢和积炭清洗干净的情况下，不会腐蚀金属，不与分子筛、镍等催化剂发生反应，环保可回收。

（3）本品含有脂肪酸甲酯，用于工业管道或压缩机中重油污垢和积炭清洗时，起到了渗透、浸泡、软化、溶解污垢和积炭去除的作用。含有聚羧酸，用于工业管道或压缩机中重油污垢和积炭清洗时，能够溶解重油污垢和积炭，同时其特有的梳状结构和电荷排斥作用能防止污垢二次沉淀和保护金属。含有聚氧乙烯醚，用于工

9

业管道或压缩机中重油污垢和积炭清洗时，可增加渗透功能，提高脱除积炭的能力。

配方60 设备用强效清洗剂

原料配比

原料	配比（质量份）			原料	配比（质量份）		
	1#	2#	3#		1#	2#	3#
羧甲基纤维素	1.8	1.5	2.8	2-羟基膦酰基乙酸	1.9	1.5	2.8
三聚磷酸钠	1.3	0.8	2.3	稳定剂油酸甲酯	5.4	3.1	6.4
乙二胺四乙酸二钠	2.4	1.2	3.4	十二烷基二甲基胺乙内酯	5.7	3.5	6.7
去离子水	1.4	1.2	1.5	单异丙醇胺	4.9	4.5	5.8

制备方法 将各组分原料混合均匀即可。

产品特性

（1）本品能降低对设备的腐蚀性。

（2）本品能显著降低水的表面张力，使工件表面容易润湿，渗透力强；能更有效地改变油污和工件之间的界面状况，使油污乳化、分散、卷离、增溶，形成水包油型的微粒而被清洗掉；配方科学合理，pH温和，清洗过程中泡沫少，清洗能力强、连续性好、速度快，随着清洗次数增加，清洗液pH降低；不含磷酸盐或亚硝酸盐，可直接在自然界完全生物降解为无害物质。

配方61 使用简单的高效机械设备清洗剂

原料配比

原料	配比（质量份）	原料	配比（质量份）
氧化锆	5~7	硅藻土	5~12
二氧化硅	11~21	硼酸钠	3~10
过氧化氢	5~9	马来酸酐	8~15
硫酸锌	6~8	硼酸锌	4~13
硫酸镁	1~3	聚乙烯酯	8~14
硫酸银	4~9	二甲基二巯基乙酸异辛酯锡	23~28
硫酸铜	3~8	二甲基硅油	20~25
分子筛	2~3		

制备方法 将各组分原料混合均匀即可。

产品特性 使用本品时，电气机械设备可用喷枪进行清洗，不用完全拆卸，操作方便简单，具有良好的渗透、溶解性，清洗得干净彻底，对电气机械设备的材质无任何隐形损坏。

配方62　涂布设备烘道清洗剂

原料配比

原料	配比（质量份）	原料	配比（质量份）
OP-10	100	异丙醇	4000
耐碱渗透剂 OEP-70	30	三乙醇胺	2000
去离子水	4000		

制备方法

（1）向反应容器中依次加入 100g OP-10、30g 耐碱渗透剂 OEP-70 和 4000g 去离子水，搅拌并升温至 45℃；

（2）静置 60min；

（3）分别称取 4000g 异丙醇和 2000g 三乙醇胺，在搅拌状态下依次加入反应容器中，继续搅拌均匀；

（4）将溶液静置、室温陈化 1h；

（5）快速将陈化后的溶液用 300 目的筛网过滤到聚烯烃的容器中，密封保存于不见光处；

（6）所得的溶液就是涂布设备烘道清洗剂。

产品应用　本品是一种不会对涂布设备构成腐蚀的使用安全的清洗剂。

使用方法：

（1）将涂布设备烘道清洗剂装入喷壶中；

（2）将喷壶的喷嘴对准待清洁的涂布设备污垢处，启动，用清洁液均匀浸湿污垢；

（3）清洗液的使用量视情况而定；

（4）约 10min 之后，可以用清水补喷一次作为冲洗；

（5）开启涂布机的进风和排风系统，吹干被清洗部分。

产品特性

（1）本品能够很容易地清洁结构复杂的涂布设备的各个部位，不仅可提高清洁效率、降低劳动强度，而且不会对生产环境构成危害。

（2）本品不会腐蚀涂布机的铝制机件，也不会构成二次污染，大大提高了胶带的良品率。

（3）使用本品时不会因静电造成生产安全事故。

（4）本品可以同时清洁涂布机中含有羧酸、焦油及小分子胶黏剂的混合污垢。

配方63 涂布设备热交换器清洗剂

原料配比

原料	配比(质量份)	原料	配比(质量份)
十二烷基硫酸钠	1000	碳酸钠	25000
耐碱渗透剂 OEP-70	500	异丙醇	10000
清水	90000	异丙醇钾	500

制备方法

（1）向反应容器中依次加入 1000g 十二烷基硫酸钠、500g 耐碱渗透剂 OEP-70 和 90kg 清水，搅拌并升温至 45℃；

（2）静置 60min；

（3）称取 25kg 碳酸钠，在搅拌状态下依次加入反应容器中，继续搅拌均匀；

（4）将溶液静置 1h；

（5）在搅拌状态下向容器中加入 10kg 异丙醇后再加入 500g 异丙醇钾；

（6）完全溶解后，停止搅拌，待溶液澄清透明；

（7）快速将澄清的溶液用 100 目的筛网过滤到聚烯烃的容器中，密封保存于不见光处；

（8）所得的溶液就是涂布设备热交换器清洗剂。

产品应用　本品是一种可以快速对胶带涂布设备的热交换器进行清洗的清洗剂。

使用方法：

（1）将涂布设备烘道清洗剂泵入热交换器中；

（2）待热交换器空腔注满清洗液后，静置 30min 以上；

（3）将清洗液从热交换器中泵到容器中密封保存；

（4）用清水冲洗一次热交换器；

（5）开启涂布机的进风和排风系统，吹干被清洁部分。

涂布设备清洗液的后处理：

（1）将涂布设备热交换器清洗剂泵入敞口容器中。

（2）捞起漂浮在清洗剂表面的泡沫状污物，沥去水分并晒干、装袋，当含油固体危废处理。

（3）失去清洗能力的废清洗剂内含钠离子、钾离子、氢氧根离子、表面活性剂、丙烯酸根离子，其 BOD 及 COD 较高；用稀酸中和到 pH 为 6～9 后，当作普通工业废水处理。

产品特性

（1）使用本品时不需要对热交换器进行拆分，可以大大提高清洗效率、降低劳动强度；

（2）本品不使用芳烃类有机溶剂；

（3）对比以往的清洗方式，本品更加经济；

（4）使用本品时不会因静电造成生产安全事故；

（5）本品可以同时清洁涂布机中含有羧酸、焦油及交联小分子胶黏剂的混合污垢。

配方64　脱硫烟气换热器清洗剂

原料配比

原料		配比（质量份）	
		1#	2#
盐螯合剂	乙二胺四乙酸四钠	50	—
	乙二胺四乙酸二钠	—	50
分散剂	平平加O-15	20	—
	平平加O-20	—	20
表面活性剂	甲氧基聚乙二醇	1	—
	烷基苯磺酸钠	—	1
渗透剂	脂肪醇聚氧乙烯醚	1	—
	顺丁烯二酸二仲辛酯磺酸钠	—	1
膨松剂	磷酸氢钙	30	—
	酒石酸氢钾	—	30
水		加至100	加至100

制备方法　将盐螯合剂、分散剂、表面活性剂、渗透剂、膨松剂充分混合后置于容器中，加入水，缓慢搅拌，搅拌速度小于20r/min，搅拌时间不小于2h，即形成本脱硫烟气换热器清洗剂。

原料介绍

所述的盐螯合剂选自乙二胺四乙酸四钠、乙二胺四乙酸二钠中的一种或两种。

所述的分散剂选自平平加O-10、平平加O-15、平平加O-20中的一种或两种。

所述的表面活性剂选自烷基苯磺酸钠、聚乙二醇、甲氧基聚乙二醇中的一种或两种。

所述的渗透剂选自顺丁烯二酸二仲辛酯磺酸钠、脂肪醇聚氧乙烯醚中的一种或两种。

所述的膨松剂选自六偏磷酸钠、磷酸氢钙、酒石酸氢钾中的一种或两种。

产品特性

（1）本品用于清洁脱硫烟气换热器的垢质，能有效作用于硅酸盐和硫酸盐复合积垢。该清洗工艺和化学药品对被清洗设备无腐蚀性、安全、可靠，清洗效果好，清洗时间短，有效减少了脱硫系统的停运时间。

（2）本品各个组成成分的作用与用途：盐螯合剂广泛应用于过氧化氢及次氯酸类作漂白剂的化学、机械和脱墨纸浆的漂白；分散剂缩短完成分散过程所需要的时间并降低能量；表面活性剂能降低水的表面张力，并提高有机化合物的可溶性和渗透性，能促进要渗透的物质渗透到需要被渗透的物质中；膨松剂利于垢样从搪瓷表面剥落。

配方65　温和的防锈清洗剂

原料配比

原料	配比（质量份）			原料	配比（质量份）		
	1#	2#	3#		1#	2#	3#
正溴丙烷	3.3	2.5	4.3	乙二胺二邻苯基乙酸钠	3.5	2.3	4.5
防锈剂	2.5	2.3	3.5	羟基乙酸钠	6.4	5.6	7.4
氨基苯磺胺	5.6	4.5	6.6	水	6.2	5.3	7.2
二亚乙基三胺五亚甲基膦酸钠	7.8	7.1	8.3	有机磷酸	1.3	0.9	1.5

制备方法　将各组分原料混合均匀即可。

产品特性

（1）本品清洗效果好，机械设备清洗后暴露在空气中，可在比较长的时间内不生锈，降低了清洗成本。

（2）本品清洗效率高，去污能力强；安全性能好，不污染环境；节约能源，洗涤成本低；洗涤过程对金属设备无损伤，洗后对金属设备无腐蚀；加入乙二胺二邻苯基乙酸钠后，有效降低了泡沫层的厚度，降低了清洗的难度，不腐蚀黑色金属零件本身，去污能力强且清洗速度快，被清洗的机械设备表面质量好，不易燃易爆，且对工作环境不会造成较大的不良影响，不含有害物质，对操作人员无毒害作用，具有较好的环保性。

配方66　无机酸清洗剂

原料配比

原料	配比（质量份）			原料	配比（质量份）		
	1#	2#	3#		1#	2#	3#
盐酸	9	11	10	若丁	0.3	0.25	0.2
缓蚀剂	0.2	0.3	0.25	乙酸	0.2	0.15	0.3
非离子表面活性剂	0.01	0.02	0.03	EDTA	0.2	0.3	0.4
硝酸	1.2	2.1	3	水	加至100	加至100	加至100
乌洛托品	2.1	3.4	1.5				

制备方法　将上述比例的盐酸、缓蚀剂、非离子表面活性剂、硝酸、乌洛托品、若丁、乙酸、EDTA加入一定量的水中，搅拌均匀即可得到无机酸清洗剂。

产品特性 本品具有价格低廉、生产成本低的优点，并且对不锈钢和铝合金设备没有腐蚀性，且可以通过适当加热来加快清洗速度，可以有效除去金属表面的锈蚀，不仅如此，还可以去除焦油、海藻类生物等多种污垢。

配方67 无污染的环保型清洗剂

原料配比

原料	配比（质量份）			原料	配比（质量份）		
	1#	2#	3#		1#	2#	3#
四氯乙烯	2.2	1.5	3.2	水溶性含氟非离子表面活性剂	11.2	10.5	12.2
聚氧乙烯甘油醚	4.4	3.1	5.4	纯碱	7.9	7.6	8.8
组氨酸	6.8	4.5	7.8	消泡剂硅氧烷	2.8	2.3	3.7
N,N-二乙基-3-甲基苯甲酰胺	2.7	2.4	3.5	偏硅酸钠	1.7	1.3	3.5

制备方法 将各组分原料混合均匀即可。

产品特性

（1）本品能够防止金属设备表面再次形成锈斑，有效降低生产成本。

（2）本品选用四氯乙烯，能够提高对油污等有机污染物的溶解度，可溶解金属材料表面的有机污染物。清洗剂中加入了水溶性含氟非离子表面活性剂，能够降低清洗剂的表面张力，增强清洗剂的渗透性，提高对金属材料表面的清洗效果；能够增强质量传递，保证清洗的均匀性，降低对金属材料表面的损伤。本品具有水溶性好、渗透力强、无污染等优点。清洗剂中选用的化学试剂不污染环境，不易燃烧，属于非破坏臭氧层物质，清洗后的废液便于处理、排放，能够满足环保三废排放要求。清洗剂呈碱性，不腐蚀金属设备，使用安全可靠；制备工艺简单，操作方便。

配方68 新型低成本环保清洗剂

原料配比

原料	配比（质量份）			原料	配比（质量份）		
	1#	2#	3#		1#	2#	3#
椰油酰胺丙基甜菜碱	5.5	4.2	6.5	脂肪醇聚氧乙烯(3)醚	3.4	2.5	4.4
表面活性剂阴离子纤维素	4.5	3.5	5.5	水	4.4	3.2	5.4
十四烷基-二甲基吡啶溴化铵	6.8	5.6	7.8				
二亚乙基三胺五亚甲基膦酸	3.5	2.3	5.5	防腐剂	5.5	3.3	6.5

制备方法 将各组分原料混合均匀即可。

产品特性

（1）本品具有强力渗透能力，不易燃易爆，安全系数高，对工作环境也不会造成较大的不良影响，不含亚硝酸盐、苯酚、甲醛等危害环境的物质；加热、刷洗等可使油污尽快脱离工件表面，分散到清洗液中，对操作人员无毒害作用；废液容易处理，清洗成本低且经济效益高；能够有效改善加工环境和车间卫生状况，利于提高工作效率；清洗过的机械设备有长期防锈蚀作用。

（2）本品清洗效果好，机械设备清洗后暴露在空气中，可在比较长的时间内不生锈，降低了清洗成本。

配方69　新型高效洗涤剂

原料配比

原料	配比（质量份）			原料	配比（质量份）		
	1#	2#	3#		1#	2#	3#
吡喃糖氧化酶	2	5	3.5	硫酸亚铁	2.2	4.3	3.6
二亚乙基三胺五乙酸钠	1.3	4	2.8	脂肪醇聚氧乙烯醚	3.5	8	5.8
薄荷醇	8	13	11	钨酸钠	0.8	1.7	1.2
柠檬酸	1.2	5	3.5	乙二醇二醚	1.5	4	2.9

制备方法　将各组分原料混合均匀即可。

产品应用　本品主要应用于清洗设备。

产品特性　本洗涤剂清洗效果好，且对设备无腐蚀性，尤其对一些油污严重的地方，效果更为明显。

配方70　新型金属设备的强效清洗剂

原料配比

原料	配比（质量份）			原料	配比（质量份）		
	1#	2#	3#		1#	2#	3#
乙二胺四乙酸	3.2	2.3	4.2	羧酸盐衍生物	4.8	4.2	5.6
N-甲基吡咯烷酮	4.5	3.6	5.5	水溶性含氟非离子表面活性剂	3.7	3.2	4.6
磷酸三丁酯	4.2	3.5	5.2	2-膦酸丁烷-1,2,4-三羧酸钠	5.8	5.3	6.5
直链烷基苯磺酸钠	4.9	4.6	5.7	三乙醇胺	4.7	4.4	6.7

制备方法　将各组分原料混合均匀即可。

产品特性

（1）本品保证了清洗的彻底性，清洁度高，环保。

（2）本品集除油、去垢、除锈、防腐、渗透功能于一体，工件烘干进行电镀、喷漆、喷塑后不会发生点蚀现象；渗透力强、清洗彻底，处理过的工件表面防腐力和附着力强，可延长产品使用寿命；各种喷涂流水线前道工序，除油、防锈、钝化的金属加工行业都可以使用本品将工件直接浸泡再清洗干净；节约了成本，提高了工效，可连续长期使用。

配方71 新型清洗剂

原料配比

原料	配比（质量份）			原料		配比（质量份）		
	1#	2#	3#			1#	2#	3#
天冬氨酸和胱氨酸的混合物	2.5	0.5	3	苯酐		27	25	30
烷基二苯醚二磺酸钠	8	5	10	叔丁基羟基苯甲醚		22	20	25
甜菜碱型两性表面活性剂	6	5	8	天冬氨酸和胱氨酸的混合物	天冬氨酸	1	1	1
去离子水	18	15	20		胱氨酸	1.5	1.5	1.5
蔗糖油酸酯	13	12	14					

制备方法 将各组分原料混合均匀即可。

产品应用 本品是一种新型清洗剂，主要用于金属设备的清洗。

产品特性 该产品具有去油污力强、能生物降解、环保等优点；呈中性，真正不伤手，即使洗不干净也不会在体内聚集，可排出体外；不含磷酸盐，无毒副作用。

配方72 新型水溶性清洗剂

原料配比

原料	配比（质量份）			原料	配比（质量份）		
	1#	2#	3#		1#	2#	3#
八甲基环四硅氧烷	6.5	5.3	8.5	聚丙烯酰胺	5.9	5.5	6.8
乙二醇丁醚	4.8	2.5	5.8	稳定剂硅酸镁铝	4.6	3.3	5.6
氯化锌	5.6	3.5	8.6	椰油酰胺基丙基甜菜碱	7.5	6.2	9.5
渗透剂二乙醇酰胺类化合物	2.1	1.8	2.5				

制备方法 将各组分原料混合均匀即可。

产品特性 本品配方科学合理，生产工艺简单，不需要特殊设备，仅需要将上述原料在常温下混合即可；其清洗能力强，清洗时间短，节省了人力和工时，提高了工作效率，且具有除锈和防锈功效；该清洗剂对设备的腐蚀性较低，使用安全可靠，并利于降低设备成本；该清洗剂为水溶性液体，清洗后的废液便于处理、排放，符合环境保护要求。

配方73 新型无污染清洗剂

原料配比

原料	配比（质量份）			原料	配比（质量份）		
	1#	2#	3#		1#	2#	3#
吡喃糖氧化酶	2.2	1.5	3.2	二亚乙基三胺五乙酸钠	2.7	2.4	3.5
十二烷基苯磺酸钠	4.4	3.1	5.4	乙醇	11.2	10.5	12.2
烷基聚乙烯氧化物	6.8	4.5	7.8	聚丙烯酸酯	7.9	7.6	8.8

制备方法 将各组分原料混合均匀即可。

产品特性

（1）本品能够防止金属设备表面再次形成锈斑，有效降低生产成本。

（2）本品选用吡喃糖氧化酶，能够提高对油污等有机污染物的溶解度，可溶解金属材料表面的有机污染物。清洗剂中加入了乙醇，能够降低清洗剂的表面张力，增强清洗剂的渗透性，提高对金属材料表面的清洗效果；能够增强质量传递，保证清洗的均匀性，降低对金属材料表面的损伤。本品具有水溶性好、渗透力强、无污染等优点。清洗剂中选用的化学试剂不污染环境，不易燃烧，属于非破坏臭氧层物质，清洗后的废液便于处理、排放，能够满足环保三废排放要求；清洗剂呈碱性，不腐蚀金属设备，使用安全可靠；制备工艺简单，操作方便。

配方74 用于机械设备的防锈清洗剂

原料配比

原料	配比（质量份）			原料	配比（质量份）		
	1#	2#	3#		1#	2#	3#
二邻苯二甲酸酰胺	1.8	1.2	3.4	十一烷二酸	7.7	6.5	8.7
乙二胺四亚甲基膦酸	2.2	1.5	3.2	铜离子封闭剂	7.4	6.3	8.4
脂肪酸聚氧乙烯醚	3.7	2.3	5.7	表面活性剂烷基硫酸盐	1.7	1.2	2.5
溴烃基二甲基代苯甲胺	4.5	3.2	5.5	水	4.5	3.5	5.5

制备方法 将各组分原料混合均匀即可。

产品特性

（1）本品清洗效果好，金属材料清洗后暴露在空气中，可在比较长的时间内不生锈，降低了清洗成本。

（2）本品泡沫少，可轻松地去除金属零配件或机械设备使用过程中的润滑油脂等难去除的污垢，对铁材、铜材、铝材、复合金属材料都有效，成本相对较低。

配方75 油污清洁剂

原料配比

原料			配比（质量份）			
			1#	2#	3#	4#
主洗材料			1	1	1	1
助洗材料			0.08	0.1	0.05	0.05
主洗材料（微晶粉体）	硫酸盐	硫酸钠	700	700	—	700
		硫酸钾	—	—	700	—
	碳酸盐	碳酸钠	200	150	200	200
		碳酸镁	—	—	50	—
		碳酸氢钠	100	—	—	100
	硅酸盐	硅酸钠	—	—	50	—
		偏硅酸钠	—	100	—	—
	硼酸盐	四硼酸钠	—	50	—	—

原料			配比（质量份）			
			1#	2#	3#	4#
助洗材料	非离子表面活性剂		—	30	—	—
	金属光亮剂	柠檬酸钾	12	—	—	12
		柠檬酸钠	—	10	10	
	缓蚀剂	三乙醇胺	10	20	10	10
	防锈剂	柠檬酸钠	—	20	—	—
		氢氧化钠	—	10	5	—
		亚硝酸钠	—	10	5	—
		四硼酸钠	20	—	—	20
		偏硅酸钠	30	—	—	30
	非离子表面活性剂	异构十三醇聚氧乙烯醚	20	—	—	20
		月桂酸二乙醇酰胺	8	—	—	8
		脂肪醇聚氧乙烯醚	—	—	15	—
		烷基糖苷（APG）	—	—	5	—

制备方法

（1）对所述微晶粉体材料进行粉碎、研磨和筛分得到微晶粉体颗粒；筛分时粒径大小控制在 20～150 目范围之内，以确保微晶粉体颗粒粒径的一致性；对研磨得到的微晶粉体颗粒进行干燥，防止水分带入使微晶粉体颗粒产生结块。

（2）将得到的微晶粉体颗粒浸入熔融的包覆材料中，使包覆材料完全覆盖微晶粉体颗粒的表面，填充微晶粉体颗粒表面的孔洞；浸涂包覆材料后，进行机械搅拌等动作，防止涂覆包覆材料后的微晶粉体颗粒在固化过程中结块。

（3）冷却后包覆材料固化，微晶粉体颗粒成型，并对所述微晶粉体颗粒进行筛分。

（4）将微晶粉体颗粒作为主洗材料与所述助洗材料按质量比分别包装即得到所述油污清洁剂。

原料介绍

所述微晶粉体颗粒的表面裹覆了隔水材料；所述微晶粉体颗粒的成分包括金属的硫酸盐、碳酸盐、硅酸盐、硼酸盐。

所述的助洗材料包含非离子表面活性剂、金属光亮剂、缓蚀剂和防锈剂。

所述的非离子表面活性剂可选自异构十三醇聚氧乙烯醚、月桂酸二乙醇酰胺、脂肪醇聚氧乙烯醚、烷基糖苷中的至少一种。

所述金属光亮剂选自柠檬酸钠和/或柠檬酸钾，优选柠檬酸钠。

所述的缓蚀剂可选三乙醇胺等常用的金属缓蚀剂。

所述的防锈剂也是选自现有技术中常规使用的防锈剂，如柠檬酸钠、氢氧化钠、亚硝酸钠四硼酸钠、偏硅酸钠等。

所述主洗材料优选钠和/或钾盐。

所述隔水材料选自硬脂酸、石蜡、聚乙烯蜡、聚丙烯蜡或微晶蜡中的至少一种，优选硬脂酸和/或微晶蜡。

产品应用 本品主要用于去除免拆卸大型机械设备、汽车发动机或输油管道等中的重油污。

所述的油污清洁剂的使用方法为：以压力 0.5~0.8MPa、流量 0.5m³/min 以上的洁净压缩空气作为动力气源，通过空气供料系统及水路供料系统（流量 1~1.5kg/min），先将助洗材料溶于适量清水中配成一定浓度的水基清洁助剂；然后所述主洗材料和水基清洁助剂分别经喷枪的第一通道（粉料输送通道）和第二通道（液体通道）均匀输送至喷枪的喷射口，在喷射口混合雾化加速后喷射到油污表面，轻度油污首先被主洗材料快速清除掉，同时微晶粉体不断地嵌入较厚的油污层中，在压缩空气、水基清洁助剂的协同增效作用下，将油污分散成较小粒子，并快速地溶解，最终带离油污表面。整个清洁工作连续进行，从而达到快速、彻底、安全的清洁效果。所述水基清洁助剂还可以与加热至 40~80℃ 的清水按一定比例预混后再经喷枪第二通道输出。清洁后，使用洁净热水和吹干系统，连续对清洁面进一步净化，以确保清洁面不留清洁余料和水迹，同时迅速风干。清洁过程持续时间为30min，能除去 100% 的油污等附着物。

产品特性

（1）本清洁剂的去污效果好，呈中性或者弱碱性，对金属等基材表面无腐蚀性。

（2）本品主洗材料采用以碱金属或碱土金属的盐为主要成分的微晶粉体，其结构易碎裂，莫氏硬度 2~4。因高速撞击破碎，产生"微爆"——微晶粉体在撞击后发生爆破，碎裂成细小颗粒，并和水分子发生水解反应产生氢氧根，因而高效地去除油污。所述助洗材料呈弱碱性，对金属等基材表面无腐蚀性。本品的助洗材料配方是一种不完全配方，即只有和微晶粉体材料共同作用，才能达到最佳的清洁效果。

（3）所述主洗材料包覆隔水材料后，与空气中的水汽隔绝，在潮湿环境中储存时不易吸收来自空气中的水分而潮解，从而达到长久储存的目的。

（4）微晶粉体的表面处理工艺来源于塑胶材料的表面处理工艺，外面包裹的材料隔绝了内部材料与空气、水或者同类材料之间的接触，更好地保存了这种材料的特性，使材料更稳定，更易储存。

（5）在清洁的这一瞬间发生了复杂的物理作用和化学反应。物理作用：微晶粉体在轰击被处理界面时瞬间裂解成更为微小的颗粒，这一过程产生的微爆破力不断作用于被处理表面的污染物，产生磨削、分离等作用；能够撕开非结构性连接，撕破薄点油膜和切割分散较厚的油污层，并由于微晶粉体本身的硬度和结构特性，使它在接触点产生动量方向变化，从而不伤害被清洁物质表面的结构，而对于具有弹性的物体，在冲击瞬间则能有效吸收冲击能量而不受到伤害；清洁水溶液在压缩空气高速气流作用下汇合形成气水混合物，并不断冲刷、浸润、气蚀污染物，与此同时，热水所携带的热能也不断地对清洁剂进行活化。化学作用：微晶粉体快速溶解到水溶液中后，发生水解反应，产生 OH^-，使清洁界面形成碱性环境，不断地对污染物产生乳化、分解反应，使污染物不断失去活性，最终脱离被处理表面；水溶液中携带的水基清洁助剂对被清洁表面的油污起到渗透、助溶和缓蚀作用，缓和化学作用强度，防止被清洁表面受到化学侵蚀。

（6）微晶粉体的硬度适中，在微爆破的过程中对被清洁界面无任何损伤，裂解后的微小颗粒也能快速溶解于清洁溶液而脱离清洁界面，从而获得理想的清洁效果。它除了可以很好地清除民用清洁所针对的轻油污外，也能够高效地清除掉工业产品界面附着的黄油、机油、重油污、焦炭、积炭等绝大部分的污染物。

（7）本方法的工艺要求简单，仅在常压范围内即可操作，并且主洗材料的莫氏硬度低，不会伤及发动机的电线和接触点。

（8）清洁后还能使用吹干系统吹干发动机和冷凝器，能迅速继续投入使用。

（9）能够彻底地清除发动机和冷凝器上的附着物（包括任何缝隙和死角），大大缓解发动机过热的问题，消除安全隐患，同时节省 $1\% \sim 3\%$ 的燃料，有效地降低碳排放量，减小温室效应，具有较大的现实意义。

（10）对发动机和冷凝器的金属、塑料、胶质垫片等表面无腐蚀性。

（11）免拆卸在线清洗大大方便了日常维护和保养。

配方76　油污清洗剂

原料配比

原料	配比(质量份)	原料	配比(质量份)
甲醇	10～15	二甲基硅油	5～15
乙二醇	30～50	乙二醇丁醚	5～9
三氯乙烯	10～15	氢氧化钠	1～3
苯磺酸钠	5～12	去离子水	20～30
水溶性防锈添加剂	5～10		

制备方法　将各组分原料混合均匀即可。

产品应用　本品是一种油污清洗剂，主要用于机械设备的清洗。

产品特性　本品添加的甲醇及乙二醇丁醚大大提高了去污性能，清洗效果好；对螨虫、军团菌等具有杀菌作用；润湿性好，可将各种油类很容易地从各种吸附物体上洗脱出来。

配方77 造粒塔清洗剂

原料配比

原料	配比（质量份）			原料	配比（质量份）		
	1#	2#	3#		1#	2#	3#
碳酸氢钠	25	35	30	十八烷基五羟基甜菜碱	10	20	15
无水磷酸钠	6	8	7	三乙醇胺皂	4	6	5
二酰胺四丙酸	5	10	7.5	去离子水	30	40	35
过氧乙酸乙酯	12	16	14				

制备方法 先将去离子水加热到66℃，然后将无水磷酸钠、二酰胺四丙酸和十八烷基五羟基甜菜碱依次加入，混合均匀；然后将上述混合物继续加热至96℃，待其冷却后再依次加入碳酸氢钠、过氧乙酸乙酯和三乙醇胺皂，混合均匀，冷凝即可。

产品特性 本品使用方便，不但可以有效地去除顽固污垢，而且在去污的过程中可以有效地降低水的使用量。

配方78 中性硫酸盐清洗剂

原料配比

原料	配比（质量份）	原料	配比（质量份）
有机膦酸	10～15	pH值调节剂	10～12
化学助溶剂	0.5～1	还原剂	0.5～1
非离子表面活性剂	0.05～0.1	水	加至100

制备方法 先将有机酸溶解于水中，再依次加入助溶剂、非离子表面活性剂、还原剂，最后调节溶液至中性即完成配制。

原料介绍

所述有机膦酸是羟基亚乙基二膦酸。

所述化学助溶剂是 NH_4HF_2、NaF、NH_2CONH_2 中的一种或多种。

所述非离子表面活性剂是脂肪醇聚氧乙烯醚或非离子聚丙烯酰胺。

产品特性

（1）本品除垢彻底，均匀；无毒、无味、不燃不爆；配制工艺简单，成本低，清洗不受温度限制，清洗液和废液均为中性，对设备无腐蚀性；碳钢和不锈钢等设备清洗后可直接加入钝化剂进行钝化，钝化效果好，设备不易结垢，简化了清洗工艺。

（2）本品在短时间内能够对设备上的硫酸盐垢进行溶胀、软化并不断溶解，以达到容易脱落及完全溶解的目的，并且对设备零腐蚀。此清洗剂绿色无污染，原料便宜、易得，用量少，可适应大多数环境条件，可以回收再利用。

（3）本品不会造成系统狭缝和毛细管堵塞现象。

（4）性能稳定，不易分解变质，储存期可达3年以上。

CN201810609995. 7

CN201810610017. 4

CN201510174538. 9

CN201810671400. 0

CN201810425271. 7

CN201810643965. 8

CN201610368305. 9

CN201610199809. 2

CN201610578270. 1

CN201710220828. 8

CN201810609989. 1

CN201710640028. 1

CN201810098701. 9

CN201810360900. 2

CN201810370468. 5

CN201510211416. 2

CN201810714366. 0

CN201810714325. 1

CN201710576205. 4

CN201810493761. 0

CN201710786696. 5

CN201810646303. 6

CN201510211474. 5

CN201810642965. 6

CN201810052890. 6

CN201810362049. 7

CN201510214790. 8

CN201810071761. 1

CN201810539334. 1

CN201810384356. 5

CN201810052885. 5

CN201510211415. 8

CN201710372610. 4

CN201810052741. X

CN201710713342. 8

CN201710432611. 3

CN201710180441. 4

CN201810052734. X

CN201710057410. X

CN201710684750. 5

CN201810447840. 8

CN201810448447. 0

CN201710846751. 5

CN201710057408. 2

CN201710846789. 2

CN201810649395. 3

CN201810700562. 2

CN201510339547. 9

CN201510788446. X

CN201710290200. 5

CN201810569361. 3

CN201810569886. 7

CN201510206360. 1

CN201710536895. 0

CN201810052734. X

CN201810546882. 7

CN201710672245. 9

CN201710299795. 0

CN201810303623. 1

CN201810233240. 1

CN201510279656. 6

CN201710084175. 5

CN201810610251. 7

CN201810659486. 5

CN201810039935. 6

CN201810461484. 5

CN201810645840. 9

CN201810642953. 3

CN201710726671. 6

CN201710726709. X

CN201710640053. X

CN201810369688. 6

CN201710066037. 4

CN201710220775. X

CN201810700699. 8

CN201810550107. 9

CN201510211476. 4

CN201710735435. 0

CN201710726931. X

CN201710726388. 3

CN201510782956. 6

CN201810544059. 2

CN201710049295. 1

CN201510330260. X

CN201510487981. 1
CN201510330322. 7
CN201710553404. 3
CN201810618881. 9
CN201810366255. 5
CN201710217497. 2
CN201810126030. 2
CN201710269390. 2
CN201810556252. 8
CN201810366176. 4
CN201810369593. 4
CN201710065925. 4
CN201710084522. 4
CN201810191883. 4
CN201810273307. 4
CN201510381652. 9
CN201710223869. 2
CN201710476868. 9
CN201810555288. 4
CN201710269388. 5
CN201510107750. 3
CN201810434124. 6
CN201810546898. 8
CN201710109838. 4
CN201510381678. 0
CN201810235863. 2
CN201510199513. 4
CN201510199525. 7
CN201510211452. 9
CN201810716019. 1
CN201810441334. 8
CN201810481934. 7
CN201810282197. 8
CN201810558901. 8
CN201510211437. 4
CN201810715173. 7
CN201710049312. 1
CN201810588794. 3

CN201810368006. X
CN201710211116. X
CN201710049310. 2
CN201710210860. 8
CN201810567579. 5
CN201810153858. 7
CN201810218553. X
CN201510259846. 1
CN201510161878. 8
CN201510331064. 4
CN201510330214. X
CN201810549203. 1
CN201810091922. 3
CN201510330165. X
CN201810366292. 6
CN201810614614. 4
CN201810366280. 3
CN201510180229. 2
CN201510211464. 1
CN201810439601. 8
CN201510306362. 8
CN201510652052. 1
CN201810614569. 2
CN201810039339. 8
CN201810039338. 3
CN201810039349. 1
CN201810039348. 7
CN201810039346. 8
CN201810039337. 9
CN201510211448. 2
CN201810550263. 5
CN201710240775. 6
CN201710054578. 5
CN201510211465. 6
CN201810349980. 1
CN201810189242. 5
CN201810715268. 9
CN201510174559. 0

CN201510425349. 4
CN201810553473. X
CN201810590929. X
CN201810368953. 9
CN201810013537. 7
CN201810604023. 9
CN201810454092. 6
CN201810459312. 4
CN201810750246. 6
CN201810673637. 2
CN201810654270. X
CN201810001607. 7
CN201810446140. 7
CN201810467474. 2
CN201810480414. 4
CN201810719863. X
CN201810717378. 9
CN201810631262. 3
CN201810661475. 0
CN201810459785. 4
CN201810481280. 8
CN201810705021. 9
CN201810673419. 9
CN201810587953. 8
CN201810327889. X
CN201810546043. 5
CN201810442555. 7
CN201810446178. 4
CN201810368808. 0
CN201810587849. 9
CN201810031995. 3
CN201810442580. 5
CN201810648914. 4
CN201710299135. 2
CN201810362157. 4
CN201810004498. 4
CN201810542015. 6
CN201810004322. 9

CN201810004327. 1

CN201810424987. 5

CN201810004512. 0

CN201810630595. 4

CN201810004346. 4

CN201810004326. 7

CN201810114737. 1

CN201810004325. 2

CN201810004499. 9

CN201510711947. 8

CN201810446207. 7

CN201810335287. 9

CN201810648966. 1

CN201810076088. 0

CN201810752646. 0

CN201810376348. 6

CN201810442611. 7

CN201810523620. 9

CN201810523468. 4

CN201810523833. 1

CN201810523778. 6

CN201810110127. 4

CN201810110098. 1

CN201810523672. 6

CN201810523697. 6

CN201810523617. 7

CN201810523747. 0

CN201810523749. X

CN201810527803. 8

CN201810433382. 2

CN201810745846. 3

CN201810423470. 4

CN201810523750. 2

CN201810719116. 6

CN201810523470. 1

CN201810523622. 8

CN201810523745. 1

CN201810523517. 4

CN201810523684. 9

CN201810523623. 2

CN201810163228. 8

CN201810119035. 2

CN201810523476. X

CN201810523558. 3

CN201810523469. 9

CN201810523578. 0

CN201810523581. 2

CN201810527309. 1

CN201810523618. 1

CN201810523512. 1

CN201810523832. 7

CN201810523580. 8

CN201810523811. 5

CN201810295143. 5

CN201810523744. 7

CN201810523556. 4

CN201810523476. 9

CN201810523758. 9

CN201810523737. 7

CN201810523475. 4

CN201810523680. 0

CN201810523757. 4

CN201810523582. 7

CN201810523466. 5

CN201810429773. 7

CN201810523756. X

CN201810396552. 4

CN201810538876. 7

CN201810648396. 6

CN201810114772. 3

CN201810523559. 8

CN201810523736. 2

CN201810523748. 5

CN201810600032. 0

CN201810634554. 2

CN201810527930. 8

CN201810501856. 2

CN201810514978. 5

CN201810502149. 5

CN201810501791. 1

CN201810502048. 8

CN201810539673. X

CN201810502103. 3

CN201810502067. 0

CN201810501793. 0

CN201810502109. 0

CN201810501790. 7

CN201810149723. 3

CN201810587142. 8

CN201810539948. X

CN201810502152. 7

CN201810114771. 9

CN201810501939. 1

CN201810515194. 4

CN201810501897. 1

CN201810501940. 4

CN201810501918. X

CN201810502151. 2

CN201810579658. 8

CN201810672885. 5

CN201810502139. 1

CN201810518614. 4

CN201810728573. 1

CN201810502068. 5

CN201810501941. 9

CN201810501874. 0

CN201810490715. 5

CN201810280442. 1

CN201810502095. 2

CN201810502138. 7

CN201810502096. 7

CN201810502134. 9

CN201810515041. X

CN201810502106. 7

CN201810579649. 9 CN201810614840. 2 CN201810387780. 5
CN201810515193. X CN201810617764. 0 CN201810303119. 1
CN201810502003. 0 CN201810617961. 2 CN201810580046. 0
CN201810502163. 5 CN201810618457. 4 CN201810579668. 1
CN201810502076. X CN201810711201. 8 CN201710358438. 7
CN201810515034. X CN201710358448. 0 CN201710434096. 2
CN201810501983. 2 CN201810579771. 6 CN201810580069. 1
CN201810515075. 9 CN201810579621. 5 CN201810704840. 1
CN201810586521. 5 CN201810592738. 7 CN201810263949. 6
CN201810501873. 6 CN201810487873. 5 CN201810579794. 7
CN201810619452. 3 CN201810468236. 3 CN201810387787. 7
CN201810582923. 8 CN201810713203. 0 CN201810723235. 9
CN01310122641. X CN201810542933. 9 CN201810723296. 5
CN201810112216. 2 CN201810435930. 5 CN201810180889. 1
CN201810678077. X CN201810442499. 7 CN201810584543. 8
CN201810387777. 3 CN201810445378. 8 CN201810633635. 0
CN201810387827. 8 CN201810580003. 2 CN201810579853. 0
CN201810487670. 6 CN201810617240. 1 CN201810579791. 3
CN201810487678. 2 CN201810153576. 7 CN201710372431. 0
CN201810468229. 3 CN201810723271. 5 CN201810580110. 5
CN201810468239. 7 CN201810442817. X CN201810576053. 3
CN201810621469. 2 CN201810639210. 0 CN201810579979. 8
CN201810621595. 8 CN201810387786. 2 CN201810579825. 9
CN201810619845. 4 CN201710291756. 6 CN201810579743. 4
CN201810588116. 7 CN201810387832. 9 CN201810345267. X
CN201810617338. 7 CN201810704839. 9 CN201810482573. 8
CN201810617590. 8 CN201810468228. 9 CN201810711160. 2
CN201810616981. 8 CN201810487668. 9 CN201810682278. 7
CN201810616772. 3 CN201810387980. 0